宁夏
云雾山草原昆虫与蜘蛛

◎ 王新谱　贾彦霞　李维军　等编著

中国农业科学技术出版社

图书在版编目（CIP）数据

宁夏云雾山草原昆虫与蜘蛛／王新谱等编著 . —北京：中国农业科学技术出版社，2019.4

ISBN 978-7-5116-4123-6

Ⅰ.①宁…　Ⅱ.①王…　Ⅲ.①草原-昆虫-研究-固原②草原-蜘蛛目-研究-固原　Ⅳ.①Q968.224.33②Q959.226

中国版本图书馆 CIP 数据核字（2019）第 060260 号

责任编辑	贺可香
责任校对	马广洋

出 版 者	中国农业科学技术出版社
	北京市中关村南大街 12 号　邮编：100081
电　　话	(010) 82106638（编辑室）　(010) 82109702（发行部）
	(010) 82109709（读者服务部）
传　　真	(010) 82106650
网　　址	http://www.CASTP.cn
经 销 者	各地新华书店
印 刷 者	北京建宏印刷有限公司
开　　本	787mm×1 092mm　1/16
印　　张	14.25　彩插 16 面
字　　数	320 千字
版　　次	2019 年 4 月第 1 版　2019 年 4 月第 1 次印刷
定　　价	98.00 元

《宁夏云雾山草原昆虫与蜘蛛》
编著名单

主 编 著：王新谱　贾彦霞　李维军
副主编著：杨贵军　赵宇晨　顾　欣
编著人员：王新谱　贾彦霞　李维军
　　　　　杨贵军　赵宇晨　顾　欣
　　　　　张　锋　杨　定　魏美才
　　　　　李后魂　辛　明　王　辉
　　　　　贺海明　张　信　姬秀云
　　　　　胡艳莉　刘永进　王淑红

编写单位：宁夏大学
　　　　　河北大学
　　　　　南开大学
　　　　　中国农业大学
　　　　　江西师范大学
　　　　　宁夏云雾山国家级自然保护区管理局

宁夏大学优秀学术著作出版基金资助

宁夏高等学校一流学科建设（草学学科）项目
（NXYLXK 2017A01）资助

国家自然科学基金（31660630）资助

内容提要

　　《宁夏云雾山草原昆虫与蜘蛛》是对宁夏云雾山国家级自然保护区昆虫和蜘蛛资源阶段性研究的系统总结。全书内容分两部分：第一部分总论，包括云雾山自然概况、昆虫和蜘蛛区系组成与特点、物种组成与分布特征；第二部分各论，按分类系统编排，列出已知的昆虫纲 15 目 114 科 373 属 525种，蛛形纲 2 目 15 科 39 属 60 种的目录、识别特征、寄主与分布地等信息。全书附生态照片及 134 种常见成虫照片。

　　本书可供从事自然保护、农林业、植物保护、植物检疫、生物多样性等学科和部门的科技人员、大中专院校相关专业人员学习参考。

前　言

　　宁夏回族自治区（全书简称宁夏）云雾山自然保护区始建于 1982 年，是我国建立最早的草地类自然保护区之一，也是宁夏唯一的草地类自然保护区，1985 年成为自治区级自然保护区，2013 年经国务院批准晋升为国家级自然保护区，行政隶属于宁夏回族自治区林业和草原局。

　　云雾山国家级自然保护区位于黄土高原，是我国干草原生态系统保留最完整、原生性最强、面积最大且集中连片分布的典型代表区域，代表着黄土高原半干旱区的自然特征，主要保护对象为以丛生禾草长芒草为建群种的长芒草群系。保护区位于宁夏固原市东北部 45 km 处，保护范围全部在原州区境内，保护区地处祁连山地槽东翼与鄂尔多斯台地西缘之间，居黄河流域的上游，黄土高原的中间地带。

　　20 世纪 60 年代以来，吴福帧、高兆宁先生在《宁夏农业昆虫图志》和《宁夏农业昆虫实录》，王希蒙和任国栋教授等在《宁夏昆虫名录》，张蓉等在《宁夏草原昆虫原色图鉴》等著作中都记载过分布于云雾山的一些种类。1984 年，原固原县农业局组织区内外研究单位和专家开展过综合科学考察，对保护区的地质地貌、植被、气象、社会经济等有了比较系统的了解。此后，云雾山自然保护区管理处又和中国科学院西北水土保持研究所等相关科研院所协作，进行了长期的常规性、专题性调查研究与生态监测。但以上科考或研究工作中对昆虫资源都缺乏系统的研究，也使这一地区长期成为宁夏昆虫区系研究的"空白"地带，并直接影响了保护区的管理、建设与可持续发展。2013年保护区管理局再次组织科学考察，由宁夏大学农学院和宁夏云雾山国家级自然保护区管理局共同承担了"宁夏云雾山自然保护区昆虫资源考察"项目，旨在摸清宁夏云雾山昆虫种类的组成、发生规律和分布情况，为保护区规划设计、管理保护和资源合理利用提供基础科学资料。

　　本项工作还得到中国科学院动物研究所、南开大学、河北大学、中南林业科技大学、中国农业大学、新疆大学等单位多位专家的关怀和指导，宁夏云雾山自然保护区管理局广大干部职工给予了大力协助。此外，宁夏大学农学院在学院各种资源利用上提供支持帮助。昆虫标本鉴定工作中，除自鉴外，还邀请了国内各类群的有关专家参与研究鉴定，并补充了宁夏农林科学院等单位收藏的种类。本书部分研究内容得到国家自然科学基金（31660630）的资助。出版过程中得到了宁夏大学优秀学术著作出版基金和宁夏高等学校一流学科建设（草学学科）项目（NXYLXK2017A01）的资助。在此，谨向所有关心、鼓励、支持、指导和帮助我们完成研究工作及本书出版的单位和个人表示诚挚谢意。

由于我们学识水平有限，遗漏或不当之处在所难免，殷切期望读者对本书提出批评和建议。

编著者

2019 年 3 月 15 日

目　　录

第一篇　总　　论

第二篇 各 论

第一篇

总　　论

第一章 云雾山自然概况

宁夏云雾山自然保护区始建于 1982 年，是我国建立最早的草地类自然保护区，也是宁夏唯一的草地类自然保护区，1985 年建立自治区级自然保护区，2013 年经国务院批准为国家级自然保护区。

宁夏云雾山草原自然保护区具有独特的典型草原自然景观，是黄土高原典型草原生态系统保留最完整、原生性最强、面积最大且集中连片分布的典型区域，是黄土高原半干旱区典型草原生态系统的天然本底和种质资源遗传基因库，也是研究黄土高原半干旱区典型草原生态系统演变过程及其规律的天然宝库。云雾山自然保护区代表着黄土高原特有的以长芒草为主的典型草原自然生态系统，主要保护对象为黄土高原半干旱区典型草原生态系统、典型草原生物多样性、典型草原自然生态本底等。保护区自 1982 年实施封育政策后，已逐步形成以长芒草 *Stipa bungeana*、铁杆蒿 *Artemisia gmelinii*、百里香 *Thymus mongolicus* 等为主的植被群落类型，并伴有阿尔泰狗娃花 *Heteropappus altaicus*、厚穗冰草 *Agropyron cristatum*、大针茅 *Stipa grandis*、糙隐子草 *Cleistogenes squarrosa*、星毛委陵菜 *Potentilla acaulis*，以及少量的灌丛植被的稳定草原结构。以能值方法计算，保护区 2013 年的生态资产价值达到 3.61 亿美元，生态服务价值达到 0.38 亿美元。

第一节 自然条件

一、地理位置

云雾山草原自然保护区位于宁夏回族自治区固原市东北部 45km 处，东经106°21′~106°27′，北纬36°10′~36°17′。保护区范围全部在固原市原州区境内，除南端属官厅镇外，绝大部分位于寨科乡，北起寨科乡吾尔朵，南至官厅镇的老虎嘴和前洼，东临寨科乡庄洼梁，西至寨科乡沙河子，南北长 13.18km，东西宽 8.4km，总面积6 660hm²。

二、地质地貌

云雾山地处祁连山地槽东翼与鄂尔多斯台地西缘之间，居黄河流域的上游，黄土高原的中间地带。云雾山是清水河与泾河的分水岭，是黄河支流清水河的重要水源涵养区，海拔1 800~2 100m，最高峰2 148m，大部分在2 000m以下，山脉属南北走向。地质基岩以石灰岩为主，其次是红砂岩，一般山体浑圆，其上覆盖黄土较厚，除个别山头岩石裸露外，一般覆盖黄土厚度达数米到数十米，山坡平缓，黄土层覆盖深厚。地势南低北高，南坡平缓，北坡较陡，为黄土覆盖的低山丘陵区。草原地形多变，起伏不定，沟壑较多，有明显阴阳坡之分。

三、气候条件

云雾山草原自然保护区处于中温带半干旱气候区，具有典型的干旱半干旱气候特征，大陆性与季风性气候都很明显。气候总体特点是干燥，雨量少而集中，蒸发强烈，冬季寒长，夏季热短，温差大，日照长，光能丰富，冬春季风多，无霜期较短。年平均气温5℃，气温最高月为7月，气温为22~25℃，气温最低月为1月，平均最低气温-14℃左右。全年≥0℃的积温为2 370~2 882℃，年日照时数为2 500h，太阳辐射总量125kcal/cm^2，年平均无霜期137d。降水主要集中在每年的7—9月，年平均降水量约为445mm，年蒸发量1 017~1 739mm。灾害性天气主要有干旱、暴雨、霜冻、冰雹和干热风等。

四、水文及水资源

该区域水资源补给主要是靠大气降水。地下水埋藏深度为70~100m，且储量相对较小，但水质良好。地表水少，没有长流水，在核心区只有11眼水泉，流量较小，约为0.01m^3/s，水质较好。若遇到连续干旱年份，部分泉水会出现干涸；逢雨水较好年份，泉水流量会相对增加。目前有引水工程1座，供保护区及周围3个自然村人畜饮水。

五、土壤类型

保护区土壤类型主要包括黑垆土和山地灰褐土两类。

黑垆土：占总面积的85.3%，主要分布在海拔1 850m以下的丘陵梁峁一带及周围农田，土壤剖面表层为浅灰棕色，中部为浅灰褐色，轻壤质地，块状结构。

山地灰褐土：占总面积的14.7%，主要分布在大小云雾山、尖山、堡子梁、蜗牛山等处及其山脚下，其他地段土层较厚，土质肥沃，土壤呈淡褐色或棕褐色。

六、功能区划分

保护区总面积6 660hm^2，其中核心区1 700hm^2，缓冲区1 400hm^2，实验区3 560hm^2。具体分区如下：

核心区：位于保护区中偏北，南以石头沟梁界，北以北山梁为界，东以蔡川洼为界，西以鞍子区为界，面积 1 700hm²，占保护区总面积 25.5%。

缓冲区：核心区以外、实验区以内为缓冲区。东以新堌洼、老虎嘴梁为界，南以斜壕为界，西以鞍子渠沟底为界，北以北山沟为界，面积 1 400 hm²，占保护区总面积 21%。

实验区：缓冲区以外的区域划为实验区，南、东、北 3 面由前洼、西湾、庄洼梁、吾尔朵构成缓冲区的外围，西以沙河子为界，面积 3 560 hm²，占保护区总面积的 53.5%。

七、社会经济

保护区外围南面有固原市原州区官厅镇，北面邻寨科乡，周围共有 30 个自然村。截至 2018 年底，保护区共有人口 432 户 1 790 人，人口密度为 14.5 人/hm²。2017 年农村常住居民人均可支配收入 8 960.73 元，经济收入来源主要来自种植业、畜牧业和劳务收入。种植的主要作物包括胡麻、马铃薯、荞麦、玉米、花椒、杏等。畜牧业主要为圈养饲喂牛、羊。

第二节　生物资源

一、植物资源

保护区已知共有维管植物 56 科 165 属 245 种，其中蕨类植物 2 科 2 属 2 种，种子植物 54 科 163 属 245 种，种子植物中裸子植物仅草麻黄 Ephedra sinica 1 种，单子叶植物 5 科 32 属 46 种，双子叶植物 48 科 130 属 196 种。植被类型可分为草原和灌丛 2 个植被型，5 个植被亚型，11 个群系，42 个群丛。具体划分为：

草原：包括 3 个植被亚型。第一为干草原，以长芒草（Stipa bungeana）、大针茅（Stipa grandis）、百里香（Thymus mongolicus）、铁杆蒿（Artemisia sacrocum）、茭蒿（Artemisia giraldii）、星毛委陵菜（Potentilla acaulis）和香茅草（Cymbopogon citratus）等为建群种。第二为草甸草原，以杂类草为建群种，如星毛委陵菜（Potentilla acaulis）、猪毛蒿（Artemisia scoparia）、蝇子草（Silene gallica）、沙参（Adenophora potaninii）等。第三为荒漠草原，以戈壁针茅（Stipa tianschanica var. gobica）为建群种。

灌丛：包括 2 个植被亚型。第一为中生落叶阔叶灌丛，以虎榛子（Ostryopsis davidiana）、酸刺（Hippophae rhamnoides）为建群种。第二为耐旱落叶小叶灌丛，以毛掌叶锦鸡儿（Caragana leveillei）为建群种。

保护区内植物以草本成分为主，灌木次之，试验区有少量人工林如杨、柳、榆、槐、杏树等，植物多以旱生或中旱生为主。云雾山种子植物属的分布区类型相对简单，中国特有分布属少，温带成分的绝对优势明显。区系组成中占主要地位的科有菊科（Compositae）、禾本科（Gramineae）、蔷薇科（Rosaceae）、豆科（Leguminosae）、唇形科（Labiatae）和百合科（Liliaceae）等，共包含158种植物，这些科的种类构成云雾山草原植被的主体，如禾本科和菊科的许多植物都形成优势群落，特别是禾本科的长芒草和大针茅。保护区植物优势科属及其包括的物种数见表1-1（引自朱仁斌，2012）。此外，龙胆科 Gentianaceae、针茅属 Stipa、委陵菜属 Potentilla 是云雾山植物区系的重要组成成分，与宁夏其他地区区系明显不同。

表1-1　云雾山植物优势科属

优势科	优势科包含的物种数	优势属	优势属包含的物种数
菊科 Compositae	37	委陵菜属 Potentilla	10
禾本科 Gramineae	27	蒿属 Artemisia	9
豆科 Leguminosae	24	针茅属 Stipa	5
蔷薇科 Rosaceae	24	黄耆属 Astragalus	5
唇形科 Labiatae	11	蝇子草属 Silene	4
百合科 Liliaceae	10	沙参属 Adenophora	4
玄参科 Scrophulariaceae	7	锦鸡儿属 Caragana	4
石竹科 Caryophyllaceae	7	堇菜属 Viola	4
毛茛科 Ranunculaceae	6	棘豆属 Oxytropis	4
龙胆科 Gentianaceae	5	葱属 Allium	4

二、野生脊椎动物资源

云雾山草原自然保护区地处华北区西部黄土高原亚区和蒙新区西部荒漠亚区的过渡地带。据2013年开展的脊椎动物资源调查结果，已知有脊椎动物4纲20目48科82属113种，占宁夏全区陆生野生动物种类总数的23.35%，包括两栖纲1目2科2属3种，爬行纲2目6科10属12种，鸟纲12目30科54属75种，哺乳纲5目10科17属23种。保护区脊椎动物区系以古北界成分占主导地位，种的地理成分也以北方种类为主。从中国动物地理区划成分上来看，华北区成分略占优势，但总体上华北区与蒙新区物种混杂程度大，带有明显的过渡特征。保护区有国家Ⅰ级重点保护动物金雕 Aquila chrysaetos 1种，Ⅱ级重点保护动物有［黑］鸢 Milvus migrans、雀鹰 Accipiter nisus、大鵟 Buteo hemilasius、白尾鹞 Circus cyaneus、燕隼 Falco subbuteo、红隼 Falco tinnunculus、纵纹腹小鸮 Athene noctua、长耳鸮 Asio otus 和红角鸮 Otus scops 9种。

保护区植被垂直带不明显，植被类型较为单一，动物生境分为山地草原、山地灌丛和居民区农田3个生境类型。

（1）山地草原动物群落　山地草原主要包括位于保护区核心区的干草原、草甸草原和荒漠草原，其中干草原面积最大。3 种两栖动物在地表水丰富的沟谷集水区较易观察到。爬行类主要有白条锦蛇 *Elaphe dione*、双斑锦蛇 *Elaphe bimaculata*、虎斑颈槽蛇 *Rhabdophis tigrinus*、黄纹石龙子 *Eumeces capito* 和秦岭滑蜥 *Scincella tsinlingensis*。鸟类主要有雉鸡 *Phasianus colchicus*、白尾鹞 *Circus cyaneus*、石鸡 *Alectoris chukar*、斑翅山鹑 *Perdix dauurica*、小云雀 *Alauda gulgula*、红尾伯劳 *Lanius cristatus*、珠颈斑鸠 *Spilopelia chinensis*、戴胜 *Upupa epops*、黑枕绿啄木鸟 *Picus canus*、山鹡鸰 *Dendronanthus indicus*、宝兴歌鸫 *Turdus mupinensis*、灰头鸫 *Turdus rubrocanus* 等。哺乳动物主要有中华鼢鼠 *Myospalax fontanieri*、大林姬鼠 *Apodemus peninsulae*、蒙古兔 *Lepus tolai*、赤狐 *Vulpes vulpes* 和狗獾 *Meles meles* 等。

（2）山地灌丛动物群落 山地灌丛包括两部分，其一为核心区沟谷分布的以虎榛子为主的灌丛，生长茂密，植被覆盖较好，盖度一般达到 80% 以上。其二为缓冲区和实验区人工柠条灌丛。两爬类主要有草原沙蜥等，鸟类主要有雉鸡 *Phasianus colchicus*、岩鸽 *Columba rupestris*、纵纹腹小鸮 *Athene noctua*、山鹡鸰 *Dendronanthus indicus*、灰背伯劳 *Lanius tephronotus*、赭红尾鸲 *Phoenicurus ochruros*、北红尾鸲 *Phoenicurus auroreus*、白顶鵙 *Oenanthe hispanica*、山噪鹛 *Garrulax davidi*、山鹛 *Rhopophilus pekinensis*、灰眉岩鹀 *Emberiza cia*、三道眉草鹀 *Emberiza cioides* 等，哺乳类主要有狗獾 *Meles meles*、草兔 *Lepus capensis*、花鼠 *Tamias sibiricus* 和阿拉善黄鼠 *Spermophilus alaschanicus* 等。

（3）居民区农田动物群落 该区是指保护区实验区内的居民区及周边的农田，由于人为活动较频繁，故动物种群分布较少，种类组成单一。该生境有农作物、庭院植物、经济果林和防护林的存在，给部分动物提供了栖息和觅食的环境，从而形成优势种。两爬类主要有花背蟾蜍 *Bufo raddei*、草原沙蜥 *Phrynocephalus frontalis*、无蹼壁虎 *Gekko swinhonis*、白条锦蛇 *Elaphe dione* 等，鸟类主要有雉鸡 *Phasianus colchicus*、岩鸽 *Columba rupestris*、灰斑鸠 *Streptopelia decaocto*、大杜鹃 *Cuculus canorus bakeri*、戴胜 *Upupa epops*、普通楼燕 *Apus apus*、家燕 *Hirundo rustica*、白鹡鸰 *Motacilla alba*、田鹨 *Anthus richardi*、灰背伯劳 *Lanius tephronotus*、灰椋鸟 *Sturnus cineraceus*、喜鹊 *Pica pica*、灰喜鹊 *Cyanopica cyana*、红嘴山鸦 *Pyrrhocorax pyrrhocorax*、赤颈鸫 *Turdus ruficollis*、树麻雀 *Passer montanus* 等，哺乳类主要以啮齿类为主。

第二章 云雾山昆虫与蜘蛛区系组成

动物地理区划，是指由于一定历史原因、地理隔离，在分布区内形成的动物集合体，旨在表明动物的分布规律、探讨区系的发生和演替历史以及生态地理分布的区域分异特征。各地的动物区系各具特点，是历史发展至现阶段的结果，依据动物现代分布而制定的基本区划——区与亚区，再行分类归并，形成区划系统。一个地区的昆虫种类组成特点与其所处的自然环境关系密切，同时在不同区系间，昆虫结构组成也保持着千丝万缕的联系，即区系发展上的亲疏关系。通过研究某一区域的区系组成及其特点，探讨区系组成与周围地区的关系，方能揭示本地区的区系起源及演替规律。

从世界范围看，依据其亲缘关系的近疏，陆地动物地理区划观点主要有 2 个：一是 6 区系统，分别是澳大利亚区（Australian Region）、新热带区（Neotropical Region）、埃塞俄比亚区（Ethiopian Region）、印度马来亚区（India - Malaysia Region）、古北区（Palearctic Region）和新北区（Nearctic Region），其中澳大利亚区简称澳洲区，埃塞俄比亚区简称非洲区，古北区和新北区合称为全北区（Holarctic Region），印度马来亚区简称东洋区（Oriental Region）；二是 11 区系统，东洋区 Oriental 和新北区 Nearctic 未变；古北区 Palearctic 分为 Palearctic、Saharo-arabian 和 Sino-japanese；新热带区 Neotropical 分为 Panamanian 和 Neotropical；埃塞俄比亚区 Ethiopian 分为 Afrotropical 和 Madagascan；澳大利亚区 Australian 分为 Australian 和 Oceanian。本文采用 6 区系统。

郑作新和张荣祖（1959）首次提出"中国动物地理区划"。实际上，我国各动物地理区的动物区系，多以一个代表的分布类型为基础，结合有其他分布型的扩展成分，形成各区区系组成上的特点，并反映前述各成分向外渗透的强度。我国现代动物区系南北方分野十分明显，分别属于东洋与古北两大界。两大界的分野沿喜马拉雅山脉与秦岭山脉最为明显。我国动物区系的进一步区域分异，可通过动物地理区划予以反映。古北界下分 2 个亚界（东北与中亚），4 个区（东北、华北、蒙新、青藏）和 10 个亚区；我国东洋界属中印亚界，下分 3 个区（西南、华中、华南）和 9 个亚区。这一划分，基本上表明我国动物区系的区域分化大势。本文采用张荣祖（1999）中国动物地理区划的 2 界 7 区体系。

云雾山地处祁连山地槽东翼与鄂尔多斯台地西缘之间，居黄河流域的上游，黄土高原的中间地带。植被处于黄土高原（晋、陕、甘、宁）干草原区西端的中心，相应的地带性植被为草原。它的北部和西部为干草原，然后逐渐通过草原向荒漠过渡。它的南部和东部亦为干草原，然后通过森林草原向森林过渡。由此可见，云雾山植被的干草原性质是很明显的，荒漠草原仅零星出现在尖山顶部及阳坡局部砾石质基质上，广大黄土基质上均为干草原覆盖。云雾山草原自然保护区地域虽小，但植物地理成分甚为复杂，全国 15 个类型，保护区均有分布，说明了植物区系的复杂多样性。由于植物区系的复杂多样，气候和空间的变化，形成多种多样的生态环境，为不同生态习性和不同区系来源的昆虫，提供了适宜的生存条件。云雾山昆虫区系的组成受到周围草原、干草原、荒漠、森林等区系的深刻影响，特殊的地理位置和各类不同的生存环境为各类昆虫提供了适宜的生存条件，使云雾山昆虫区系组成上表现出鲜明的特性。

第一节　区系组成和分布类型

一、昆虫在世界动物地理区的分布特点

根据云雾山 525 种昆虫的已知分布记录，在世界动物地理区划中的区系成分分布型（表 2-1）共计 16 种分布型。结果表明，云雾山昆虫以古北区区系型占优势，计 260 种，占总数的 49.52%，以跨区分布的"古北区+东洋区"区系分布型次之，计 212 种，占 40.38%，其他分布型所占比例较低，合计 10.10%。

表 2-1　宁夏云雾山昆虫在世界动物地理区划中的归属

世界地理区划归属						目名															种数	百分比（%）
古北区	东洋区	新北区	非洲区	新热带区	澳洲区	石蛃目	衣鱼目	蜻蜓目	蜚蠊目	螳螂目	直翅目	革翅目	啮目	缨翅目	半翅目	鞘翅目	脉翅目	鳞翅目	双翅目	膜翅目		
√						1					20	1		3	44	65	1	99	8	18	260	49.52
√	√						1	3	1		11	2	2	7	45	48	1	66	10	15	212	40.38
√		√												1	1	3		2			7	1.33
√			√												1			2			3	0.57
√					√										1						1	0.19
√	√	√													3		1	2		1	7	1.33
√	√												1		6			3			10	1.90
√	√				√										1	1					5	0.95
√		√													1						1	0.19
√	√				√									1							1	0.19
√		√																1			1	0.19
√	√	√													1				1	1	3	0.57
√	√	√													3						3	0.57
√															1						1	0.19
√	√	√			√																2	0.38
√	√	√	√	√	√						1				4			3			8	1.52
		合计				1	1	3	1		31	3	3	13	110	118	3	179	19	35	525	100.0

为了便于描述和分析地理区属面貌，我们按照各种昆虫所属的省级分布资料分别归入各分布区，从而分析各区之间的关系。其中采用"跨区区系""复记种数""复计比重"等统计方法，将分布于1个动物地理区的称为"单区型"，将分布于2个和2个以上动物地理区的称为"跨区区系型"；"复记种数"即含特定地理区的各式跨区分布的种数合计，"比重"则为复记种数与总种数的百分比，从其比重就可看出各地区昆虫与各区关系的疏密。

分布类型按单区型、双区型、三区型、四区型、五区型和六区型列出。将分布在所有地理区的称为广布型。单区分布型属于狭区分布；跨越多区分布说明分布的范围较广。

根据云雾山昆虫的分布记录统计，在世界动物地理区划中共有6类15种分布类型（表2-2），包括1个单区型，4个双区型，5个三区型，4个四区型，1个五区型和1个世界广布型。

表2-2 云雾山昆虫在世界动物地理区划中的分布类型和比重

分布类型	种数	比重（%）	古北区	东洋区	新北区	非洲区	新热带区	澳洲区
单区型								
古北区	260	49.52	260					
双区型								
古北区+东洋区	212	40.38	212	212				
古北区+新北区	7	1.33	7		7			
古北区+非洲区	3	0.57	3			3		
古北区+澳洲区	1	0.19	1					1
三区型								
古北区+东洋区+新北区	7	1.33	7	7	7			
古北区+东洋区+非洲区	10	1.90	10	10		10		
古北区+东洋区+澳洲区	5	0.95	5	5				5
古北区+新北区+非洲区	1	0.19	1		1	1		
古北区+新北区+澳洲区	1	0.19	1		1			1
四区型								
古北区+东洋区+非洲区+新热带区	1	0.19	1	1		1	1	
古北区+东洋区+新北区+非洲区	3	0.57	3	3	3	3		
古北区+东洋区+新北区+澳洲区	3	0.57	3	3	3			3
古北区+东洋区+新北区+新热带区	2	0.38	2	2	2			2
五区型								
古北区+东洋区+新北区+非洲区+新热带区	1	0.19	1	1	1	1	1	
世界广布型	8	1.52	8	8	8	8	8	8
合计	525		525	252	33	27	13	17

由表 2-2 结果显示：

1. 云雾山昆虫以"古北区"分布类型占优势，共计 260 种，占总数的 49.52%；其次为"古北区+东洋区"分布类型，共计 212 种，占 40.38%。从而看出云雾山昆虫是典型的古北区成分，同时"古北区+东洋区"分布类型比重较大，说明云雾山昆虫种类与东洋区有着密切关系。

2. 在 15 种分布类型的二区型中，"古北区+新北区"分布型只有 7 种，说明云雾山昆虫与新北区的联系较弱，而"古北区+非洲区"和"古北区+澳洲区"分布型种类仅有 3 种和 1 种，说明云雾山与非洲区和澳洲区联系很弱。

为进一步分析世界六大动物地理区之间的区系关系，将含特定地理区的跨区分布类型进行统计，结果见表 2-3。

表 2-3 云雾山昆虫跨区分布类型的复计比较

跨区分布类型	跨区分布类型数	复计种类	比重（%）
古北区分布类型		260	49.52
含东洋区跨区分布类型	10	255	48.57
含新北区跨区分布类型	9	33	6.29
含非洲区跨区分布类型	7	27	5.14
含新热带区跨区分布类型	4	12	2.29
含澳洲区跨区分布类型	5	18	3.43

由表 2-3 结果显示，古北区特有种为 260 种，比重为 49.52%，含东洋区的跨区分布类型复记种数有 10 式 255 种，复计比重为 48.57%；含新北区跨区分布类型复记种数有 9 式 33 种，比重为 6.29%；含非洲区的跨区分布类型复记种数有 7 式 27 种，比重为 5.14%；含新热带区跨区分布类型复记种数有 4 式 12 种，比重达 2.29%，含澳洲区的跨区分布类型有 5 式 18 种，比重为 3.43%。

可以看出云雾山昆虫属于典型的古北区区系，但有很多种类与东洋区有关系，世界广布种相对较少，这与云雾山的地理位置有着密切关系。

二、昆虫在中国动物地理区的分布特点

依据中国动物地理区划，云雾山昆虫共有 34 式区系型（表 2-4），可以看出，广布种共 63 种，占总数的 10.77%，"东北区+华北区+蒙新区"跨区区系型共 61 种，占总数的 10.43%；"华北区+蒙新区"跨区区系型次之，共 57 种，各占总数的 9.74%，"东北区+华北区+蒙新区+青藏区"跨区区系型共 55 种，占总数的 9.40%，"华北区+蒙新区+青藏区"跨区区系型共 49 种，占总数的 8.38%，说明云雾山昆虫区系与华北区、东北区及青藏区联系较紧密；华北区种数有 31 种，占总数的 5.9%，表现出明显的华北区区系特点。

表 2-4　宁夏云雾山昆虫在中国动物地理区划中的归属

| 中国地理区划归属 | | | | | | | 目名 | | | | | | | | | | | | | | | 种数 | 百分比(%) |
东北区	华北区	蒙新区	青藏区	西南区	华中区	华南区	石蛃目	衣鱼目	蜻蜓目	蜚蠊目	螳螂目	直翅目	革翅目	啮目	缨翅目	半翅目	鞘翅目	脉翅目	鳞翅目	双翅目	膜翅目		
	√						1					2			2	2	8		10		6	31	5.90
√	√											1				2	4		15			22	4.19
		√	√									1			2	13	13		12	5	5	51	9.71
			√	√													1		2			3	0.57
			√		√											1	1		2			4	0.76
			√			√										1	2		2		2	7	1.33
√	√	√										2	1			15	14		25	1	1	59	11.24
	√	√	√									7		1	2	8	11		13	1	3	46	8.76
	√		√									1					1		1			3	0.57
	√		√	√												3	1		1			5	0.95
	√		√		√														2		1	3	0.57
	√		√	√	√														1			1	0.19
	√		√	√	√														2			2	0.38
√	√		√																3	1		4	0.76
√	√		√														2		3		1	6	1.14
√	√	√	√													2	1	1	10			14	2.67
√	√	√	√									7				8	13	1	21		3	53	10.10
√	√	√	√	√												3	3		2		1	9	1.71
√	√			√		√										3	2		1			6	1.14
	√	√	√							1		2							2			5	0.95
	√	√	√	√													1		1		1	3	0.57
	√	√	√	√												2	2		3			7	1.33
	√	√	√	√								2		1					1			4	0.76
√	√	√	√																3	1		4	0.76
√	√	√	√	√												3	6		9		1	19	3.62
√	√	√	√														1		1	1		3	0.57
√	√	√	√	√								1				5	1		2	1	2	12	2.29
√	√	√	√												2	2			2			6	1.14
√	√	√	√													7	2		2	1	3	15	2.86
√	√	√	√	√												3	1		2	1		7	1.33
√	√	√	√	√												2	9		9	1	1	22	4.19
√	√	√	√	√	√								1			2	1		1		1	6	1.14
√	√	√	√	√	√								1			6	8		7	2	1	25	4.76
√	√	√	√	√	√	√		1	3		1	7			3	15	9	1	14	2	2	58	11.05
合计							1	1	3	1	1	31	3	3	15	112	118	3	179	19	35	525	100.00

表 2-5 结果显示：云雾山昆虫在中国动物地理区中的单区分布类型以华北区占据数量较大，达到 5.90%，"华北区+蒙新区"共有成分占 9.71%，全国广布型占 11.05%。说明云雾山昆虫以华北区种类占优势。

表 2-5　云雾山昆虫在中国动物地理区划中的分布类型及种数比重

分布类型	种数	比重（%）	东北区	华北区	蒙新区	青藏区	西南区	华中区	华南区
单区型									
华北区	31	5.90		31					
双区型									
华北区+东北区	22	4.19	22	22					
华北区+蒙新区	51	9.71		51	51				
华北区+青藏区	3	0.57		3		3			
华北区+西南区	4	0.76		4			4		
华北区+华中区	7	1.33		7				7	
三区型									
华北区+东北区+蒙新区	59	11.24	59	59	59				
华北区+东北区+青藏区	4	0.76	4	4		4			
华北区+东北区+西南区	6	1.14	6	6			6		
华北区+东北区+华中区	14	2.67	14	14				14	
华北区+蒙新区+青藏区	46	8.76		46	46	46			
华北区+蒙新区+西南区	3	0.57		3	3		3		
华北区+蒙新区+华中区	5	0.95		5	5			5	
华北区+青藏区+西南区	3	0.57		3		3	3		
华北区+西南区+华中区	1	0.19		1			1	1	
华北区+青藏区+华中区	2	0.38		2		2		2	
四区型									
华北区+东北区+蒙新区+青藏区	53	10.10	53	53	53	53			
华北区+东北区+蒙新区+西南区	4	0.76	4	4	4		4		
华北区+东北区+蒙新区+华中区	19	3.62	19	19	19			19	
华北区+东北区+蒙新区+华南区	3	0.57	3	3	3				3
华北区+东北区+西南区+华中区	9	1.71	9	9			9	9	
华北区+东北区+华中区+华南区	6	1.14	6	6				6	6
华北区+蒙新区+西南区+华中区	5	0.95		5	5		5	5	
华北区+蒙新区+青藏区+西南区	3	0.57		3	3	3	3		
五区型									
华北区+东北区+蒙新区+青藏区+西南区	7	1.33	7	7	7	7	7		
华北区+东北区+蒙新区+青藏区+华中区	22	4.19	22	22	22	22		22	
华北区+东北区+蒙新区+西南区+华中区	12	2.29	12	12	12		12	12	
华北区+东北区+蒙新区+华中区+华南区	6	1.14	6	6	6			6	6
华北区+蒙新区+西南区+华中区+华南区	4	0.76		4	4		4	4	4

（续表）

分布类型	种数	比重（%）	东北区	华北区	蒙新区	青藏区	西南区	华中区	华南区
华北区+青藏区+西南区+华中区+华南区	7	1.33		7		7	7	7	7
六区型									
华北区+东北区+蒙新区+青藏区+西南区+华中区	25	4.76	25	25	25	25	25	25	
华北区+东北区+蒙新区+青藏区+华中区+华南区	6	1.14	6	6	6	6		6	6
华北区+东北区+蒙新区+西南区+华中区+华南区	15	2.86	15	15	15		15	15	15
全国广布型	58	11.05	58	58	58	58	58	58	58
合计	525		350	525	406	239	166	223	105

对云雾山昆虫在中国动物地理区划中的跨区分布类型进行复计比较（表2-6），结果显示：云雾山昆虫含蒙新区跨区分布类型占77.33%，含东北区跨区分布类型66.67%，含青藏区跨区分布类型45.52%，含华中区跨区分布类型42.48%，说明该区昆虫与蒙新区联系最为紧密，其次为东北区、青藏区、华中区、西南区和华南区。

表2-6　云雾山昆虫在中国动物地理区的跨区分布类型比较

跨区分布类型	分布类型数	复计种数	比重（%）
华北区分布类型		31	5.90
含东北区跨区分布类型	19	350	66.67
含蒙新区跨区分布类型	20	406	77.33
含青藏区跨区分布类型	13	239	45.52
含西南区跨区分布类型	15	166	31.62
含华中区跨区分布类型	18	223	42.48
含华南区跨区分布类型	30	105	20.00

综上，我国横跨古北、东洋两大区，从而古北区和东洋区区系成分是中国昆虫区系的主体。云雾山昆虫区系主要由两大动物界的种类组成，几个动物区系成分在云雾山均有汇集，各占相当的比例。其中云雾山北面与蒙新区相邻，在跨区分布型中含蒙新区型占了77.33%，关系最为密切。云雾山与六盘山相邻，与青藏高原北部地处同一纬度，有着类似的高寒山地气候，在跨区分布型中含青藏区型占了45.52%，有着较高的比重。

三、蛛形动物地理分布特点

根据云雾山 60 种蛛形动物的已知分布记录，在世界动物地理区划中的区系成分分布型共计 16 种。蛛形纲在世界动物地理区划中的归属以跨区分布的"古北区+东洋区"区系型占优势，计 65.00%，有 11 个科比例超过 50%；古北区次之，计 35.00%（表 2-7）。

表 2-7　云雾山蛛形动物在世界动物地理区划中的归属

世界地理区划归属		科名															种数	百分比(%)
古北区	东洋区	球蛛科	皿蛛科	肖蛸科	园蛛科	狼蛛科	漏斗蛛科	猫蛛科	光盔蛛科	管巢蛛科	圆颚蛛科	平腹蛛科	逍遥蛛科	蟹蛛科	跳蛛科	长奇盲蛛科		
√		3	5			3					1	4		3	2		21	35.00
√	√	4	3	2	5	6	3	1	1	1	1	4	3	4		1	39	65.00
	合计	7	8	2	5	9	3	1	1	1	2	8	3	7	2	1	60	100.00

在中国动物地理区划中的归属以"华北区+西南区+华中区"跨区分布型比例最高，占 11.67%，"华北区+蒙新区"跨区分布型次之，计 10.00%，全国广布型占 8.33%（表 2-8）。

表 2-8　云雾山蛛形动物在中国动物地理区划中的归属

中国地理区划归属							科名															种数	百分比(%)
东北区	华北区	蒙新区	青藏区	西南区	华中区	华南区	球蛛科	皿蛛科	肖蛸科	园蛛科	狼蛛科	漏斗蛛科	猫蛛科	光盔蛛科	管巢蛛科	圆颚蛛科	平腹蛛科	逍遥蛛科	蟹蛛科	跳蛛科	长奇盲蛛科		
	√							1											1	1		3	5.00
√	√						1				1										1	3	5.00
	√	√						1			1						3			1		6	10.00
	√		√					1	1		1											3	5.00
	√																					1	1.67
	√			√				1			1							1				3	5.00
√	√	√					1										1					2	3.33
√	√			√						1							1					3	5.00
	√	√		√								2										2	3.33
	√	√		√			1															2	3.33
	√			√	√		1	1	2	1	1							1				7	11.67
	√			√	√											1		1				2	3.33
√	√					√											1					1	1.67
	√			√	√		1				1											2	3.33
√	√				√		1											1				2	3.33

（续表）

中国地理区划归属							科名														种数	百分比(%)
东北区	华北区	蒙新区	青藏区	西南区	华中区	华南区	球蛛科	皿蛛科	肖蛸科	园蛛科	狼蛛科	漏斗蛛科	猫蛛科	光盔蛛科	管巢蛛科	圆颚蛛科	平腹蛛科	逍遥蛛科	蟹蛛科	跳蛛科	长奇盲蛛科	种数	百分比(%)
	√	√	√	√								1										1	1.67
√	√	√			√				1									1			1	3	5.00
√	√	√		√	√															1		1	1.67
√	√	√		√						1												1	1.67
√	√	√	√									1			1			1				3	5.00
√	√	√	√																	1	2	3	5.00
√	√	√	√								1											1	1.67
√	√	√	√	√	√	√	1	1		1	1							1				5	8.33
	合计						7	8	2	5	3	1	1	1	2	8	3	7	2	1		60	100.00

　　根据云雾山蛛形动物的分布记录统计，在中国动物地理区划中共有 7 类 23 种分布类型（表 2-9），包括 1 个单区型，5 个双区型，7 个三区型，4 个四区型，3 个五区型，2 个六区型和 1 个全国广布型。

　　表 2-9 结果显示：云雾山蛛形动物在中国动物地理区中的单区分布类型以华北区比例达到 5.00%，在 5 种二区型分布类型中，"华北区+蒙新区"共有成分占 10.00%，"华北区+东北区""华北区+青藏区""华北区+华中区"3 种分布型各占 5.00%，说明云雾山蛛形动物与蒙新区关系比较紧密，与东北区、青藏区、华中区的联系较弱；全国广布型占 8.33%。总体看，云雾山蛛形动物以华北区种类占优势。

表 2-9　云雾山蛛形动物在世界动物地理区划中的分布类型和比重

分布类型	种数	比重(%)	东北区	华北区	蒙新区	青藏区	西南区	华中区	华南区
单区型									
华北区	3	5.00		3					
双区型									
华北区+东北区	3	5.00	3	3					
华北区+蒙新区	6	10.00		6	6				
华北区+青藏区	3	5.00		3		3			
华北区+西南区	1	1.67		1			1		
华北区+华中区	3	5.00		3				3	
三区型									
华北区+东北区+蒙新区	2	3.33	2	2	2				
华北区+蒙新区+青藏区	3	5.00		3	3	3			

续表

分布类型	种数	比重(%)	东北区	华北区	蒙新区	青藏区	西南区	华中区	华南区
华北区+蒙新区+西南区	2	3.33		2	2		2		
华北区+青藏区+西南区	2	3.33		2		2	2		
华北区+西南区+华中区	7	11.67		7			7	7	
华北区+青藏区+华中区	2	3.33		2		2		2	
华北区+东北区+华中区	1	1.67	1	1				1	
四区型									
华北区+东北区+蒙新区+青藏区	2	3.33	2	2	2	2			
华北区+东北区+西南区+华中区	2	3.33	2	2			2	2	
华北区+蒙新区+青藏区+西南区	1	1.67		1	1	1	1		
华北区+东北区+蒙新区+华中区	3	5.00	3	3	3			3	
五区型									
华北区+东北区+蒙新区+西南区+华中区	1	1.67	1	1	1		1	1	
华北区+东北区+蒙新区+青藏区+西南区	3	5.00	3	3	3	3	3		
华北区+东北区+蒙新区+青藏区+华中区	3	5.00	3	3	3	3		3	
六区型									
华北区+东北区+蒙新区+西南区+华中区+华南区	1	1.67	1	1	1		1	1	1
华北区+东北区+蒙新区+青藏区+西南区+华中区	1	1.67	1	1	1	1	1	1	
全国广布型	5	8.33	5	5	5	5	5	5	5
	60		27	60	33	25	26	29	6

对云雾山蛛形动物在中国动物地理区划中的跨区分布的类型进行复计比较（表2-10），结果显示：云雾山蛛形动物含蒙新区跨区分布类型占55.00%，含华中区跨区分布类型占48.33%，含东北区跨区分布类型45.00%，说明该区昆虫与蒙新区联系最为紧密，其次为西南区、青藏区和华南区。

表2-10 云雾山蛛形纲动物在中国动物地理区的跨区分布类型比较

跨区分布类型	分布类型数	复计种数	比重（%）
华北区分布类型		3	5.00
含东北区跨区分布类型	12	27	45.00
含蒙新区跨区分布类型	13	33	55.00
含青藏区跨区分布类型	10	25	41.67
含西南区跨区分布类型	11	26	43.33

续表

跨区分布类型	分布类型数	复计种数	比重（%）
含华中区跨区分布类型	11	29	48.33
含华南区跨区分布类型	2	6	10.00

第二节　优势目昆虫地理分布特点

以宁夏云雾山 525 种昆虫统计，鞘翅目、鳞翅目、半翅目、膜翅目和直翅目 5 个目的科数占总科数的 80.70%，物种数占总种数 90.48%，是该地区昆虫的优势目。

一、鳞翅目昆虫地理分布特点

鳞翅目昆虫在世界动物地理区划中的归属以古北区占优势，计 53.07%，有 5 个科的比例超过 50%；跨区分布的"古北区＋东洋区"区系型次之，计 38.55%；其他分布型种类共 15 种，占 8.38%（表 2-11）。

表 2-11　云雾山鳞翅目昆虫在世界动物地理区划中的归属

世界地理区划归属						科名																						种数	百分比（%）
古北区	东洋区	新北区	非洲区	新热带区	澳洲区	宽蛾科	草蛾科	麦蛾科	菜蛾科	螟蛾科	草螟科	卷蛾科	木蠹蛾科	枯叶蛾科	尺蛾科	天蛾科	毒蛾科	灯蛾科	舟蛾科	夜蛾科	波纹蛾科	凤蝶科	粉蝶科	蛱蝶科	眼蝶科	灰蝶科	弄蝶科		
√						2	1			6	5	9	2		4	4	3		2	50	1		1	1	3	1		95	53.07
√	√					1		1		5	8	8		1	2	3	2		3	16	1	1	2	5	4	3	3	69	38.55
√		√																1		1								2	1.12
√			√																	2								2	1.12
√				√							1									1								2	1.12
√	√	√																		2			1					3	1.68
√	√	√																		2								2	1.12
√	√	√	√	√					1			1								1			1					4	2.23
合计						3	1	1	1	11	14	18	2	1	6	7	5	1	5	75	2	1	5	6	7	4	3	179	100.00

在中国动物地理区划中的归属以跨区分布的"东北区＋华北区＋蒙新区"分布型比例最高，计 12.29%；"华北区＋东北区＋蒙新区＋青藏区"次之，占 11.73%；"华北区＋蒙新区＋青藏区"跨区分布类型种类占 8.94%；"华北区＋东北区"跨区分布类型种类占 8.38%；全国广布型种类占 7.82%，其中粉蝶科、蛱蝶科和凤蝶科比例都超过了 50%（表 2-12）。

表 2-12　云雾山鳞翅目昆虫在中国动物地理区划中的归属

中国地理区划归属							科名																						种数	百分比（%）
东北区	华北区	蒙新区	青藏区	西南区	华中区	华南区	宽蛾科	草蛾科	麦蛾科	菜蛾科	螟蛾科	草螟科	卷蛾科	木蠹蛾科	枯叶蛾科	尺蛾科	天蛾科	毒蛾科	灯蛾科	舟蛾科	夜蛾科	波纹蛾科	凤蝶科	粉蝶科	蛱蝶科	眼蝶科	灰蝶科	弄蝶科		
	√						1						2	1		1					4								9	5.03
√	√										2							1	2		10								15	8.38
		√	√								1	1									8		1		1				12	6.70
√			√													1					1								2	1.12
	√				√							1	1																2	1.12
√	√	√					1						1					1	1		15				1	2			22	12.29
		√	√	√				1			1	3	3			2	1	1			4								16	8.94
√	√				√													1											1	0.56
√			√	√															1		1								2	1.12
			√	√	√											1													1	0.56
			√	√		√						1																	1	0.56
√	√		√																		3								3	1.68
√	√		√																		1								1	0.56
√	√	√			√		1				1	1	4				2				3								12	6.70
√	√	√	√	√							2	2	1			1		1	2		8	1				3			21	11.73
	√	√	√		√							1	1								2								4	2.23
√	√	√	√		√							1																	1	0.56
√	√				√											1					1							1	3	1.68
	√	√	√	√	√	√							1																1	0.56
√	√		√	√	√											1					1							1	3	1.68
√	√	√	√	√	√		1				1	1	1			1				1	2					1		1	9	5.03
√	√	√	√			√												1											1	0.56
√	√	√	√	√																	2								2	1.12
√	√	√	√	√																	2								2	1.12
√	√	√	√	√	√											1													1	0.56
√	√	√	√	√	√																4		1		1	1	1	1	9	5.03
√	√	√	√	√	√	√												1											1	0.56
√	√	√	√	√	√							1	1								2			1	1	2			8	4.47
√	√	√	√	√	√	√										1	1				3			1	3	4		1	14	7.82
合计							3	1	1	1	11	14	18	2	1	6	7	3	5	3	75	2	1	5	6	7	4	3	179	100.00

二、鞘翅目昆虫地理分布特点

鞘翅目昆虫在世界动物地理区划中的归属以古北区占优势，计55.08%，其中阎甲科、皮金龟科、粪金龟科、蜉金龟科、红金龟科、犀金龟科、丽金龟科、叩甲科、花萤科、皮蠹科、蚁形甲科全部是古北区种类；跨区分布的"古北区+东洋区"区系型次之，计39.83%；其他分布型种类共6种，仅占5.08%（表2-13）。

表2-13 云雾山鞘翅目昆虫在世界动物地理区划中的归属

世界地理区划归属					科名																					种数	百分比（%）
古北区	东洋区	新北区	非洲区	新热带区	澳洲区	步甲科	葬甲科	阎甲科	皮金龟科	粪金龟科	金龟科	蜉金龟科	红金龟科	鳃金龟科	犀金龟科	丽金龟科	花金龟科	叩甲科	花萤科	皮蠹科	郭公虫科	瓢虫科	拟步甲科	芫菁科	蚁形甲科	天牛科	叶甲科	肖叶甲科	铁甲科	象甲科		
√						15	4	1	1	2	3	1	1	1	1		2	1	1		1	11	4	1	1	2	3			6	65	55.08
√	√					5	3				4			2			1				1	5	1	7		2	8	6	1	1	47	39.83
√		√																				2					1				3	2.54
√	√		√																			1									1	0.85
√	√				√																	1									1	0.85
√	√		√	√																		1									1	0.85
合计						20	7	1	1	2	7	1	1	4	1		2	1	1		1	11	12	11	1	3	11	9	1	7	118	100.00

在中国动物地理区划中的归属以跨区分布的"华北区+东北区+蒙新区"跨区分布型比例最高，占11.86%；"华北区+蒙新区"和"华北区+东北区+蒙新区+青藏区"两个跨区分布类型次之，计11.02%；"华北区+蒙新区+青藏区"跨区分布类型计9.32%；"华北区"单区分布型占6.78%（表2-14）。

表2-14 云雾山鞘翅目昆虫在中国动物地理区划中的归属

中国地理区划归属							科名																							种数	百分比（%）
东北区	华北区	蒙新区	青藏区	西南区	华南区	华中区	步甲科	葬甲科	阎甲科	皮金龟科	粪金龟科	金龟科	蜉金龟科	红金龟科	鳃金龟科	犀金龟科	丽金龟科	花金龟科	叩甲科	花萤科	皮蠹科	郭公虫科	瓢虫科	拟步甲科	芫菁科	蚁形甲科	天牛科	叶甲科	肖叶甲科	铁甲科	象甲科		
	√						3		1		1				2												1					8	6.78
√	√						3								1																	4	3.39
	√	√					1			1								1	6	1							2		1			13	11.02
	√		√				1																									1	0.85
	√		√							1										1												2	1.69
√	√		√				1				1	1							2	1									2			14	11.86
	√	√	√				1	3										1	3	1									2			11	9.32
	√	√	√				1																									1	0.85

（续表）

东北区	华北区	蒙新区	青藏区	西南区	华中区	华南区	步甲科	葬甲科	阎甲科	皮金龟甲科	粪金龟甲科	金龟甲科	蜉金龟甲科	红金龟甲科	鳃金龟甲科	犀金龟甲科	丽金龟甲科	花金龟甲科	叩甲科	花萤科	皮蠹科	郭公虫科	拟步甲科	芫菁科	蚁形甲科	天牛科	叶甲科	肖叶甲科	铁甲科	象甲科	种数	百分比(%)
√	√			√			1																								1	0.85
√	√		√				1																								1	0.85
√			√																				1								1	0.85
√	√	√	√				4	1			1	1			1		1						1	1			1			1	13	11.02
√	√			√	√							1											1				2				4	3.39
	√			√	√																						1				1	0.85
	√		√	√		√						1											1				1				3	2.54
√	√	√					1					1			1									2				1			6	5.08
√	√	√		√								1																			1	0.85
√	√	√			√																								1		1	0.85
√	√	√			√																		2								2	1.69
√	√	√	√	√	√	√																		2							2	1.69
√	√			√			1																								1	0.85
√	√	√		√	√																	1	1	3		2	1	1			9	7.63
√	√	√	√		√	√	1																								1	0.85
√	√	√		√	√		2																	1		1	1	3			8	6.78
√	√	√	√	√	√	√	1														1			3	1		2	1			9	7.63
合计							20	7	1	1	2	7	1	1	4	1	1	2	1	1	1	11	12	11	1	3	11	9	1	7	118	100.00

三、半翅目昆虫地理分布特点

半翅目昆虫在世界动物地理区划中的归属以跨区分布的"古北区+东洋区"区系型占优势，计40.18%，其中蝉科、尖胸沫蝉科、蜡蚧科、龟蝽科、网蝽科、姬蝽科、长蝽科、红蝽科、异蝽科、同蝽科等10个科的种类都属于"古北区+东洋区"区系型；古北区次之，计39.29%，其中斑木虱科、木虱科、粉蚧、猎蝽科、缘蝽科、姬缘蝽科6个科的所有种类都属于古北区型（表2-15）。

表 2-15　云雾山半翅目昆虫在世界动物地理区划中的归属

世界地理区划归属						科名																							种数	百分比(%)
古北区	东洋区	新北区	非洲区	新热带区	澳洲区	尖胸沫蝉科	叶蝉科	角蝉科	飞虱科	斑木虱科	个木虱科	蚜科	粉蚧科	蜡蚧科	盾蚧科	鼋蝽科	猎蝽科	盲蝽科	网蝽科	姬蝽科	花蝽科	长蝽科	红蝽科	缘蝽科	姬缘蝽科	异蝽科	同蝽科	盾蝽科		
√								2	3	3	1	5	6				3	12			1			3	1		3	1	44	39.29
√	√					1	1	3			2	3		1		1		17	1	2	1	2	1	3		2	3	1	45	40.18
√		√																1											1	0.89
√			√															1											1	0.89
√	√	√										1						1											2	1.79
√	√			√					1	1		1						1	1								1		6	5.36
√					√				1																				1	0.89
√	√				√													1											1	0.89
√	√	√																1											1	0.89
√	√	√										1																	1	0.89
√	√	√										2																	2	1.79
√	√	√										1	1																2	1.79
√	√				√							1																	1	0.89
√	√	√	√	√								4																	4	3.57
合计						1	1	4	1	3	3	19	6	1	1	1	3	33	3	3	2	2	1	3	1	3	2	7	112	100.00

在中国动物地理区划的归属中，半翅目昆虫以"华北区+东北区+蒙新区"跨区分布型和全国广布型种类比例最高，各占 13.39%，"华北区+蒙新区"跨区分布型种类占 11.61%；"华北区+蒙新区+青藏区"和"东北区+华北区+蒙新区+青藏区"两个跨区分布类型，都为 7.14%（表 2-16）。

表 2-16　云雾山半翅目昆虫在中国动物地理区划中的归属

中国地理区划归属							科名																							种数	百分比(%)
东北区	华北区	蒙新区	青藏区	西南区	华中区	华南区	蝉科	尖胸沫蝉科	叶蝉科	飞虱科	斑木虱科	个木虱科	蚜科	粉蚧科	蜡蚧科	盾蚧科	鼋蝽科	猎蝽科	盲蝽科	网蝽科	姬蝽科	花蝽科	长蝽科	红蝽科	缘蝽科	姬缘蝽科	异蝽科	同蝽科	盾蝽科		
	√											1	1																	2	1.79
√	√																		1						1					2	1.79
	√	√							1	1			6						1	2					2					13	11.61
	√		√																1											1	0.89
		√		√			1												1											2	1.79
√	√	√							1			3						1	9								1			15	13.39

（续表）

中国地理区划归属							科名																									种数	百分比（%）
东北区	华北区	蒙新区	青藏区	西南区	华中区	华南区	蝉科	尖胸沫蝉科	叶蝉科	飞虱科	斑木虱科	木虱科	个木虱科	蚜科	粉蚧科	蜡蚧科	盾蚧科	鼋蚧科	猎蝽科	盲蝽科	网蝽科	姬蝽科	花蝽科	长蝽科	红蝽科	缘蝽科	姬缘蝽科	异蝽科	同蝽科	蝽科	盾蝽科		
√	√	√		√						1		2	1			1				1									1	1		8	7.14
√	√			√								1								1												2	1.79
√	√		√																								1					1	0.89
√	√			√																1		1										2	1.79
√	√	√		√						1	1		1							2				1					2			8	7.14
√	√			√																1									1	1		3	2.68
√	√			√												1			1		1											3	2.68
√	√																			1												1	0.89
√	√	√																					1									1	0.89
√	√			√																2						1						3	2.68
√	√	√		√																			1									1	0.89
√	√	√		√					1											2												3	2.68
√	√	√																		4										1		5	4.46
√	√	√		√										2																		2	1.79
√	√	√														1				5	1											7	6.25
√	√	√		√																	1								1	1		3	2.68
√	√			√																2												2	1.79
√	√			√	√											1					1											2	1.79
√	√	√		√	√				1	1							1													2		5	4.46
√	√	√	√	√	√	√			3	1	1			8							1					1						15	13.39
合计							1	1	4	1	3	3	3	19	6	1	1	1	3	33	3	3	2	2	1	3	1	3	2	7	2	112	100.00

四、直翅目昆虫地理分布特点

直翅目昆虫在世界动物地理区划中的归属相对比较简单，只有 2 种分布型，其中以古北区占绝对优势，计 64.52%，网翅蝗科、槌角蝗科、蚤蝼科 3 个科全部是古北区种类；跨区分布的"古北区+东洋区"区系型次之，计 35.48%，（表 2-17）。在中国动物地理区划中的归属以全国广布型、"华北区+蒙新区+青藏区"和"华北区+东北区+蒙新区+青藏区"跨区分布型比例最高，各占 22.58%，其中螽斯科、驼螽科、斑腿蝗科三科种类都为全国广布种；跨区分布的"东北区+华北区+蒙新区"和"华北区+青藏区"分布型各占 6.45%（表 2-18）。

表 2-17　云雾山直翅目昆虫在世界动物地理区划中的归属

世界地理区划归属						科名												种数	百分比(%)
古北区	东洋区	新北区	非洲区	新热带区	澳洲区	螽斯科	驼螽科	蟋蟀科	蝼蛄科	蚱科	蚤蝼科	锥头蝗科	斑腿蝗科	网翅蝗科	斑翅蝗科	槌角蝗科	剑角蝗科		
√									1		1			9	5	2	2	20	64.52
√	√					1	1	2	1	2		1	1		1		1	11	35.48
				合计		1	1	2	2	2	1	1	1	9	6	2	3	31	100.00

表 2-18　云雾山直翅目昆虫在中国动物地理区划中的归属

中国地理区划归属							科名												种数	百分比(%)
东北区	华北区	蒙新区	青藏区	西南区	华中区	华南区	螽斯科	驼螽科	蟋蟀科	蝼蛄科	蚱科	蚤蝼科	锥头蝗科	斑腿蝗科	网翅蝗科	斑翅蝗科	槌角蝗科	剑角蝗科		
	√											1							1	3.23
	√	√														1			1	3.23
	√		√															2	2	6.45
√	√	√								1						1			2	6.45
	√	√	√												4	1	2		7	22.58
	√	√		√					1										1	3.23
√	√	√													4	3			7	22.58
	√		√	√	√								1						1	3.23
	√		√	√	√	√												1	1	3.23
√	√	√		√	√						1								1	3.23
√	√	√	√	√	√	√	1	1	1	1	1			1	1				7	22.58
	合计						1	1	2	2	2	1	1	1	9	6	2	3	31	100.00

五、膜翅目昆虫地理分布特点

膜翅目昆虫在世界动物地理区划中的归属以跨区分布的古北区占优势,计51.43%,其中叶蜂科和蚁科的比例超过50%;"古北区+东洋区"区系型次之,计42.86%(表2-19)。

表 2-19　云雾山膜翅目昆虫在世界动物地理区划中的归属

世界地理区划归属						科名							种数	百分比(%)
古北区	东洋区	新北区	非洲区	新热带区	澳洲区	三节叶蜂科	叶蜂科	蚁科	泥蜂科	切叶蜂科	胡蜂科	蜜蜂科		
√						1	9	6	1			1	18	51.43
√	√					1	4	5	1	1	1	2	15	42.86
√	√	√						1					1	2.86
√	√	√	√					1					1	2.86
		合计				2	13	13	2	1	1	3	35	100.00

在中国动物地理区划中的归属以华北区比例最高，计 17.14%，跨区分布的"华北区+蒙新区"跨区分布型次之，计 14.29%；"东北区+华北区+蒙新区+青藏区"、"华北区+蒙新区+青藏区"和"东北区+华北区+蒙新区+西南区+华中区+华南区"跨区分布型，均为 8.57%（表 2-20）。

表 2-20　云雾山膜翅目昆虫在中国动物地理区划中的归属

中国地理区划归属							科名							种数	百分比(%)
东北区	华北区	蒙新区	青藏区	西南区	华中区	华南区	三节叶蜂科	叶蜂科	蚁科	泥蜂科	切叶蜂科	胡蜂科	蜜蜂科		
	√							5	1					6	17.14
	√	√					1	1	2				1	5	14.29
	√				√				1			1		2	5.71
√	√	√							1					1	2.86
	√	√	√					1	1	1				3	8.57
	√	√	√										1	1	2.86
√	√			√						1				1	2.86
√	√	√	√					1	2					3	8.57
√	√	√			√				1					1	2.86
√	√	√	√						1					1	2.86
√	√	√			√				1					1	2.86
√	√	√	√						2					2	5.71
√	√	√		√	√	√	1	1			1			3	8.57
√	√	√	√					1						1	2.86
√	√	√	√					1						1	2.86
√	√	√	√					1						1	2.86
√	√	√		√	√	√		1					1	2	5.71
		合计					2	13	13	2	1	1	3	35	100.00

第三章　云雾山昆虫与蜘蛛多样性

云雾山草原自然保护区位于固原县东北部的丘陵沟壑区，地形复杂，植被繁茂，冬春气候较干燥，夏秋较湿润，为昆虫、蜘蛛的繁衍栖息创造了良好的环境。要全面准确地摸清保护区的昆虫资源，为资源保护、管理和综合利用提供科学依据，首要任务就是摸清该地区生物本底资源。本次科学考察结果表明，云雾山保护区有 15 目 114 科 373 属 525 种昆虫和 2 目 15 科 39 属 60 种蛛形动物，其中发现中国新纪录种 2 种，宁夏新纪录种 48 种，新纪录种信息见表 3-1。

表 3-1　云雾山保护区的新纪录种

目	科	种	备注
半翅目 Hemiptera	蝉科 Cicadidae	中国指蝉 *Kosemia chinensis*（Distant，1905）	宁夏新纪录
鳞翅目 Lepidoptera	螟蛾科 Pyralidae	圆斑栉角斑螟 *Ceroprepes ophthalmicella*（Christoph，1881）	宁夏新纪录
		褐翅亮斑螟 *Selagia spadicella*（Hübner，1796）	宁夏新纪录
		中国软斑螟 *Asclerobia sinensis*（Caradja，1937）	宁夏新纪录
		烟灰阴翅斑螟 *Sciota fumella*（Eversmann，1844）	宁夏新纪录
		大理阴翅斑螟 *Sciota marmorata*（Alphéraky，1877）	宁夏新纪录
		山东云斑螟 *Nephopterix shantungella* Roesler，1969	宁夏新纪录
		类赤褐云斑螟 *Nephopterix paraexotica* Paek et Bae，2001	宁夏新纪录
		三角夜斑螟 *Nyctegretis triangulella* Ragonot，1901	宁夏新纪录
	草螟科 Crambidae	茴香薄翅野螟 *Evergestis extimalis*（Scopoli，1763）	宁夏新纪录
		褐钝额野螟 *Opsibotys fuscalis*（Denis et Schiffermüller，1775）	宁夏新纪录
		紫枚野螟 *Pyrausta purpuralis*（Linnaeus，1758）	宁夏新纪录
		锈黄缨突野螟 *Udea ferrugalis*（Hübner，1796）	宁夏新纪录
	卷蛾科 Tortricidae	拟多斑双纹卷蛾 *Aethes subcitreoflava* Sun et Li，2013	宁夏新纪录
		灰短纹卷蛾 *Falseuncaria degreyana*（McLachlan，1869）	宁夏新纪录
		金翅单纹卷蛾 *Eupoecilia citrinana* Razowski，1960	宁夏新纪录
		双带窄纹卷蛾 *Cochylimorpha hedemanniana*（Snellen，1883）	宁夏新纪录
		尖突窄纹卷蛾 *Cochylimorpha cuspidata*（Ge，1992）	宁夏新纪录
		缘花小卷蛾 *Eucosma agnatana*（Christoph，1872）	宁夏新纪录
		白头花小卷蛾 *Eucosma niveicaput*（Walsingham，1900）	宁夏新纪录
		异花小卷蛾 *Eucosma abacana*（Erschoff，1877）	宁夏新纪录
		柠条支小卷蛾 *Fulctifera luteiceps* Kuznetsov，1962	宁夏新纪录

（续表）

目	科	种	备注
鳞翅目 Lepidoptera	尺蛾科 Geometridae	紫袍秀尺蛾 *Idaea muricata*（Hufnagel，1767）	宁夏新纪录
	夜蛾科 Noctuidae	塞剑纹夜蛾 *Acronicta psi* Linnaeus，1758	宁夏新纪录
		朝光夜蛾 *Stibina koreana* Draudt，1934	宁夏新纪录
		劳鲁夜蛾 *Xestia baja*（Denis et Schiffermüller，1775）	宁夏新纪录
		条窄眼夜蛾 *Anarta colletti*（Sparre-Schneider，1876）	宁夏新纪录
		负秀夜蛾 *Apamea veterina*（Lederer，1853）	宁夏新纪录
		珀光裳夜蛾 *Catocala helena* Eversmann，1856	宁夏新纪录
		富冬夜蛾 *Cucullia fuchsiana* Eversmann，1842	宁夏新纪录
		白线缓夜蛾 *Eremobia decipiens*（Alphéraky，1895）	宁夏新纪录
		苇实夜蛾 *Heliothis maritima* Graslin，1855	宁夏新纪录
		后甘夜蛾 *Hypobarathra icterias*（Eversmann，1843）	宁夏新纪录
		克袭夜蛾 *Sidemia spilogramma*（Rambur，1871）	宁夏新纪录
		刀夜蛾 *Simyra nervosa*（Dennis et Schiffermüller，1775）	宁夏新纪录
		珂冬夜蛾 *Xylena solidaginis*（Hübner，[1803]）	宁夏新纪录
		金瓶夜蛾 *Autographa bractea*（Denis et Schiffermüller，1775）	宁夏新纪录
		黄裳银钩夜蛾 *Panchrysia dives*（Eversmann，1844）	宁夏新纪录
双翅目 Diptera	长足虻科 Dolichop- odidae	青河长足虻 *Dolichopus qinghensis* Zhang，Yang et Grootaert，2004	宁夏新纪录
		内蒙寡长足虻 *Hercostomus neimengensis* Yang，1997	宁夏新纪录
	舞虻科 Empididae	云南显颊舞虻 *Crossopalpus yunnanensis* Yang，Gaimari et Grootaert，2004	宁夏新纪录
		淡腹平须舞虻 *Platypalpus pallidiventris*（Meigen，1822）	中国新纪录
	缟蝇科 Lauxaniidae	双鬃缟蝇 *Sapromyza*（*Sapromyza*）*speciosa* Remm et Elberg，1980	中国新纪录
膜翅目 Hymeno- ptera	叶蜂科 Tenthre- dinidae	蒙古棒角叶蜂 *Tenthredo mongolica*（Jakovlev，1891）	宁夏新纪录
		拟蜂棒角叶蜂 *Tenthredo vespa* Retzius，1783	宁夏新纪录
		方顶高突叶蜂 *Tenthredo yingdangi* Wei，2002	宁夏新纪录
		黄股棒角叶蜂 *Tenthredo erasina* Malaise，1945	宁夏新纪录
		无距短角叶蜂 *Tenthredo exigua*（Malaise，1934）	宁夏新纪录
		亮翅拟栉叶蜂 *Priophorus hyalopterus* Jakovlev，1891	宁夏新纪录
		玄参方颜叶蜂 *Pachyprotasis rapae*（Linnaeus，1767）	宁夏新纪录

第一节　物种组成

一个特定地域内生物种类的组成，反映了其群落结构的基本特征。下面从不同分类阶元来探讨云雾山昆虫种类的组成特点。

一、昆虫物种组成

表3-2列出了云雾山昆虫各目科、属、种的数量，反映了昆虫的基本组成情况。本书所记载的云雾山昆虫有15目114科373属525种。

结果显示，宁夏云雾山昆虫的科级数量从多到少依次为：半翅目>鞘翅目>鳞翅目>直翅目>膜翅目>双翅目>脉翅目、缨翅目>蜻蜓目、革翅目、啮目>石蛃目、衣鱼目、蜚蠊目、螳螂目。按种数量排列依次为：鳞翅目>鞘翅目>半翅目>膜翅目>直翅目>双翅目>缨翅目>脉翅目、蜻蜓目、革翅目、啮目>石蛃目、衣鱼目、螳螂目、蜚蠊目。对各目昆虫科属种数据比较得知，云雾山优势目昆虫有5个，分别是鞘翅目、鳞翅目、半翅目、膜翅目和直翅目，其科数占总科数的80.70%，物种数占总种数的90.48%。

各目昆虫在科级阶元组成上的情况是：4个目仅由1科组成，分别是石蛃目、衣鱼目、蜚蠊目、螳螂目，共计4个种；有2~10个科的类群分别是蜻蜓目、革翅目、啮目、缨翅目、脉翅目、双翅目和膜翅目；11~20个科的有直翅目；超过20个科的类群有3个，分别是半翅目（26科、112种）、鞘翅目（25科、118种）、鳞翅目（22科、179种）。

表3-2　云雾山昆虫的物种组成

类群	科		属		种	
	数量（个）	百分比（%）	数量（个）	百分比（%）	数量（个）	百分比（%）
石蛃目 Archaeognatha	1	0.88	1	0.27	1	0.19
衣鱼目 Zygentoma	1	0.88	1	0.27	1	0.19
蜻蜓目 Odonata	2	1.75	3	0.80	3	0.57
蜚蠊目 Blattaria	1	0.88	1	0.27	1	0.19
螳螂目 Mantodea	1	0.88	1	0.27	1	0.19
直翅目 Orthoptera	12	10.53	23	6.43	31	5.90
革翅目 Dermaptera	2	1.75	3	0.80	3	0.57
啮目 Psocoptera	2	1.75	3	0.80	3	0.57
缨翅目 Thysanoptera	3	2.63	7	1.88	15	2.86
半翅目 Hemiptera	26	22.81	77	20.64	112	21.33
鞘翅目 Coleoptera	25	21.93	84	22.52	118	22.48
脉翅目 Neuoptera	3	2.63	3	0.80	3	0.57
鳞翅目 Lepidoptera	22	19.30	128	34.32	179	34.10
双翅目 Diptera	6	5.26	15	4.02	19	3.62
膜翅目 Hymenoptera	7	6.14	22	5.90	35	6.67
合计	114		373		525	

从科级水平看，各目昆虫科的数量排列依次为：半翅目>鞘翅目>鳞翅目>直翅目>膜翅目>双翅目>脉翅目、缨翅目>蜻蜓目、革翅目、啮目>石蛃目、衣鱼目、蜚蠊目、螳螂目。

从属级水平看，各目昆虫属的数量排列依次为：鳞翅目>鞘翅目>半翅目>直翅目>膜翅目>双翅目>缨翅目>脉翅目、蜻蜓目、革翅目、啮目>石蛃目、衣鱼目、蜚蠊目、螳螂目。

从物种数量上看，各目（纲）按物种数量排列依次为：鳞翅目>鞘翅目>半翅目>膜翅目>直翅目>双翅目>缨翅目>脉翅目、蜻蜓目、革翅目、啮目>石蛃目、衣鱼目、蜚蠊目、螳螂目。

综上，云雾山昆虫群落组成的优势目是鞘翅目、鳞翅目、半翅目、膜翅目和直翅目，5个目的科数占总科数的80.70%（图3-1），属数占总属数的89.73%（图3-2），物种数占总种数90.48%（图3-3）。

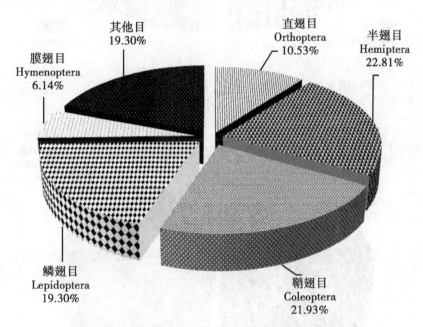

图3-1　宁夏云雾山昆虫各目科数占总科数的比例

从科级水平统计，云雾山昆虫平均每科有4.61种，其中10种以上的科有13个，依次为夜蛾科 Noctuidae（75种）、盲蝽科 Miridae（33种）、步甲科 Carabidae（20种）、蚜科 Aphididae（19种）、卷蛾科 Tortricidae（18种）、草螟科 Crambidae（14种）、叶蜂科 Tethredinidae（13种）、蚁科 Formicidae（13种）、拟步甲科 Tenebrionidae（12种）、叶甲科 Chrysomelidae（12种）、螟蛾科 Pyralidae（11种）、瓢虫科 Coccinellidae（11种）、芫菁科 Meloidae（11种），这些科的种数占总种数的49.90%，是优势科。

从属级水平分析，云雾山昆虫平均每属有1.42种，其中4种以上的属有15个，依次为冬夜蛾属 Cucullia（12种）、雏蝗属 Chorthippus（6种）、蚜属 Aphis（6种）、叶蜂属 Tenthredo（5种）、蓟马属 Thrips（5种）、苜蓿盲蝽属 Adelphocoris（5种）、狭盲蝽属

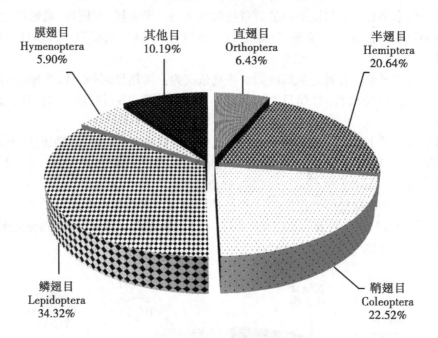

图3-2 宁夏云雾山昆虫各目属数占总属数的比例

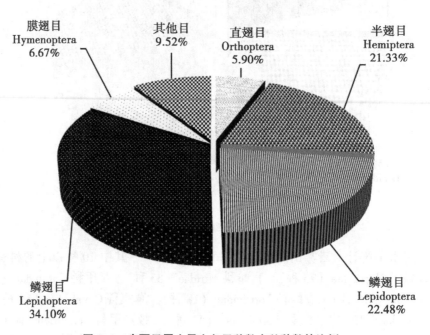

图3-3 宁夏云雾山昆虫各目种数占总种数的比例

Stenodema（5种）、花小卷蛾属 *Eucosma*（5种）、地夜蛾属 *Agrotis*（5种）、大步甲属 *Carabus*（4种）、覆葬甲属 *Nicrophorus*（4种）、嗡蜣螂属 *Onthophagus*（4种）、裳夜蛾属 *Catocala*（4种）、鲁夜蛾 *Xestia*（4种）、蚁属 *Formica*（4种），这些属占已知总属数

的 13.15%，所含物种数达 79 种，占总种数的 15.05%，属于优势属。

二、蛛形动物组成

表 3-3 反映了云雾山蛛形动物的组成情况，共有蜘蛛目和盲蛛目 2 个目，其中种类最多的为狼蛛科 9 种，其次为皿蛛科 8 种，平腹蛛科 8 种，蟹蛛科 7 种，球蛛科 7 种，园蛛科 5 种，其他科种类相对较少。在属级水平上，球蛛科、皿蛛科和平腹蛛科均为 5 属，园蛛科和蟹蛛科各 4 属，狼蛛科和逍遥蛛科各 3 属。数据显示在属级水平和种级水平上球蛛科、皿蛛科、平腹蛛科、园蛛科、蟹蛛科、狼蛛科都占有很高的比例，其中属数占总属数的 66.67%，种数占总种数的 73.33%。

表 3-3 宁夏云雾山蛛形动物物种组成

类群		属		种	
		数量（个）	百分比（%）	数量（个）	百分比（%）
蜘蛛目 Araneae	球蛛科 Theridiidae	5	12.82	7	11.67
	皿蛛科 Linyphiidae	5	12.82	8	13.33
	肖蛸科 Tetragnathidae	1	2.56	2	3.33
	园蛛科 Araneidae	4	10.26	5	8.33
	狼蛛科 Lycosidae	3	7.69	9	15.00
	漏斗蛛科 Agelenidae	2	5.13	3	5.00
	猫蛛科 Oxyopidae	1	2.56	1	1.67
	光盔蛛科 Liocranidae	1	2.56	1	1.67
	管巢蛛科 Clubionidae	1	2.56	1	1.67
	圆颚蛛科 Corinnidae	1	2.56	2	3.33
	平腹蛛科 Gnaphosidae	5	12.82	8	13.33
	逍遥蛛科 Philodromidae	3	7.69	3	5.00
	蟹蛛科 Thomisidae	4	10.26	7	11.67
	跳蛛科 Salticidae	2	5.13	2	3.33
盲蛛目 Opiliones	长奇盲蛛科 Phalangiidae	1	2.56	1	1.67
	合计	39	100.00	60	100.00

第二节 多样性特征

一、属种多度

以昆虫纲 5 个优势目鞘翅目、鳞翅目、半翅目、直翅目和膜翅目为例讨论宁夏云雾山昆虫的属种多度。

鞘翅目属的多度顺序为：步甲科 Carabidae（10）、叶甲科 Chrysomelidae（10）>拟步甲科 Tenebrionidae（9）>瓢虫科 Coccinellidae（7）>肖叶甲科 Eumolpidae（6）、象甲科 Curculionidae（6）>芫菁科 Meloidae（5）>金龟科 Scarabaeidae（4）、鳃金龟科 Melolonthidae（4）、葬甲科 Silphidae（4）>天牛科 Cerambycidae（3）>粪金龟科 Geotrupidae（2）、叩甲科 Elateridae（2），其他12科为单属科；种的多度顺序为：步甲科 Carabidae（20）>拟步甲科 Tenebrionidae（12）、叶甲科 Chrysomelidae（12）>瓢虫科 Coccinellidae（11）、芫菁科 Meloidae（11）>肖叶甲科 Eumolpidae（8）>葬甲科 Silphidae（7）、金龟科 Scarabaeidae（7）、象甲科 Curculionidae（7）>鳃金龟科 Melolonthidae（4）>天牛科 Cerambycidae（3）>粪金龟科 Geotrupidae（2）、叩甲科 Elateridae（2），其他科为单种科。

鳞翅目属的多度顺序为：夜蛾科 Noctuidae（40）>卷蛾科 Tortricidae（12）>草螟科 Crambidae（10）>螟蛾科 Pyralidae（8）>眼蝶科 Satyridae（7）>尺蛾科 Geometridae（6）、天蛾科 Sphingidae（6）>蛱蝶科 Nymphalidae（5）、灯蛾科 Arctiidae（5）>灰蝶科 Lycaenidae（4）>舟蛾科 Notodontidae（3）、毒蛾科 Lymantridae（3）、粉蝶科 Pieridae（3）、弄蝶科 Hesperiidae（3）>宽蛾科 Depressariidae（2）、木蠹蛾科 Cossidae（2）、波纹蛾科 Thyatirida（2），其他科为单属科；种的多度顺序为：夜蛾科 Noctuidae（75）>卷蛾科 Tortricidae（18）>草螟科 Crambidae（14）>螟蛾科 Pyralidae（11）>天蛾科 Sphingidae（7）、眼蝶科 Satyridae（7）>蛱蝶科 Nymphalidae（6）、尺蛾科 Geometridae（6）>灯蛾科 Arctiidae（5）粉蝶科 Pieridae（5）>灰蝶科 Lycaenidae（4）>宽蛾科 Depressariidae（3）、毒蛾科 Lymantridae（3）、舟蛾科 Notodontidae（3）、弄蝶科 Hesperiidae（3）>木蠹蛾科 Cossidae（2）、波纹蛾科 Thyatirida（2），其他科为单种科。

半翅目属的多度顺序为：盲蝽科 Miridae（16）>蚜科 Aphididae（11）>蝽科 Pentatomidae（5）、粉蚧科 Pseudococcidae（5）>叶蝉科 Cicadellidae（4）>飞虱科 Delphacidae（3）、个木虱科 Triozidae（3）、猎蝽科 Reduviidae（3）、网蝽科 Tingidae（3）、缘蝽科 Coreidae（3）>斑木虱科 Aphalaridae（2）、木虱科 Psyllidae（2）、姬蝽科 Nabidae（2）、花蝽科 Anthocoridae（2）、盾蚧科 Diaspididae（2），其他科为单属科；种的多度顺序为：盲蝽科 Miridae（33）>蚜科 Aphididae（19）>蝽科 Pentatomidae（7）>粉蚧科 Pseudococcidae（6）>叶蝉科 Cicadellidae（4）>飞虱科 Delphacidae（3）、木虱科 Psyllidae（3）、个木虱科 Triozidae（3）、斑木虱科 Aphalaridae（3）、猎蝽科 Reduviidae（3）、网蝽科 Tingidae（3）、姬蝽科 Nabidae（3）、缘蝽科 Coreidae（3）、异蝽科 Urostylidae（3）>花蝽科 Anthocoridae（2）、长蝽科 Lygaeidae（2）、同蝽科 Acanthosomatidae（2）、盾蚧科 Diaspididae（2），其他科为单种科。

膜翅目叶蜂科 Tenthredinidae 和蚁科 Formicidae 的属、种多度最高，叶蜂科 Tenthredinidae 8 属 12 种，蚁科 Formicidae 7 属 13 种。

直翅目斑翅蝗科 Oedipodidae 的属多度最高，包含 5 属；种多度最高的是网翅蝗科 Arcypteridae（9）和斑翅蝗科 Oedipodidae（6）。

图 3-4 和图 3-5 是 5 个优势目的属、种数量等级与科的关系。鞘翅目、鳞翅目、半翅目、膜翅目和直翅目单属科的比例分别为 48.00%、22.73%、42.31%、57.14% 和

50.00％；有2~5属的科比例分别为28.00％、45.45％、50.00％、14.29％和50.00％。含1~2个种的科比例分别为56.00％、31.82％、46.15％、57.14％和75.00％；有3~10种的科比例分别为24.00％、50.00％、46.15％、14.29％和25.00％。

　　由此看出，云雾山昆虫组成中科的单位相对较多，类群小，昆虫群落的结构比较稳定。但是必须认识到，由于云雾山所处的特殊地理位置，生态环境极其脆弱，对昆虫群落结构的稳定性的影响是比较大的。

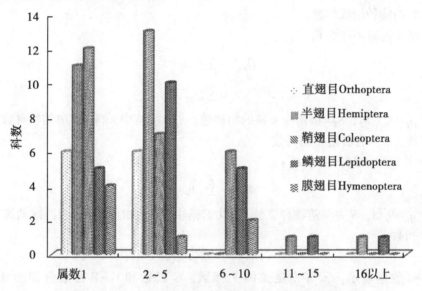

图3-4　宁夏云雾山昆虫优势目的属数量等级与科的关系

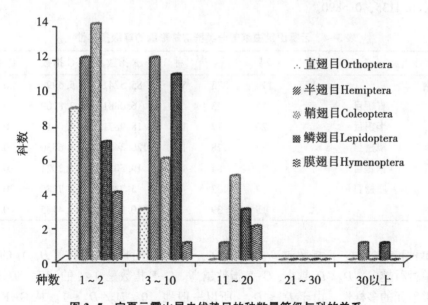

图3-5　宁夏云雾山昆虫优势目的种数量等级与科的关系

二、科、属的多样性测度

G-F多样性指数研究的是科、属水平上种的多样性，是基于物种数目的研究方法，不同科、属种类的生态学特征有较大差异，科、属多样性反映了一个地区生境的复杂性，也在一定程度上反映群落的生态多样性。F指数、G指数和G-F指数总结和反映了一个地区的物种组成信息。

F指数（科的多样性），D_F：

$$D_{FK} = -\sum_{i=1}^{n} p_i ln p_i$$

$$D_F = \sum_{k=1}^{m} D_{FK}$$

式中 $p_i = S_{ki}/S_k$，S_k = 群落中 k 科的物种数，S_{ki} = 群落中 k 科 i 属中的物种数，$n = k$ 科中的属数，m = 各群落中的科数。

G指数（属的多样性），D_G：

$$D_G = -\sum_{j=1}^{p} q_j ln q_j$$

式中 $q_j = S_j/S$，S 为群落物种总数，S_j 为群落中 j 属的物种数，p 为群落的属数。

G-F指数：

$$D_{G-F} = 1 - D_G/D_F$$

表3-4数据显示，云雾山昆虫的F指数、G指数和G-F指数分别为85.5241，5.5999，0.9345，其中G-F指数比较高。蛛形纲的F指数、G指数和G-F指数分别为10.9745，3.4135，0.6890。

表3-4　云雾山昆虫纲部分类群与蛛形纲的等级多样性

		目	科	属	种	F指数	G指数	G-F指数
昆虫纲		15	114	373	525	85.5241	5.5999	0.9345
	直翅目	12	23	31		6.0881	2.8209	0.5367
	半翅目	26	77	112		18.9871	4.0611	0.7861
	鳞翅目	22	128	179		26.3453	4.6530	0.8234
	鞘翅目	25	84	118		19.5033	4.3021	0.7794
	膜翅目	7	22	35		5.7309	2.7285	0.5239
蛛形纲		2	15	39	60	10.9745	3.4135	0.6890

非单种科越多，G-F指数越高。因为 $D_{FK} = 0$，单种科对F指数（D_{FK}）的贡献为零；非单种科越多，D_G/D_F 越小，G-F指数越高。G-F指数是0~1的测度，D_G 是 D_F 次一级分类阶元的多样性，由于 $D_G \leqslant D_F$，所以一般地，$0 \leqslant D_G/D_F \leqslant 1$。从G-F指数上看，云雾山保护区昆虫纲的5个优势目G-F指数依次为鳞翅目>半翅目>鞘翅目>直翅目>膜翅目，说明了鳞翅目非单种科最多，而膜翅目非单种科最少。

第二篇

各　论

第一章 昆虫纲 Insecta

昆虫体小到大型，形态各异，变化很大，分布于除海洋以外的各类区域。昆虫食性复杂多变，许多种类是各类作物或植物的重要害虫。该纲已知 31 目 90 余万种。

本书分类系统采用 Wheeler *et al.* （2001），Klass *et al.* （2003），尹文英等（2002）的六足总纲系统，经对宁夏云雾山昆虫标本鉴定和种类搜集整理，共记录昆虫纲 15 目 114 科 373 属 525 种，其中有中国新纪录种 2 种，宁夏新纪录种 48 种。具体系统分类及物种记述如下。

一、石蛃目 Microcoryphica

体型较小，无翅，体长通常在 15mm 以下，身体近纺锤形，体表一般密披不同形状的鳞片，有金属光泽，体色多为棕褐色，有的背部有黑白花斑。腹部 11 节，第 1~7 腹节在形态结构上较为相似，具 2 根尾须和 1 根中尾丝。石蛃的食性广泛，以植食性为主，主要以藻类、地衣、苔藓、菌类和腐败的枯枝落叶等为食。

石蛃科 Machilidae

胸部背侧隆起，体多呈纺锤形。复眼大，接近或接触。有 1 对多节的触角，柄节与梗节具鳞片。胸足具鳞片，至少第 3 胸足具针突。胸腹板发达，三角形，第 2~7 腹节有伸缩囊 1~2 对。多数种类分布在北半球。中国已知 13 种。

石蛃未定种 *Machilis* sp.

体长约 12.0mm；复眼凸起，扁圆形，横宽；单眼近椭圆形，侧位；额隆起，密被鳞片。下唇须第 3 节近直角三角形，第 1~3 节密被刚毛，第 1 节无鳞，第 2、3 节有鳞。下颚须第 1~7 节密被刚毛。胸足具鳞片和色素，第 2、第 3 胸足具基节针突。第 1~7 腹板各有 1 个伸缩囊。

分布：宁夏。

二、衣鱼目 Zygentoma

原始无翅昆虫，俗称衣鱼。中、小型；体柔软，体表常有鳞片；触角长丝状，达 30 节以上；口器咀嚼式，下颚须 5~6 节，下唇须 3 节。腹部末端有线状多节的尾须和中尾丝。表变态，喜温暖的环境，多数夜出活动，行动迅速。

衣鱼科 Lepismatidae

全体被鳞片；2复眼远离；无单眼；第8、第9腹节的基肢片发达，遮盖产卵器基部或阳基侧突。

多毛栉衣鱼 *Ctenolepsima villosa*（Fabricius，1775）

体长10.0~13.0mm，无翅。体背密被银灰色鳞片；腹面密被白色鳞片。头前侧缘密列黄色弯毛；复眼黑色；触角丝状，长等于或超过体长。胸部较腹部宽，侧缘有浅色弯毛。腹部10节，每节两侧有3簇长毛，第8~9节腹面有2对黄色刺，超过腹端；尾须3根，多节，密生倒伏状微毛，有深浅不同的节，分节处生1轮直毛；中尾须约与体节等长。各足腿节发达，跗节3节。

分布：宁夏等全国各地；日本，朝鲜。

三、蜻蜓目 Odonata

大中型昆虫。口器咀嚼式，上颚发达；复眼发达，单眼3个；触角短小，刚毛状，3~7节。中、后胸合并，称合胸；翅膜质透明，多横脉，前缘近翅顶处常有翅痣。腹部细长，雄性交合器生在腹部第2、第3节腹面。半变态，捕食性。

（一）蜓科 Aeshilidae

体大型，蓝色、绿色或褐色。两复眼在头的背面互相接触呈1条很长直线。下唇中叶略凹裂。翅透明，有两条粗的结前横脉，常有1条支持脉，1条径补脉和1个臀套。

碧伟蜓 *Anax parthenope julius*（Brauer，1865）

腹长50.0~57.0mm，后翅长50.0~54.0mm。上、下唇黄色，上唇基缘有3个小黑斑。前、后唇基及额黄色。前额上缘具1宽黑色横纹。头中央为一突起。翅胸黄绿色，表面被黄色细毛。翅透明，翅痣黄褐色。腹部第1节绿色，第2节基部绿色，端部褐色，第4~8节背面黑色，第3节、第9节和第10节背面褐色。

分布：国内各地均有分布。

（二）蜻科 Libillulidae

体中小型；前后翅臀角均为圆形；翅痣无支持脉；臀套足形，后翅三角室接近弓脉，径补脉发达。

红蜻 *Crocothemis servilia servilia*（Drury，1770）

雄性腹长30.0~31.0mm，后翅长32.0~35.0mm，雌性腹长26.0~28.0mm，后翅长34.0~36.0mm。额鲜红色，上额与前额中央凹下成1宽阔纵沟。头顶具1突起，前方红褐色，后方褐色，顶端具2个小突起。下唇褐色，上唇红色，前唇基红黄色，后唇基红色。前胸褐色；翅胸侧面红色，无斑纹。翅透明，翅痣黄色，前翅的红斑较后翅的红斑小。

分布：国内各地均有分布。

黄蜻 *Pantala flavescens*（Fabricius，1798）

腹长31.0~32.0mm，后翅长38.0~40.0mm。头顶具黑色条纹，具1大突起。下唇中叶黑色，侧叶黄褐色；上唇赤黄色，具黑色前缘。前、后唇基及额黄带赤色。前胸黑褐色，具白色条纹。合胸背前方赤褐色，具细毛和黑褐色线纹。翅透明，翅痣赤黄。后翅臀域淡褐色，小膜白色。足黑色，腿节及前中足胫节具黄线纹。腹部赤黄色，第1节背面具1黑褐色横斑，第4~10节具黑褐色斑。

分布：宁夏、黑龙江、吉林、河北、北京、山西、浙江、江苏、湖南、江西、福建、广东、广西壮族自治区（全书简称广西）、云南、四川、青海、西藏自治区（全书简称西藏）、甘肃；日本，缅甸，印度，斯里兰卡。

四、蜚蠊目 Blattaria

口器咀嚼式；触角丝状；复眼发达；足发达，适于疾走。前翅覆翅，后翅膜质，臀域发达，或无翅。腹部10节，有1对多节的尾须。腹背常有臭腺，能分泌臭气，开口于第6、第7腹节的背腺最显著。有些种类有雌雄异型现象，雄虫有翅，雌虫无翅或短翅。渐变态，食性杂。

地鳖蠊科 Polyphagidae

体密被微毛。头近球形，被前胸背板遮盖；唇部极隆起，与颜面形成明显的界限。前、后翅一般较发达，有时雌性无翅；前翅 Sc 脉有分支；休息时后翅臀域通常平放。中、后足腿节腹缘缺刺；跗节有跗垫，爪对称，中垫有或无。全世界已知39属192种，我国已知5属20种。

中华真地鳖 *Eupolyphaga sinensis* Walker，1929

雄雌二型。雄成虫有翅，淡褐色，体长19.0~22.0mm。头顶黑色，被前胸背板前缘掩盖。前胸背板横椭圆形，深黑褐色。前翅膜质，长超过腹端，表面密布褐色网纹，后翅宽大，膜质透明，密布淡褐色微纹。足淡褐色，前足胫节短，有8根端刺，1根中刺，腿节端部下方有1根刺。雌成虫无翅，卵圆形，体长23.0~25.0mm，背隆起，被有赤褐竖毛。前胸背板黑色，前、后缘有赤褐带，背面密被小颗粒及赤褐短毛。

分布：宁夏、北京、河北、山东、山西、陕西、内蒙古自治区（全书简称内蒙古）、新疆、四川、贵州、湖南、湖北。

五、螳螂目 Mantodea

俗称螳螂，中至大型昆虫，头三角形且活动自如。前足腿节和胫节有利刺，胫节镰刀状，常向腿节折叠，形成捕捉性前足；前翅为覆翅，后翅膜质，臀域发达，扇状，休息时叠于背上；腹部肥大。渐变态，为捕食性昆虫。

螳螂科 Mantidae

前足腿节腹面内缘的刺长短交互排列；前足胫节外缘的刺直立或倾斜，彼此分离。头宽大于长，复眼大，单眼仅雄性发达；雌性翅常退化或消失；前翅无宽带或圆形斑；中、后足一般无瓣。雄性下生殖板常具1对腹刺。世界已知21亚科263属。

薄翅螳螂 *Mantis religiosa* Linnaeus，1758

体长 50.0~70.0mm，体淡绿或淡褐色。头部三角形；单眼 3 个，排列略呈三角形；复眼卵圆形而突出，比头部的颜色稍深褐；触角线状，雄虫粗长而雌虫细短。雄虫前胸背板长为宽的 3 倍以上，前部侧缘齿列不明显。前翅浅褐色，前缘区浅绿色，后翅扇状。前足腿节中刺 4 个，后足胫节缺端刺。雌虫前翅较厚，雄虫的薄而透明，前缘室有细而不明显的分支脉。后翅在腹末超过前翅。

分布：宁夏、北京、河北、山西、辽宁、吉林、黑龙江、江苏、浙江、福建、广东、海南、四川、云南、西藏、甘肃、新疆维吾尔自治区（全书简称新疆）；世界广布种。

六、直翅目 Orthoptera

体小到大型，咀嚼式口器；前胸背板发达，呈马鞍状；翅通常 2 对，前翅皮革质，后翅膜质；尾须发达，雌虫具发达的产卵器；雄虫多数能发声，前足胫节或腹部第一节常具鼓膜听器；渐变态，多为植食性，少数杂食性或捕食性。该目中蝗虫为草原常见而重要的害虫。

（一）螽斯科 Tettigoniidae

触角通常较体长，不少于 30 节。雄性发音器位于前翅基部，Cu_2 脉特化。听器位于前足胫节基部。跗节 4 节。尾须粗短而坚硬，产卵瓣发达，通常具 6 瓣。该科已知 1100 多属，分为 20~25 个亚科。

暗褐蝈螽 *Gampsocleis sedakovii obscura* (Walker, 1869)

体长 35.0~40.0mm，体形粗壮。体色常为草绿或褐绿色。头大，前胸背板宽大，似马鞍形，侧板下缘和后缘镶以白边，前胸背板侧板下缘和后缘无白色镶边。前翅较长，超过腹端，翅端狭圆，翅面具草绿色条纹并布满褐色斑点，呈花翅状。

分布：宁夏、河北、山东等全国各地；日本，朝鲜。

（二）驼螽科 Rhaphidophoridae

体侧扁，完全无翅；触角和足极长，有时后足腿节很粗壮，前足胫节无听器；跗节 4 节，侧扁，无跗垫；尾须细长而柔软，但有时雄性分节或端部具环节；雌性产卵瓣发达。该科包括 11 亚科约 80 个属。

贝氏裸灶螽 *Diestrammena berezowskii* (Adelung, 1902)

体长 13.0~20.0mm；体棕褐色；雄性无翅；头顶分裂，具两个尖的瘤状突起；足较长，前足腿节内膝叶具 1 枚小刺，外膝叶具 1 枚长刺。前、中足胫节端部具 1 对腹刺，其间具 1 枚小刺。后足胫节背面刺较多，成组排列，后足腿节腹面无刺或仅内缘具刺。腹节背板后缘钝圆，不具任何突起。

分布：宁夏、河北、山东、四川、陕西、甘肃；日本，朝鲜。

（三）蟋蟀科 Gryllidae

体粗壮。触角较体长，端部尖细；产卵器长，矛状；跗节 3 节；尾须长，不分节。雄虫前翅具摩擦发音器，右翅盖在左翅上方；听器位于前足胫节。

1. 石首棺头蟋 *Loxoblemmus equestris* Saussure，1877

体长 12.0~16.0mm，黑褐色；雄虫头顶向前突出，前缘呈圆弧形，后缘略扁平；额腹面有一近似圆形的黄斑，由头顶向前胸背板倾斜，具 6 条淡黄色短纵纹；颜面宽而扁平，且明显倾斜；前翅发达；前足和中足有大小不一的黑斑；后足腿节粗壮。

分布：宁夏、河北、山东、山西、陕西、内蒙古、四川。

2. 油葫芦 *Gryllus testaceus* Walker，1869

体长 22.0~30.0mm，黑褐色或黄褐色，有光泽；头部黑色，呈圆球形，颜面黄褐色，从其头部背面看，两条触角呈"八"字形，触角窝四周黑色。前胸背板黑褐色，有左右对称的淡色斑纹，侧板下半部淡色。前翅背面褐色，有光泽，侧面黄色。

分布：宁夏、北京、河北、山西、内蒙古、辽宁、吉林、黑龙江、江苏、浙江、安徽、江西、福建、河南、山东、湖北、湖南、广东、广西、陕西、甘肃、青海；日本，朝鲜，菲律宾，印度，印度尼西亚。

（四）蝼蛄科 Gryllotalpidae

触角细，顶端尖锐，短于体长；前足开掘式，粗壮，胫节宽阔具 4 齿，跗节基部有 2 齿；后足非跳跃足；前翅短，不达身体末端，后翅长，伸出腹末；前足胫节听器退化；尾须长，产卵器不外露。

1. 东方蝼蛄 *Gryllotalpa orientalis* Burmeister，1839

成虫体长 30.0~35.0mm，灰褐色，腹部色较浅，全身密布细毛。头圆锥形，触角丝状。前胸背板卵圆形，中间具 1 明显的暗红色长心形凹陷斑。前翅灰褐色，较短，仅达腹部中部；后翅扇形，较长，超过腹部末端。腹末具 1 对尾须。前足为开掘足，后足胫节背面内侧有 4 个距。

分布：宁夏等全国各地。

2. 华北蝼蛄 *Gryllotalpa unispina* Saussure，1874

雌成虫体长 45.0~50.0mm，雄成虫体长 39.0~40.0mm。形似东方蝼蛄，但体黄褐至暗褐色，前胸背板中央有 1 心形红色斑点。后足胫节背侧内缘有棘 1 个或消失。腹部近圆筒形，背面黑褐色，腹面黄褐色。

分布：宁夏、河北、山西、内蒙古、辽宁、吉林、江苏、山东、河南、陕西、甘肃；土耳其，俄罗斯。

（五）蚱科 Tetrigidae

体小、中型。颜面隆起在触角之间分叉呈沟状。触角丝状，多数着生于复眼下缘内侧。前胸背板侧叶后缘通常具两个凹陷，少数仅具 1 个凹陷；侧叶后角向下，末端圆形。前、后翅正常，少数缺如。后足跗节第 1 节明显长于第 3 节。

1. 长翅长背蚱 *Paretettix uvarovi* Semenov，1915

体长 11.0~14.0mm；体灰褐色、黄褐色或暗褐色。触角丝状，细长。前胸背板前缘平截，后突到达后足胫节之中部；中、侧隆线均明显；侧片后缘具二凹陷。前翅鳞片状，后翅长，超过前胸背板后突的顶端。前、中足腿节下缘波状；后足腿节上侧中隆线片状，具细齿；后足跗节第 1 节长于第 3 节。

分布：宁夏、河北、吉林、河南、广东、广西、云南、陕西、甘肃、新疆；中亚各国，伊朗。

2. 日本蚱 Tetrix japonica（Bolivar，1887）

体长约 9.0mm；体黄褐色或暗褐色；前胸背板部分个体无斑纹，也有部分个体具有 1~2 对黑斑，有些个体具 1 对条状黑斑。头部突起，头顶稍突出于复眼前缘，颜面稍倾斜；前胸背板后突短于腹部的长度；前翅卵形，后翅较为发达；后足腿节粗短，胫节第 1 节明显长于第 3 节。

分布：宁夏、河北、山西、内蒙古、辽宁、吉林、黑龙江、江苏、浙江、安徽、福建、山东、河南、湖北、湖南、广东、广西、重庆、云南、贵州、西藏、陕西、青海、甘肃、新疆、我国台湾；日本，朝鲜，俄罗斯。

（六）蚤蝼科 Tridactylidae

体小型。前足适合于开掘，后足非常发达，善跳，其胫节端部有 2 个能活动的长片，帮助起跳。无听器和发音器。

日本蚤蝼 Tridactylus japonicus（De Haan，1835）

体长 5.0~6.0mm。体黑色有光泽；后足腿节上有黄白色斑纹。后足胫节的瓣长直且较宽。下生殖板三角形，后缘圆形，肛附器细长。

分布：宁夏、北京、河北、河南；日本，朝鲜，俄罗斯（远东）。

寄主：禾本科植物等。

（七）锥头蝗科 Pyrgomorphidae

体小型至中型，一般较细长，呈纺锤形。头部为锥形，颜面侧观极向后倾斜，有时颜面近波形；颜面隆起具细纵沟；头顶向前突出较长，顶端中央具细纵沟，其侧缘头侧窝不明显或缺失。触角剑状，基部数节较宽扁，其余各节较细，着生于侧单眼的前方或下方。前胸背板具颗粒状突起，前胸背板突明显。

短额负蝗 Atractomorpha sinensis Bolivar，1905

雄性体长 21.0~25.0mm，雌虫体长 35.0~45.0mm。体绿色或枯草色，后翅基部玫瑰红色。头顶较短，向顶端趋狭，圆弧形。触角剑状，较短，基部接近复眼；眼后具1 列小而突起的颗粒，排列稀疏。前胸背板背面略平，前缘平弧形，后缘钝圆形；中隆线较细，侧隆线较不明显。前翅狭长，超过后足腿节顶端，翅顶较尖，后翅略短于前翅。

分布：宁夏、北京、河北、山西、上海、江苏、浙江、安徽、福建、江西、山东、河南、湖北、湖南、广东、广西、四川、贵州、云南、陕西、甘肃、青海、我国台湾；日本，越南。

（八）斑腿蝗科 Catantopidae

体中型至大型。头部一般为卵形，颜面侧观为垂直或向后倾斜；头顶前端缺细纵沟，侧缘之头侧窝不明显或缺如。前胸背板变异较多，一般具有中隆线，有时在沟前区明显隆起，有时中隆线不明显或缺如；侧隆线在多数种类缺如。前胸腹板前缘明显地突起，呈锥形、圆柱形或横片状。中胸腹板侧叶一般较宽地分开，后胸腹板侧叶一般分开。前、后翅均发达。鼓膜器在具翅种类均很发达，仅在缺翅种类不明显。后足腿节外侧中区具羽状纹，其外侧基部的上基片明显长于下基片。

短星翅蝗 *Calliptamus abbreviatus* Ikonnikov, 1913

雄成虫体长 13.0~21.0mm，雌 25.0~32.0mm；体褐色至暗褐色；头大，略短于前胸背板；前胸背板有明显的中纵隆线及侧隆线，其间 3 条纵沟明显，后横沟割断中隆线。前翅短，仅达或几达后足腿节顶端，翅上有许多黑色小点。后足腿节上侧具 3 个黑色横斑，后足胫节红色。

分布：宁夏、河北、山西、内蒙古、吉林、辽宁、黑龙江、江苏、浙江、安徽、江西、山东、广东、四川、贵州、陕西、甘肃；蒙古，朝鲜，俄罗斯。

（九）网翅蝗科 Arcypteridae

体小型至中型。头部多呈圆锥形，头顶前端中央缺颜顶角沟。头侧窝明显，呈四角形，但有时也消失。颜面颇向后倾斜，侧观颜面与头顶形成锐角形。触角丝状。前胸背板中隆线低，侧隆线发达或不发达。前胸腹板在两前足基部之间通常不隆起，平坦，有时候有较小的突起。前、后翅发达、短缩或有时全消失。前翅如发达，则中脉域常缺中闰脉，其上也不具音齿。后翅通常本色透明，有时也呈暗褐色，但绝不具彩色斑纹。后足腿节上基片长于下基片，侧观具羽状纹，腿节内侧下隆线常具发音齿或不具发音齿。发音为前翅-后足腿节型。后足胫节缺外端刺。腹部第 1 节背板两侧通常具有发达的鼓膜器，但有时也不明显，甚至消失。腹部第 2 节背板两侧无摩擦板。

1. 白纹雏蝗 *Chorthippus albonemus* Cheng et Tu, 1964

雄性体长 11.0~13.5mm，雌性体长 17.5~24.0mm。体褐色、深褐色，有的个体背部绿色。头大而短，较短于前胸背板，头顶尖锐。前胸背板具明显的黄白色 "X" 形纹，沿侧隆线具黑色纵带纹。前翅中脉域具 1 列大黑斑；后翅几与前翅等长。雌性前翅前缘脉域具白色纵纹。

分布：宁夏、陕西、甘肃、青海。

2. 异色雏蝗 *Chorthippus biguttulus* (Linnaeus, 1758)

雄性体长 12.0~14.0mm，雌性体长 16.0~22.0mm。体绿色、褐绿色、褐色或暗褐色，后足腿节内侧具暗色斜纹，后足胫节橙黄色。头短于前胸背板；前胸背板中隆线明显，侧隆线几直，近平行，在沟前区稍凹；后横沟在背板中部穿过。前翅发达，超过后足腿节的顶端。

分布：宁夏、河北、辽宁、吉林、黑龙江、西藏、甘肃、青海、新疆。

3. 华北雏蝗 *Chorthippus brunneus huabeiensis* Xia et Jin, 1982

雄性体长 14.0~18.0mm，雌性体长 20.0~25.0mm。体灰褐色。前胸背板侧隆线处具黑色纵纹；前翅褐色，在翅顶 1/3 处具 1 淡色纹；后足腿节内侧基部具黑色斜纹；后足胫节黄褐色。头部较短于前胸背板；前胸背板前缘较平直，后缘呈钝角形突出。前、后翅均发达，超过后足腿节顶端；前翅狭长，前缘脉和亚前缘脉不明显弯曲；后翅与前翅等长。

分布：宁夏、辽宁、吉林、黑龙江、河北、北京、山西、内蒙古、甘肃、陕西、新疆，青海、西藏。

4. 翠饰雏蝗 *Chorthippus dichrous* (Eversmann, 1859)

雄性体长 14.5~19.0mm，雌性体长 17.5~19.5mm。体黄褐色；前翅上常具细碎褐色斑点，后翅本色透明；后足腿节黄褐色，内侧基部无 1 黑色斜纹，后足胫节黄褐色。头较前胸背板短，顶端几乎呈锐角形。前胸背板前缘较平直，后缘略圆弧形突出；中隆线、侧隆线明显。前翅发达，通常超过后足腿节顶端；顶端较狭圆；后翅发达，几乎与前翅等长。

分布：宁夏、内蒙古、山西、黑龙江、西藏、甘肃、青海、新疆。

5. 小翅雏蝗 *Chorthippus fallax* (Zubovsky, 1899)

雄性体长 10.5~15.0mm，雌性体长 15.0~17.0mm。体黄褐色或绿褐色。头侧窝明显呈狭长四方形。前胸背板中隆线较低，侧隆线在沟前区略向内弯曲，后横沟位于其中部。雄性前翅短，顶端宽阔，不到达足腿节的顶端，其前缘脉域近基部明显扩大，顶端不超过前翅的中部。后翅很短，呈鳞片状。后足腿节黑色，胫节黄褐色，爪间中垫较长，顶端超过爪的中部。

分布：宁夏、河北、内蒙古、山西、陕西、甘肃、青海、新疆；蒙古，中亚，俄罗斯。

6. 北方雏蝗 *Chorthippus hammarstroemi* (Miram, 1906)

雄性体长 15.5~18.0mm，雌性体长 17.0~21.0mm。体褐黄色或黄绿色；颜面向后倾斜；前胸背板前缘平直，后缘钝圆形突出。雄性前翅发达，伸达后足腿节膝部；后足腿节橙黄色或黄褐色，内侧基部无黑色斜纹，膝部黑色；后足胫节橙黄色，基部黑色；后翅与前翅近等长。

分布：宁夏、北京、河北、山西、黑龙江、山东、陕西、甘肃。

7. 素色异爪蝗 *Euchorthippus unicolor* (Ikonn, 1913)

雄性体长 9.5~13.0mm，雌性体长 12.0~16.0mm。体黄绿色或褐绿色。头部较短于前胸背板，头顶宽短，头顶及后头中隆线不明显。前胸背板中隆线明显，侧隆线在沟前区彼此平行；沟前区长度大于沟后区的长度。前翅狭长，顶尖，雄性前翅到达肛上板的基部，雌性仅达或略超过后足腿节中部。后足腿节膝侧片顶圆形，跗爪不对称，爪间中垫到达爪之顶端。

分布：宁夏、河北、山西、内蒙古、陕西、甘肃、青海、新疆；俄罗斯。

8. 红腹牧草蝗 *Omocestus haemorrhoidalis* (Charpentier, 1825)

雄性体长 12.0~14.0mm，雌性体长 18.0~19.0mm。体绿色或黑褐色，腹部背面和底面红色。前胸背板侧隆线前半段外侧及后半段内侧具黑色带纹。前胸背板后横沟位于中部，侧隆线在沟前区弯曲。前翅较长，到达或超过后足腿节的端部。后足腿节内侧、底侧黄褐色，末端褐色；后足胫节黑褐色。

分布：宁夏、山西、内蒙古、西藏、甘肃、青海、新疆。

9. 宽翅曲背蝗 *Pararcyptera microptera meridionalis* (Ikonnikov, 1911)

雄性体长 24.0~28.0mm，雌性体长 36.0~39.0mm。头顶宽短，中央略凹，头侧窝长方形，较凹，在顶端相隔较近；颜面侧观明显向后倾斜。前胸背板宽平，前缘较平直，后缘圆弧形；中隆线明显隆起；侧隆线明显，其中部在沟前区颇向内弯曲呈"X"

形，侧隆线间的最宽处约等于最狭处的 1.5~2 倍；前翅发达，略不到达或刚到达后足腿节末端。后翅略短于前翅。

分布：宁夏、河北、山西、内蒙古、辽宁、吉林、黑龙江、山东、陕西、甘肃、青海；蒙古，中亚，俄罗斯。

（十）斑翅蝗科 Oedipodidae

体中小至大型，一般较粗壮，体表具细刻点，有些种类的体腹面常被密绒毛。头近卵形，头顶较宽短，背面略凹或平坦，向前倾斜或平直；颜面侧观较直，有时明显向后倾斜；头侧窝常缺如。前胸背板背面常较隆起，呈屋脊形或鞍形，有时较平。前胸腹板在两前足基部之间平坦或略隆起。前、后翅均发达，均具有斑纹，网脉较密，中脉域具有中闰脉，少数不明显或消失，至少在雄虫的中闰脉具细齿或粗糙，形成发音器的一部分。后足腿节较粗短，上侧中隆线平滑或具细齿，膝侧片顶端圆形或角形，内侧缺音齿列，但具狭锐隆线，形成发音齿的另一部分。发音为前翅-后足腿节型或后翅-前翅型。鼓膜器发达。

1. 红翅皱膝蝗 *Angaracris rhodopa*（Fischer-Walheim，1846）

雄性体长 23.0~29.0mm，雌性体长 28.0~32.0mm。体浅绿或黄褐色，上具细碎褐色斑点。头、胸、前翅绿色，腹部褐色。后足腿节外侧黄绿色，具不太明显的 3 个暗色横斑，内侧橙红，具黑色斑 2 个，近端部具 1 黄色膝前环；外侧上膝侧片褐色，内侧黑色。后足胫节橙红或黄色。前翅密具细碎褐色斑点。后翅透明，基部翅脉红色，轭脉红色。前翅较长，超过后足胫节的中部，后翅前缘呈 "S" 形弯曲。后足腿节粗短，胫节外侧具刺 9 个，内侧 11~13 个，无外端刺。

分布：宁夏、河北、山西、内蒙古、黑龙江、甘肃、青海；蒙古，中亚，俄罗斯。

2. 轮纹异痂蝗 *Bryodemella tuberculatum dilutum*（Stoll，1813）

雄性体长 29.0~37.0mm，雌性体长 35.0~45.0mm。体黄褐或灰褐色，常具粗大刻点、短隆线和颗粒。前胸背板沟前区较狭，沟后区较宽平，具粗大颗粒。前后翅发达，几乎达后足胫节顶端。后翅基部玫瑰色，中部具较狭的暗色横斑纹；后足腿节下膝侧片窄，下缘几乎成直线。

分布：宁夏、河北、山西、内蒙古、辽宁、吉林、黑龙江、山东、陕西、青海、新疆；蒙古，中亚，俄罗斯。

3. 东亚飞蝗 *Locusta migratoria manilensis*（Meyaen，1835）

雄性体长 33.0~41.0mm，雌性体长 39.0~51.0mm。体绿色（散居型）或黄褐色（群居型）；前翅褐色，具许多暗色斑点，后翅透明无色。头大而短，较短于前胸背板。前翅发达，超过后足胫节中部。后翅略短于前翅。后足腿节膝侧片顶圆形，无外端刺。

分布：宁夏、河北、内蒙古、新疆。

4. 亚洲小车蝗 *Oedaleus decorus asiaticus* B. Bienko，1941

雄性体长 23.0~26.0mm，雌性体长 33.0~37.0mm。前胸背板 "X" 形淡色纹明显，在沟前区几等宽于沟后区。前翅基半部具大块黑斑 2~3 个，端半具细碎不明显褐色斑。后翅基部淡黄绿色，中部具较狭的暗色横带，且在第 1 臀脉处有较狭的断裂。后足腿节顶端黑色，上侧和内侧具 3 个黑斑。后足胫节红色，基部淡黄褐色环不明显，在背侧常混杂红色。

分布：宁夏、河北、内蒙古、山东、陕西、甘肃、青海；蒙古，中亚，俄罗斯。

5. 黄胫小车蝗 *Oedaleus infernalis* Saussure，1884

雄性体长 23.0~28.0mm，雌性体长 30.0~38.0mm。体黄褐、暗褐或绿褐色。前胸背板 "X" 形纹在沟后区宽于沟前区部分。前翅暗色横斑明显，在前缘处具 2 个淡色三角形斑。后翅基部淡黄色，基部主要脉不染有蓝色，中部暗色带纹到达或不到达后缘，翅顶暗色。后足腿节底侧黄色。后足胫节红或黄色。

分布：宁夏、北京、河北、山西、内蒙古、吉林、黑龙江、山东、江苏、陕西、甘肃、青海；日本，蒙古，韩国，中亚，俄罗斯。

6. 疣蝗 *Trilophidia annulata* (Thunberg，1815)

雄成虫体长 12.0~16.0mm，雌成虫 15.0~26.0mm。体黄褐色或暗灰色，体上有许多颗粒状突起。复眼间有 1 粒状突起。前胸背板上有 2 个较深的横沟，形成 2 个齿状突。前翅长，超过后足胫节中部。后足腿节粗短，有 3 个暗色横斑；后足胫节有 2 个较宽的淡色环纹。

分布：宁夏、河北、内蒙古、辽宁、吉林、黑龙江、江苏、浙江、安徽、福建、江西、山东、广东、广西、四川、贵州、云南、西藏、陕西、甘肃；朝鲜，日本，印度。

（十一）槌角蝗科 Gomphoceridae

触角端部几节膨大成棒状或槌状，有时在雌性膨大不明显，但至少不小于中段触角节的宽度。头顶中央缺细纵沟。体表光滑。后足腿节上基片长于下基片，外侧中区具羽状隆线。

1. 李氏大足蝗 *Gomphocerus licenti* (Chang，1939)

雄成虫体长 14.0~21.0mm，雌成虫 20.0~25.0mm。体黄褐、褐或暗褐色；前胸背板侧隆线黑褐色；后足腿节膝部黑色，胫节橙红色，基部黑色。头顶宽短，顶端锐角形。前胸背板中隆线明显，较平，侧隆线中部甚弯曲，呈弧形；沟前区大于沟后区。雄性前足胫节近梨形膨大，雌性正常。后足腿节匀称，无外端刺。

分布：宁夏、河北、山西、内蒙古、西藏、陕西、甘肃、青海。

2. 宽须蚁蝗 *Myrmeleotettix palpalis* (Zubowsky，1900)

雄成虫体长 10.0~13.0mm，雌成虫 11.0~17.0mm。体黄褐、暗褐色；前翅中脉域具 4~5 个黑斑；后足腿节膝部黑色，后胫节黄褐色，基部黑色。前胸背板中隆线明显，侧隆线角状内曲，沟前区与沟后区几等长。前翅发达，雄性到达后腿节顶端，雌性较短，明显不到达后膝部，前缘直。后翅与前翅等长。

分布：宁夏、内蒙古、甘肃、青海、新疆；蒙古，中亚，俄罗斯。

（十二）剑角蝗科 Acrididae

体型粗短或细长，大多侧扁。头部侧观为钝锥形或长锥形。头侧窝发达，有时不明显或缺。复眼较大，位于近顶端处，而远离基部。触角剑状，基部各节较宽，其宽度大于长度，自基部向顶端渐趋狭。前胸背板中隆线较弱，侧隆线完整或缺。前胸腹板具突起或平坦。前、后翅发达，大多较狭长，顶端尖锐。后足腿节上基片长于下基片，外观中区具羽状纹；内侧下隆线具音齿或缺。鼓膜器发达。

1. 中华剑角蝗 *Acrida cinerea*（Thunberg，1815）

雄成虫体长 24.0~28.0mm，雌成虫 30.0~39.0mm。体绿色或枯草色，枯草色个体有的沿中脉域具黑褐色纵纹，沿中闰脉具 1 列较细的淡色斑点。头圆锥形，明显长于前胸背板；头顶突出，顶圆，中央纵隆线明显。前胸背板宽平，具细小颗粒；前翅发达，超过后腿节顶端。后翅短于前翅，长三角形。后足腿节上膝侧片顶端内侧刺略长于外侧刺。后翅淡绿色。

分布：宁夏、北京、河北、山西、江苏、浙江、安徽、福建、江西、山东、湖北、湖南、广西、广东、四川、贵州、云南、陕西、甘肃。

2. 榆中直背蝗 *Euthystira yuzhongensis* Zheng，1984

雄成虫体长 14.5~16.0mm，雌成虫约 23.0mm。雄性体黄褐色或暗红色；头部、前胸背板背面具宽的黑纵带，眼后带宽，黑色；前翅黑褐色，前缘脉域基部具一粗的白色纵纹；后足腿节上侧及外侧上半部黑褐色，下半部黄褐色，下侧及内侧黄色，膝部黑色；后翅小，仅伸达第 1 腹节。雌性前翅中脉域白色。

分布：宁夏、甘肃。

3. 日本鸣蝗 *Mongolotettix japonicus*（Bolivar，1898）

雄成虫体长 16.5~18.0mm，雌成虫约 25.0mm。头顶较短，向顶端趋狭，圆弧形。前胸背板背面略平，前缘平弧形，后缘为钝圆形，中隆线细而明显；前后翅较长，远离后足腿节顶端，后翅略短于前翅。雄性前翅基部白色纵纹较宽；雌性前翅径、中脉域具宽的黑色纵纹。

分布：宁夏、陕西、甘肃。

七、革翅目 Dermaptera

多为中小型昆虫，体扁，咀嚼式口器；前翅革质，短，末端平截；后翅宽大，半圆形，膜质，或缺失；腹端有发达的铗状尾须，不分节。常见于土石下、树皮、杂草中；渐变态，杂食性或肉食性。

（一）蠼螋科 Labiduridae

多数具翅，少数无翅；触角 25 节以上；第 2 跗节位于第 3 节下方；雄性外生殖器阳基中叶端针基部膨大，具内曲管。

日本蠼螋 *Labidura japonica*（De Haan，1842）

体长 14.0~26.0mm；体褐色。头部宽大；触角细长，28 节。前胸背板长大于宽，前缘直，侧缘平直，后缘圆弧形，中央纵沟明显。前翅长于前胸背板，被颗粒状皱纹。腹部长，向端部加宽。尾铗短于腹部，内缘中部各有 1~2 个小瘤突。

分布：宁夏、吉林、河北、甘肃；韩国，日本，俄罗斯。

（二）球螋科 Forficulidae

翅发达，极少完全无翅；触角 12~16 节；第 2 跗节扩宽和扁平，心脏形；腹部第

3、第 4 节背板具腺褶，肛上板突出，可活动；尾铗对称，个体间略有变异。

1. 日本张球螋 *Anechura japonica*（Bormans，1880）

体长 12.0~14.0mm；暗褐色。头部淡红色，前胸背板和后翅侧缘浅黄色。触角粗短，12 节，基节长。前胸背板前缘直，侧缘平直，中央纵沟明显。前翅密布小刻点，后缘向内侧倾斜；后翅翅柄具 1 大黄斑。尾铗基部分离明显，末端尖，内缘中部具 1 宽齿突。

分布：宁夏、河北、山西、吉林、浙江、江西、福建、山东、湖北、湖南、广西、四川、西藏、甘肃；朝鲜，日本，俄罗斯。

2. 迭球螋 *Forficula vicaria* Semenov，1902

体长 9.0~12.0mm；暗褐色，触角和翅暗红褐色。头部圆隆；触角粗短，12 节，基节长。前胸背板长宽近等，接近方形，散布小刻点和皱纹。前翅密布小刻点，后缘向内侧倾斜；后翅翅柄略突出。尾铗基部内缘扁扩，末端尖，基部内缘具 1 小齿突。

分布：宁夏、河北、内蒙古、辽宁、吉林、黑龙江、江苏、山东、湖北、四川、云南、西藏；朝鲜，日本，蒙古，俄罗斯。

八、啮目 Psocoptera

体长 1.0~10.0mm，柔弱。有长翅、短翅、小翅或无翅型种类，无翅的种类较少。口器咀嚼式；头大，后唇基十分发达，呈球形凸出。前翅大，多有斑纹和翅痣，休息时翅常呈屋脊状或平置于体背。腹部 10 节，无尾须。

（一）虱啮科 Liposcelididae

长翅或无翅，体扁平。触角短，具次生环；头壳缝无或很细；复眼由 3~8 个小眼组成；下唇须有 3 个感觉器。前胸背板分 3 叶，中叶具纵线，具翅型的中、后胸背板分开，无翅型愈合为合胸；腹板宽。前翅 R 与 M 脉不分支，不达翅缘；后翅 R 脉长，不达翅缘。翅细长，端圆，翅脉退化。跗节 3 节，后足腿节膨大。

嗜卷虱啮 *Liposcelis bostrychophila* Badonnel，1931

体长 0.8~1.0mm；赭黄色。头顶具由大型瘤凸排成弓形而分界明显的鳞状副室，内具中型瘤，毛细小；小眼 6~7 个。前胸背板 SI 毛相当小，无 PNS，小毛 5~6 根；前胸腹板刚毛 5~6 根，分布规则；合胸腹板刚毛 6~8 根，排成一横排。腹部背斑刻纹同头顶。腹部第 1、第 2 节各具 1 排毛，第 3~7 节各具不规则 2~3 排毛；腹末具大量毛。

分布：宁夏、上海、浙江、福建、江西、河南、湖北、湖南、广东、青海、甘肃；欧洲，非洲，亚洲。

（二）啮科 Psocidae

触角 13 节；下颚须 4 节；内鄂叶端分叉。翅光滑无毛；Sc 脉存在，Rs 与 M 合并一段或以一点相连；Rs 分 2 支，M 分 3 支。后翅除部分在径叉缘有一些刚毛外均光滑。跗节 2 节，爪具亚端齿，爪垫细，端部钝。

1. 普通昧啮 *Metylophorus plebius* Li，1989

体长 4.0~6.5mm；体褐至深褐色。头部黄色，具深褐色斑；后唇基具深褐色条；

下颚须黄褐色，末节深褐色；触角深褐色，13节，第1、第2及第3节大部分黄色。翅痣宽阔，后角圆。足深褐色，腿节基半黄褐色。翅褐色，翅痣、脉深褐色。腹部黄色，具深褐色不规则斑。

分布：宁夏、山西、吉林、浙江、湖北、广西、四川、陕西、甘肃。

2. 钳五蓓啮 *Pentablaste obconica* Li，2002

体长3.5mm；头淡黄色，复眼黑色，前唇基和上唇褐色；下颚须淡黄色，端节淡黄褐色；触角淡黄色。前翅半透明，污黄色，翅痣及脉深黄色；后翅透明，污黄色。足淡黄色；腹部淡黄色，背板具由不规则小褐斑组成横带。

分布：宁夏、北京、山西、湖北、湖南、甘肃。

九、缨翅目 Thysanoptera

缨翅目昆虫统称蓟马，体小至微小，一般0.5~7.0mm，锉吸式口器，复眼发达，翅狭长，边缘具长缨毛，足跗节末端具"端泡"，无尾须。变态类型为过渐变态，多数种类为植食性、少数为菌食性或捕食性。

（一）管蓟马科 Phlaeothripidae

多为暗褐色或黑色，常有白或暗色斑点。头前部圆形；触角7~8节，有锥状感觉锥，第3节最大；下颚须和下唇须2节；腹部第9节宽略大于长，腹部末节向后略变窄，但不延长，无产卵器。

1. 稻简管蓟马 *Haplothrips aculeatus*（Fabricius，1803）

成虫体长1.5~2.0mm。暗褐色至黑褐色，触角第3~6节黄色；前足胫节及全部跗节黄色；翅无色；体鬃较暗。头长与宽约相等，颊缘几乎直。眼后鬃、前胸鬃及翅基鬃端部扁钝；眼后鬃短于复眼。触角8节，第3节外端具1个感觉锥；第4节端部具4个感觉锥。前胸背板光滑，前缘鬃1对，发达；前角鬃1对，发达；后角鬃1对，发达；后侧片鬃1对，发达。

分布：宁夏等全国各地；日本，东南亚，西欧，前苏联。

寄主：水稻、小麦、玉米、高粱及多种禾本科草、莎草科植物。

2. 鬼针跗雄管蓟马 *Hoplandrothrips bidens*（Bagnall，1910）

成虫体长2.0~2.5mm。黑棕色至黑色，触角第3~6节基部暗黄色；前足胫节及中、后足胫节端部黄色，跗节暗黄色；前翅有淡棕色纵带伸达翅中部；体鬃较淡。单眼区锥状隆起，单眼呈三角形排列；复眼后鬃端部扁；触角8节，感觉锥较粗；前胸背板光滑，各边缘长鬃端部扁喇叭状。

分布：宁夏、北京；匈牙利，法国，英国，新西兰。

寄主：大豆。

3. 短管滑管蓟马 *Liothrips brevitubus* Karny，1912

成虫体长近2.0mm，体棕黑色至黑色；触角第2节端部较黄，第3~8节黄色；前足胫节基半部暗棕色，端半部和中、后足胫节端部和各跗节棕黄色。前翅灰棕色，基部有暗棕色中纵条；各长体鬃黑棕色。

分布：宁夏、河南、我国台湾；印度，印度尼西亚。

寄主：禾本科杂草。

4. 赫拉德滑管蓟马 Liothrips hradecensis Uzel, 1895

成虫体长约 3.0mm，体黑棕色；触角第 3~7 节黄色；前足胫节边缘黄色，各跗节黄色；翅无色，头、胸、翅基、腹部鬃暗色。触角 8 节，第 3 节最长；前胸背片光滑。

分布：宁夏、四川；印度，外高加索，东欧，西欧。

寄主：三白草（Saurus schinensis）。

（二）纹蓟马科 Aeolothripidae

体粗壮，褐色或黑色；触角 9 节，第 3、第 4 节上有长形感觉器，末端 3~5 节愈合，不能活动。翅较阔白色，常有暗色斑纹，前翅末端圆形，有明显环纹和横脉；产卵器锯状，向上弯曲。

1. 横纹蓟马 Aeolothrips fasciatus Linnaeus, 1758

成虫体长约 1.5mm，体棕黑色。头和前胸无长鬃。触角 9 节，末端 4 节短。前翅较窄，前翅基部白色，近中部和近端部有 2 个暗带；后翅白色。前足跗节有钩齿。腹部第 8 节背片无梳毛，第 9~10 背面有长鬃；产卵器锯齿状，向体背面弯曲。

分布：宁夏、北京、河北、内蒙古、河南、湖北、云南；日本，朝鲜，蒙古，欧洲。

2. 黑白纹蓟马 Aeolothrips melaleucus Haliday, 1852

成虫体长约 1.7mm，体暗棕色；触角 9 节，较粗，第 3 节最长，除第 2 节端部和第 3、第 4 节黄白色外，其余为棕色。前翅较宽，前翅基部白色，近中部和近端部有 2 个暗带，两暗带间后缘连接部分较宽，约占翅宽 1/3 强，两暗带较长，其间前部呈现一个横长形白斑；中胸线纹清楚，后胸网纹呈蜂窝式。

分布：宁夏、北京、河南、山东；朝鲜，蒙古，欧洲，北美。

寄主：胡麻、油菜、苜蓿、小麦、桑树、玫瑰、紫丁香。

3. 间纹蓟马 Aeolothrips intermedius Bagnall, 1934

成虫体长约 2.0mm，体及足暗棕色；触角 9 节，较粗，第 3 节最长，除第 2 节端半部和第 3 节基部黄白色外，其余为棕色。前翅较宽，前翅基部白色，近中部和近端部有 2 个暗带；后翅白色。前足跗节有钩齿；后胸盾片网纹蜂窝形；腹面的产卵器锯齿状，向体背面弯曲。

分布：宁夏、新疆；蒙古，印度，欧洲。

寄主：胡麻、马兰花、油菜、苜蓿、韭菜、枸杞。

（三）蓟马科 Thripidae

体略扁平；触角 6~9 节，有 1 或 2 端刺，第 3、4 节上有感觉锥。翅有或无，如有则常狭尖。雌性腹部末端圆锥形，产卵器正常，发达，向下弯曲。

1. 花蓟马 Frankiliniella intonsa Trybom, 1895

成虫体长约 1.5mm；体褐色，头、胸部略淡，前腿节端部和胫节浅褐色。触角 8 节，较粗，第 1、第 2 和第 6~8 节褐色，第 3~5 节基半部黄色。前胸前缘鬃 4 对，亚中对和前角鬃长；后缘鬃 5 对，后角外鬃较长。前翅淡黄色。腹部第 1 背板布满横纹，第

2~8背板仅两侧有横线纹。

分布：宁夏、北京、河北、内蒙古、辽宁、吉林、黑龙江、上海、江苏、浙江、安徽、福建、江西、山东、河南、湖北、湖南、海南、我国台湾、陕西；日本，朝鲜，蒙古。

寄主：蔷薇、凤尾草、牛眼菊、韭兰、麝香、麻叶绣线球、白花夹竹桃、芍药、马蹄莲、油菜、苜蓿、紫云英、蚕豆、白菜、油菜、甘蓝、萝卜、玉米、水稻、小麦。

2. 禾蓟马 *Frankliniella tenuicornis* Uzel, 1895

成虫体长约 1.5mm；灰褐至黑褐色。触角 8 节，较细，第 3 节通常长为宽的 3 倍；第 3、第 4 节色黄，其余灰褐色；单眼间鬃长，位于 3 个单眼外缘三角形连线外缘。前胸前角有 1 对长鬃，长于其他前缘鬃。前翅灰白，脉鬃连续，前脉鬃 19~22 根，后脉鬃 14~17 根。

分布：宁夏、北京、河北、山西、内蒙古、辽宁、吉林、江苏、福建、江西、山东、河南、湖北、湖南、广东、广西、四川、贵州、云南、西藏、陕西、甘肃、青海、新疆、我国台湾；朝鲜，日本，蒙古，俄罗斯。

寄主：茅草、葱、美人蕉、水稻、小麦、玉米、谷子、大麦、苜蓿、西红柿、枸杞。

3. 牛角花齿蓟马 *Odontothrips loti* Haliday, 1852

成虫体长约 1.5mm；暗棕色。各足胫节基部、各跗节黄色；触角 8 节；单眼呈三角形排列，单眼间鬃发达，位于前后单眼之间，眼后鬃 5 对。前胸背板光滑，背片鬃稀疏，后角鬃长而粗。前足胫节内端具 1 钩和 1 根粗鬃，跗节内端具 1 小齿。

分布：宁夏、河北、山西、内蒙古、山东、河南、陕西、甘肃；蒙古，日本，俄罗斯，爱沙尼亚、乌克兰、立陶宛、瑞士、法国、芬兰、丹麦、瑞典、罗马尼亚、匈牙利、奥地利、波兰、意大利、捷克、斯洛伐克、英国、美国。

寄主：黄花苜蓿、紫花苜蓿、黄花草木樨、车轴草属。

4. 葱韭蓟马 *Thrips alliorum* Priesner, 1935

成虫体长约 1.5mm；深褐色，触角第 3 节暗黄色，前翅略黄，腹部第 2~8 背板前缘线黑褐色。单眼间鬃长于头部其他鬃，位于三角连线外缘。复眼后鬃呈一横列排列。触角 8 节，第 3、第 4 节上的叉状感觉锥伸达前节基部。前胸背板后角各具一对长鬃，内鬃长于外鬃；中胸背板布满横线纹。腹部第 5~8 背板两侧栉齿梳模糊。

分布：宁夏、河北、辽宁、浙江、江苏、福建、我国台湾、山东、广东、海南、广西、贵州、陕西、新疆；朝鲜，日本，美国。

寄主：葱、水稻、小麦、大麦、玉米、稗草、鹅冠草、蟋蟀草、白茅、芦苇、野燕麦。

5. 短角蓟马 *Thrips brevicornis* Priesner, 1920

成虫体长约 1.5mm；全体黄色。单眼间鬃长于头部其他鬃，位于三角连线外缘。复眼后鬃呈一横列排列。触角 7 节，第 6、第 7 节棕色。前胸背片仅边缘具纵纹；后胸盾片前中部有 4~5 条横纹线，其后及两侧为密纵纹。

分布：宁夏、山东、河南、广西、四川、云南、陕西、甘肃；蒙古，俄罗斯，罗马尼亚，匈牙利，奥地利，德国，英国，芬兰。

寄主：桃树、山柳、豌豆、鼠李、沙参、葱。

6. 八节黄蓟马 *Thrips flavidulus* Bagnall, 1923

成虫体长约1.5mm；全体黄色，腹部第2~8背片前缘线色较深。头前部中央略向前伸出；单眼呈三角形排列于复眼间后部，单眼间鬃位于前后单眼内缘或中心连线上。复眼后鬃围眼呈单行排列于复眼后缘。触角8节，末端2节很小。前胸背片密布横纹；后胸盾片前中部有几条横纹线，其后为网纹，两侧为纵纹。

分布：宁夏、河北、辽宁、江苏、浙江、福建、我国台湾、江西、山东、河南、湖北、湖南、广东、广西、海南、四川、贵州、云南、西藏、陕西；朝鲜，日本，尼泊尔，印度，斯里兰卡，东南亚各国。

寄主：野杜梨、苹果、月季、牡丹、蔷薇、山梅花、油菜、小麦、青稞、茭白、牵牛花、向日葵、绣线菊、金盏菊、万寿菊、棉花、洋葱、胡萝卜、芹菜、菠菜、苜蓿、紫云英、中国槐、南瓜、玉兰、夏枯草、石榴、皂角、土豆、龙柏、木兰、杜鹃、含羞草、夜来香、猕猴桃、三叶草、迎春花、马尾松。

7. 双附鬃蓟马 *Thrips pillichi* Priesner, 1924

成虫体长约1.2mm，体棕色，腹部第2~8背片前缘具暗棕条。单眼前有细横纹，眼后横纹粗糙；单眼间鬃位于前单眼后外方的前、后单眼中心连线上。单眼和复眼后鬃6对，紧靠复眼排成一横列。触角7节，第3节最长。前胸背片具细横纹；后胸盾片前缘有3~4条横纹线，两侧及其后为纵纹。

分布：宁夏、四川、西藏、陕西；土耳其，乌克兰，罗马尼亚，捷克斯洛伐克，匈牙利，德国，法国，英国，奥地利，西班牙，荷兰。

寄主：胡麻、野菊花、绣线菊、黄花苜蓿、杉木。

8. 普通蓟马 *Thrips vulgatissimus* Haliday, 1936

成虫体长约1.7mm；体棕色。两颊略外拱；眼前、后横纹重，眼间线纹轻；单眼间鬃较短，在前单眼后外侧，位于前单眼后外缘连线上。单眼和复眼后鬃围绕复眼呈单行排列。触角8节，第3节最长且为黄色。前胸背片前、后部具横纹；后胸盾片线纹密，前中部具15条横纹线。

分布：宁夏、四川、西藏、甘肃、青海、新疆；蒙古，乌克兰，格鲁吉亚，南斯拉夫，罗马尼亚，匈牙利，波兰，瑞典，瑞士，荷兰，西班牙，希腊，法国，意大利，丹麦，奥地利，德国，英国，芬兰，冰岛，美国，加拿大，新西兰。

寄主：油菜、黄花苜蓿、野蔷薇、荞麦、葱、小麦、风轮菜。

十、半翅目 Hemiptera

体小型至大型；刺吸式口器，喙自头部前端或下后方伸出；触角丝状或刚毛状，部分类群具感觉孔；前翅为膜翅、覆翅或半鞘翅型。多为渐变态，少数为过渐变态；食性多为植食性，少数肉食性。该目昆虫包括蝉类、蚜虫、蚧类、木虱、粉虱和蟥类。

（一）蝉科 Cicadidae

大中型，是半翅目中个体最大的一类，有些种类体长超过 50mm。触角短，刚毛状或鬃状，自头前方伸出；具 3 个单眼，呈三角形排列；前后翅均为膜质，常透明，后翅小，翅合拢时呈屋脊状放置，翅脉发达；前足腿节发达，常具齿或刺；跗节 3 节，雄蝉一般在腹部腹面基部有发达的发音器官；在腹部末端有发达的生殖器，雌蝉产卵器发达。

中国指蝉 *Kosemia chinensis*（Distant，1905）宁夏新纪录

体长 22.0~27.0mm；体几乎黑色，有一些红棕色或砖红色的斑点，被有较浓密的银白色短毛。头顶黑色，头顶后缘呈暗赭色；复眼深褐色，单眼暗红色。前胸背板几乎黑色，前后缘具有狭窄的暗红色，外片略向两侧扩展并略呈角状；中胸背板黑色，中央两个三角形斑和"X"形隆起（除中央外）呈暗赭色。前翅前缘脉淡砖红色，基膜红色；足黑色，被有银白色的短毛，基节近端部、腿节上的纵带和跗节的端部均呈砖红色；前足腿节具有 3 根黑色强刺。腹部背板和腹板均为黑色，每节背板和腹板的狭窄后缘均呈砖红色。

分布：宁夏、河北、湖北、四川。

（二）尖胸沫蝉科 Aphrophoridae

体小至中型，褐色或灰色；单眼 2 枚；前胸背板前缘向前突出，小盾片短于前胸背板；前翅有亚前缘脉；后足胫节有 2 粗刺。

白带尖胸沫蝉 *Obiphora intermedia*（Uhler，1896）

成虫体长 10.0~11.5mm；头顶、前胸背板前半部及小盾片黄褐色，前胸背板后半部暗褐色；复眼灰色或前黑色，单眼红色。触角第 1、第 2 节黄褐色，第 3 节暗褐色。后唇基黄褐色，表面刻点暗褐色；前唇基、喙基片、颊叶及触角窝暗褐色。前翅乳白色。胸节腹面暗褐色。足黄褐色。

分布：宁夏、北京、河北、山西、内蒙古、辽宁、吉林、黑龙江、浙江、安徽、福建、河南、湖北、湖南、广东、四川、贵州、云南、陕西、青海、甘肃、新疆、我国台湾；日本，朝鲜，俄罗斯（西伯利亚）。

寄主：榆属、杨属、柳属、油桐、桑、葡萄、梨属。

（三）叶蝉科 Cicadellidae

成虫体长 3~15mm，形态变化很大，头部颊宽大，单眼 2 枚，少数种类没有单眼；触角刚毛状；前翅革质，后翅膜质，翅脉不同程度退化；后足胫节有棱脊，棱脊上生有 3~4 列刺状毛。

1. 棉叶蝉 *Amrasca biguttula*（Ishida，1913）

成虫体长约 3.0mm；淡绿色。头部近前缘处有 2 个小黑点，小黑点四周有淡白色纹。前胸背板黄绿色，在前缘有 3 个白色斑点。前翅端部近爪片末端有 1 明显黑点。

分布：宁夏等全国广布；亚洲广布。

2. 双带脊冠叶蝉 *Aphrodes bifasciata*（Linnaeus，1758）

成虫体长 4.0~5.0mm；头部黑褐色，颜面棕褐色，头冠薄扁，端部微向上翘，头

冠中央具纵脊，边缘具缘脊。前胸背板前半部黑色，后半部棕褐色。前翅棕褐色，端缘白色，中前域和后域有1白色透明横带，2横带分别于后爪脉和爪片端部处间断。胸部腹面及足淡棕褐色，各足胫节褐色，腹部腹面黑色。

分布：宁夏等全国广布；东半球广布。

3. 大青叶蝉 *Cicadella viridis* (Linnaeus, 1758)

成虫体长 7.0~10.0mm；头部正面淡褐色，两颊微青，在颊区近唇基缝处左右各有1小黑斑；触角窝上方、两单眼之间有1对黑斑。前胸背板淡黄绿色，后半部深青绿色。小盾片淡黄绿色。前翅绿色带有青蓝色泽，前缘淡白，端部透明。后翅烟黑色，半透明。腹部背面蓝黑色，两侧及末节橙黄色；胸、腹部腹面及足为橙黄色。

分布：宁夏、河北、山西、内蒙古、辽宁、吉林、黑龙江、江苏、浙江、安徽、福建、江西、山东、河南、湖北、湖南、四川、陕西、甘肃、青海、新疆、我国台湾；朝鲜，日本，苏联，欧洲，加拿大。

4. 条沙叶蝉 *Psammotettix striatus* (Linnaeus，1758)

成虫体长约4.5mm；全体灰黄色，头部呈钝角突出，头冠近端处具浅褐色斑纹1对，两侧中部各具1不规则的大型斑块，近后缘处又各生2个逗点形纹，颜面两侧具黑褐色横纹。前胸背板具5条浅黄色至灰白色条纹纵贯前胸背板，与4条灰黄色至褐色较宽纵带相间排列。小盾板两侧角有暗褐色斑，中间具明显的褐色点2个，横刻纹褐黑色。前翅浅灰色，半透明，翅脉黄白色。胸部和腹部黑色。

分布：宁夏、安徽、四川、西藏、新疆、甘肃、我国台湾、东北、华北；日本，朝鲜，印度尼西亚，马来西亚，缅甸，印度，欧洲，北美。

（四）角蝉科 Membracidae

小到中型，体长 2.0~20.0mm，形状奇异，一般黑色或褐色，少数色泽艳丽。额和唇基融合，额唇基平或凸圆，头顶有或无向上的突起；复眼大，突出，单眼2枚，位于复眼间；触角短，鬃状。前胸背板特别发达，向后延伸形成突起盖住小盾片、腹部一部分或全部，常有背突、前突或侧突；中胸背板无盾侧沟，小盾片通常被遮盖或退化。

黑圆角蝉 *Gargara genistae* (Fabricius, 1775)

成虫体长 4.0~5.0mm；体黑或红褐色。头和胸部被细毛，刻点密，中、后胸两侧和腹部第2节背板侧面有白色长细毛组成的毛斑。前胸背板中脊突起在前胸斜面至顶端均很明显，后突起呈屋脊状。前翅基部 1/5 革质，黑色，具刻点，其余部分灰白色透明，翅脉黄褐色，盘室端部的横脉黑褐色。后翅灰白色，透明。腹部红褐或黑色。足基节和腿节基部大部分黑色，其余部分黄褐色。

分布：宁夏等全国各地；广布东半球各国。

寄主：刺槐、槐树、酸枣、枸杞、宁夏枸杞、桑树、柿树、柑橘、苜蓿、大豆、三叶锦鸡、大麻、黄蒿、胡颓子、烟草、棉花。

（五）飞虱科 Delphacidae

体型小。触角生于复眼下方的凹陷内，粗大的第2节上具有感觉孔。中胸生有翅基片。前翅两条臀脉在基部合并成丫形。后足胫节末端有一个大且能活动的距。

1. 阿尔泰黎氏飞虱 *Ribautodelphax altaica* Vilbaste，1965

成虫体长 3.0~4.0mm；体灰褐色，中胸背板中脊呈黄白色纵条带，头顶褐色，复眼黑褐色，触角、额、颊和后唇基深褐色，足淡褐色至黄褐色，前翅半透明，暗褐色，翅脉暗褐色。头顶近方形。触角圆筒形，伸达后唇基中部，第 1 节长大于端宽。头顶包括复眼窄于前胸背板，前胸背板侧脊不伸达后缘，中胸背板长为头顶和前胸背板长度之和。

分布：宁夏、黑龙江、新疆；俄罗斯。

2. 白背飞虱 *Sogatella furcifera*（Horváth，1899）

成虫体长 3.5~4.5mm；体黑褐色或灰黄褐色。前胸背板在复眼后方有 1 个暗褐色斑；中胸背板侧区黑褐色。雄性头顶端部两侧脊间和面部为黑褐色，雌虫为灰褐色。前胸背板宽于头部，短于头顶中长，侧脊不伸达后缘。雄性胸部腹面及腹部为黑褐色，雌虫为黄褐色，仅腹背有黑褐色斑。前翅淡黄褐色，透明，翅斑黑褐色。后足胫距薄，后缘具齿。

分布：宁夏等全国各地；蒙古，韩国，日本，尼泊尔，巴基斯坦，沙特阿拉伯，印度，斯里兰卡，泰国，越南，菲律宾，印度尼西亚，马来西亚，斐济，密克罗尼西亚，瓦努阿图，澳大利亚。

3. 黑光额飞虱 *Stiropis nigrifrons*（Kusnezov，1929）

成虫体长 3.5~4.5mm；体有光泽，头顶、额、前胸背板前半部分，中胸背板（除小盾片和雄虫尾节）黑色，前胸背板后半部分、翅基片和小盾片微白色，额端部、触角、足和前后唇基米黄色，复眼黑褐色，翅黄褐色，半透明，后足胫节和跗节端齿黑色，雄虫尾节腹部米黄色至黑褐色。

分布：宁夏、内蒙古、甘肃、青海、新疆；蒙古。

（六）斑木虱科 Aphalaridae

头短、横宽，额可见，无颊锥；单眼 3 个，无眼前瘤；触角多样，但第 1、第 2 节不特别粗大。前胸侧板呈纵向分开；前翅前缘有断痕，翅痣有或无，多斑；Rs 不分支，M、Cu_1 分 2 支，后足基节无基齿，有胫端距，基跗节无爪状距。

1. 萹蓄斑木虱 *Aphalara avicularis* Ossiannilsson，1981

体翅长 2.5mm 左右；浅褐色；头顶米黄色，具褐色斑块。胸部背面米黄色，具褐色纵条纹。后胸后盾片黑色。胸部侧面米黄色，中胸腹面黑色。各足基节黑色至褐色，其余各节黄色，端跗节端部褐色。前翅透明，略带黄色；Cu_{1b} 脉端部周围和 a_1 室端部 2/3 处各具一枚褐色斑。腹部各节完全黑色；或背板黑色，腹板黄色，带有杂驳的褐色斑。前翅卵圆形，端部 1/4 处最宽；翅刺小颗粒状，排列近似均匀且相对稀疏，不覆满整个翅面。

分布：宁夏、北京、河北、山西、内蒙古、吉林、黑龙江、山东、四川、西藏、陕西、甘肃、青海；日本，韩国，蒙古，古北区。

寄主：萹蓄。

2. 脉斑边木虱 *Craspedolepta lineolata* Loginova，1962

体翅长 2.0~3.0mm；活体绿色。触角第 4~7 节端部稍微加深，第 8 节端部和第 9、

第 10 节黑色。

胸部背面具黄色的模糊纵条纹。前翅卵圆形，透明，底色无色，翅脉具断续的褐色斑。后足胫节端距 9 枚。前翅端部 1/3 最宽；翅刺小圆颗粒状，分布较稀疏而均匀，不覆满整个翅面；缘纹细长刺状。

分布：宁夏、北京、山西、内蒙古、辽宁、吉林、黑龙江、四川、陕西、甘肃；蒙古，哈萨克斯坦，德国，丹麦，瑞典。

寄主：蒿类。

3. 顶斑边木虱 *Craspedolepta terminata* Loginova，1962

体翅长 3.0~3.5mm；活体绿色。触角第 4~7 节端部稍微加深，第 9 节浅褐色，第 10 节深褐色。前翅卵圆形，透明，浅灰褐色，无斑，中部最宽；翅刺小圆颗粒状，分布较稀疏而均匀，不覆满整个翅面；缘纹细长刺状。胸部背面具稍深于底色的模糊纵条纹。后足胫节端距 8~9 枚。

分布：宁夏、河北、四川、陕西、甘肃；俄罗斯，蒙古，中亚。

寄主：蒿类。

（七）木虱科 Psyllidae

体小型，活泼善跳。触角 10 节；复眼发达，单眼 3 个。两性均有翅。前翅皮革质或膜质，R、M 和 Cu$_1$ 脉基部愈合，形成主干，到近中部分开形成 3 支，到近端部每支再分为 2 支；后翅膜质，翅脉简单，跗节 2 节；后足基节有疣状突起，胫节端部有刺。

1. 无齿豆木虱 *Cyamophila edentata* Li，1990

体翅长 3.0~3.5mm；体黄绿色，具橘黄色斑。头顶淡黄色；触角黄褐色，第 4、第 5 节端部、第 6、第 7 节大部和第 9、第 10 节黑色。胸部淡黄色；前胸背板两侧各有一橘黄色凹陷；中胸盾片具 4 条橘黄色纵条斑，侧腹面有橘黄色斑。足黄色。前翅透明，皮纸状，脉黄色。腹部粉绿色或黄色。

分布：宁夏、山西、内蒙古、青海。

2. 弯茎沙棘喀木虱 *Cacopsylla prona* Li et Yang，1992

体翅长 3.5mm；头黄色，头顶中央具 1 三角形白斑。触角黄色，第 3~8 节端部及第 7~10 节黑色。胸部黄色，具黑褐色斑。前胸背板两侧具 2 条黑带。足黄色，中足基节黑色。前翅黄白色，脉褐色，脉间有淡黑色翅刺。

分布：宁夏、山西、西藏、甘肃。

3. 北方沙棘喀木虱 *Cacopsylla septentrionalis* Li et Yang，1992

体翅长 3.5mm；头顶黄色。触角黄褐色，第 4~8 节端部及第 9~10 节黑色。胸部黄绿色。中胸盾片具褐色斑带。足黄绿至黄褐色；前胸背板两侧具 2 条黑带。足黄色，中足基节黑色。前翅透明。腹部褐色，背板两侧黄绿色。

分布：宁夏、山西、内蒙古、吉林、四川、陕西、甘肃。

（八）个木虱科 Triozidae

前翅缘完整，无断痕；脉呈 3 叉即"个"字形分支。后足胫节具基齿或无，端距 3~4 个；基跗节无爪状距。

1. 地肤异个木虱 *Heterotrioza kochiae*（Becker，1867）

体翅长约 3.0mm；头绿色；触角第 1、第 2 节绿色，第 9~10 节黑色。胸部黄绿色，盾片具 4 条黄色带斑。足灰白色。翅透明，脉黄色，前翅脉间具翅刺。

分布：宁夏、北京、河北、山西、辽宁、吉林、山东、湖北、湖南、贵州、陕西、甘肃、新疆。

2. 中国沙棘个木虱 *Hiphophaetrioza chinensis* Li et Yang，1990

体翅长 3.0~3.5mm；黄色具褐斑。触角黄色，第 1 节及第 4~10 节黑褐色。前胸黄色，两侧黑色；中胸盾片黄色，具 2 条褐色纵带；盾片具 5 条棕色纵带。足黄色，后足腿节具黑斑。前翅椭圆形，端部圆，透明，脉间褐纹明显。

分布：宁夏、山西、陕西。

寄主：沙棘。

3. 中华毛个木虱 *Trichochermes sinica* Yang et Li，1985

体翅长 5.0~5.5mm；体褐色，被绒毛。触角第 4、第 6、第 8 节端部及第 9、第 10 节黑色。胸部褐色，前胸背中部黄褐色；小盾片黄色；胸部背板具淡黄色细纹。足褐色，胫节以下黄至黄褐色。前翅褐斑有 4 种色型，即全褐型，纵带型、透斑型和花斑型。腹部黄绿色。

分布：宁夏、北京、河北、山西、湖北、陕西、甘肃。

寄主：皱叶鼠李。

（九） 蚜科 Aphididae

触角 6 节，有时 5 节或 4 节，感觉圈圆形。复眼多小眼面。翅脉正常，前翅中脉 1 或 2 分叉。爪间突毛状。前胸及腹部常有缘瘤。腹管通常长管形，有时膨大，少见环状或缺。尾片圆锥形、指形、剑形、三角形、盔形、半月形，少数宽半月形。尾板末端圆形。

1. 苜蓿无网蚜 *Acyrthosiphon kondoi* Shinji，1938

无翅孤雌蚜 体椭圆形，长约 3.7mm，宽约 1.6mm；体绿色；头部、前中胸背板及腹部第 7~8 背片有横瓦纹，后胸背板及第 1~6 腹部背片有不规则网纹。触角不长于体长，第 5~6 节黑褐色；足淡色，跗节黑色；腹管淡褐色，顶端黑褐色。

分布：宁夏、北京、河北、山西、内蒙古、河南、浙江、西藏、甘肃；日本，朝鲜，印度，巴基斯坦，以色列，北美，澳大利亚，非洲。

寄主：紫花苜蓿。

2. 豌豆蚜 *Acyrthosiphon pisum*（Harris，1776）

无翅孤雌蚜 体纺锤形，长约 5.0mm，宽约 1.8mm；体草绿色，喙末端、足胫节端部及跗节、腹管顶端黑褐色。触角长于或等于体长，第 5 节端半部及第 6 节黑褐色；体表光滑，略具曲纹，腹管后几节略有瓦纹。

分布：宁夏等全国各地；世界各地。

寄主：豆科草本植物等。

3. 绣线菊蚜 *Aphis citricola* van der Goot，1912

无翅孤雌蚜 体近纺锤形，体长约 1.6mm，宽约 0.95mm。体黄、黄绿或绿色，头部、复眼、口器、腹管和尾片均为黑色。触角明显比体短，基部浅黑色，无次生感觉圈。腹管圆柱形向末端渐细，尾片圆锥形，生有 10 根左右弯曲的毛，体两例有明显的乳头状突起，尾板末端圆，有毛 12~13 根。

分布：宁夏、河北、内蒙古、浙江、山东、河南、甘肃、我国台湾；朝鲜，日本，北美，中美。

寄主：苹果、沙果、海棠、梨、木瓜、杜梨、山楂、山丁子、石楠、绣线菊、樱花、麻叶绣球、榆叶梅等。

4. 豆蚜 *Aphis craccivora* Koch, 1854

无翅胎生雌蚜 体长 1.9~2.3mm，体宽卵形。黑色具光泽，体披均匀蜡粉。中额瘤和额瘤稍隆。触角 6 节，比体短，第 1~2 节和第 5 节末端及第 6 节黑色，余黄白色。腹部第 1 至第 6 节背面有一大型灰色隆板，呈六边形；腹管黑色，长圆形，有瓦纹。尾片黑色，圆锥形，具微刺组成的瓦纹，两侧各具长毛 3 根。

分布：宁夏等全国各地；世界各地。

寄主：蚕豆、紫苜蓿等多种豆科植物。

5. 大豆蚜 *Aphis glycines* Matsumura, 1917

无翅孤雌蚜 体长 1.3~1.6mm，长卵圆形。淡黄色至淡黄绿色。腹管淡色，端半部黑色，表皮有模糊横网纹。腹部第 1、第 7 节有锥状钝圆形突起；额瘤不明显；第 8 腹节有毛 2 根。触角短于躯体，第 4、第 5 节末端及第 6 节黑色。喙超过中足基节，长为后跗节第 2 节的 1.4 倍。跗节第 1 节毛序为 3，3，2。腹管长为触角第 3 节的 1.3 倍。尾片圆锥状，有长毛 7~10 根。

分布：宁夏、北京、天津、河北、山西、内蒙古、辽宁、吉林、黑龙江、浙江、山东、河南、广东、甘肃、我国台湾；朝鲜，日本，泰国，马来西亚。

原生寄主：鼠李属。次生寄主：大豆。

6. 棉蚜 *Aphis gossypii* Glover, 1877

无翅孤雌蚜 体长约 2.0mm，卵圆形，黄色。头部灰黑色，前胸背板与中胸背面有不连续的灰黑色斑，腹部各节节间斑黑色，腹管后斑大。体表皮有清晰网纹。中额隆起，额瘤不明显。触角 6 节，短于躯体。喙超过中足基节，与后跗节第 2 节等长。腹管长圆筒形，尾片末端圆形，有长毛 7~10 根。

分布：宁夏等全国各地；世界各地。

原生寄主：石榴、花椒、木槿、鼠李属等。次生寄主：陆地棉、葫芦科等。

7. 洋槐蚜 *Aphis robiniae* Macchiati, 1885

无翅胎生雌蚜 体长 1.9~2.3mm，体宽卵形；黑色具光泽，体披均匀蜡粉。中额瘤和额瘤稍隆。触角 6 节，比体短，第 1~2 节和第 5 节末端及第 6 节黑色，余黄白色。腹部第 1~6 节背面有一大型灰色隆板，呈六边形；腹管黑色，长圆形，有瓦纹。尾片黑色，圆锥形，具微刺组成的瓦纹。

分布：宁夏等全国各地；欧洲，北非。

寄主：洋槐。

8. 酸模蚜 Aphis rumicis Linnaeus, 1758

无翅胎生雌蚜 体长约 2.5mm，宽卵圆形；黑色。前、中胸有全节横带；体表网纹清楚，腹部第 7、第 8 背片及腹面有瓦纹；节间斑明显，黑褐色。中额瘤及额瘤稍隆。触角 6 节，有瓦纹，边缘有小刺突；腹管黑色，有瓦纹。尾片黑色，圆柱形，具 11~13 根长曲毛。

分布：宁夏、河北、吉林、江苏、浙江、山东、我国台湾；亚洲，非洲，欧洲，拉丁美洲，北美洲。

寄主：酸模。

9. 甘蓝蚜 Brevicoryne brassicae (Linnaeus, 1758)

无翅胎生雌蚜 体长 2.0~2.3mm，体宽卵形；黄绿色，体披均匀蜡粉。中额瘤平隆。触角 6 节，比体短，第 1~2 节灰黑色。腹部第 1 至第 6 节背面有或大或小的中斑和侧斑，有时中侧斑愈合，第 8 背片横带贯穿全节。腹管短圆筒形，表面光滑或略具瓦纹；尾片有刺突瓦纹，具 7~8 根毛。

分布：宁夏、河北、内蒙古、辽宁、吉林、新疆、湖北、甘肃、青海、新疆、我国台湾；朝鲜，日本，中亚，欧洲，大洋洲，美洲。

寄主：甘蓝、油菜、萝卜等十字花科植物。

10. 冰草麦蚜 Diuraphis agropyronophaga Zhang, 1990

无翅胎生雌蚜 体长 2.0~2.2mm，体长卵形；灰白色或灰绿色，体披白粉。中额及额瘤平隆。触角 6 节，短粗，黑褐色。腹部第 7、第 8 背片有宽横带和明显粗瓦纹。腹管微小，筒状，光滑；尾片舌状，有瓦纹，具 7~9 根毛。

分布：宁夏、河北、内蒙古、甘肃、青海、新疆。

寄主：冰草、披碱草、普通小麦、赖草、偃麦草等。

11. 亚麻蚜 Lipaphis lini Zhang, 1981

无翅胎生雌蚜 体长 1.8~2.0mm，体椭圆形；草绿色。中额隆起，额瘤外倾，呈"W"形。触角 6 节，比体短，第 5~6 节黑色。体表有粗糙鳞状纹，节间斑不明显。腹管圆筒形，顶端收缩，端部灰黑色，表面略具瓦纹；尾片尖圆锥形，具 4 根毛。

分布：宁夏、河北。

寄主：亚麻。

12. 萝卜蚜 Lipaphis erysimi (Kaltenbach, 1843)

无翅胎生雌蚜 体长约2.3mm，体卵圆形；灰绿色至黑绿色，被薄蜡粉。中额明显隆起，额瘤略外倾，呈"W"形。触角 6 节，比体短，第 3 节端部 1/3 和第 6 节黑色。节间斑明显，呈黑褐色；腹部背片缘域有网纹。腹管长筒形，有瓦纹，端部黑色；尾片圆锥形，具 4~6 根长毛。

分布：宁夏、北京、河北、内蒙古、辽宁、上海、江苏、浙江、福建、山东、河南、湖南、广东、四川、云南、甘肃、我国台湾；朝鲜，日本，印度尼西亚，印度，伊拉克，以色列，埃及，东非，美国。

寄主：油菜、白菜、萝卜、芥菜、甘蓝、花菜、青菜、芜青、荠菜、水田芥菜等。

13. 桃蚜 *Myzus persicae* (Sulzer，1776)

无翅胎生雌蚜 体长约 2.2mm，体卵圆形；黄绿色。中额略隆起，额瘤显著。触角 6 节，比体短，第 5~6 节淡黑色。头部表皮粗糙，体表有粗糙鳞状纹。腹管圆筒形，向端部渐细，端部灰黑色，表面略具瓦纹；尾片末端圆形，具 6~7 根曲毛。

分布：宁夏及国内各省；世界各地。

寄主：桃、李、杏、萝卜、白菜、甘蓝、油菜、芥菜、芜菁、花椰菜、烟草、辣椒、茄、枸杞、芝麻、陆地棉、蜀葵、甘薯、马铃薯、蚕豆、南瓜、甜菜、厚皮菜等。

14. 玉米蚜 *Rhopalosiphum maidis* (Fitch，1861)

无翅胎生雌蚜 体长约 2.0mm，体长卵形；深绿色，附肢黑色。中额及额瘤略隆起。触角 6 节，比体短，有尖长毛，黑色。节间斑灰黑色。腹管长圆筒形，顶端收缩，灰黑色，表面略具瓦纹；尾片圆锥形，有小刺突瓦纹，具 4~5 根毛。

分布：宁夏等全国各地；世界各地。

寄主：玉蜀黍、高粱、粟、稗、普通小麦、大麦、狗尾草、狗牙根、虎尾草、黑麦草、唐菖蒲等。

15. 禾谷缢管蚜 *Rhopalosiphum padi* (Linnaeus，1758)

无翅胎生雌蚜 体长约 2.0mm，体宽卵形；橄榄绿至黑绿色，常被薄粉。中额略隆起，额瘤隆起高于中额。触角 6 节，比体短，黑色。体表有明显网纹。腹管长圆筒形，顶端收缩，灰黑色，表面略具瓦纹；尾片长圆锥形，中部收缩，具 4 根曲毛。

分布：宁夏等全国各地；朝鲜，日本，约旦，埃及，欧洲，北美，新西兰。

原生寄主：稠李、桃、李、榆叶梅等。

次生寄主：高粱、玉蜀黍、普通小麦、大麦、燕麦、黑麦、雀麦、水稻、狗牙根、羊茅、黑麦草、芦竹、三毛草、香蒲、高莎草等。

16. 麦二叉蚜 *Schizaphis graminum* (Rondani，1852)

无翅胎生雌蚜 体长约 2.0mm，体卵圆形；淡绿色，背中线深绿色。中额略隆起，额瘤略高于中额。触角 6 节，比体短，黑色，具瓦纹。头胸腹背面光滑，节间斑不明显。腹管长圆筒形，顶端黑色，表面光滑；尾片长圆锥形，中部略收缩，具 5~6 根长毛。

分布：宁夏、北京、河北、山西、内蒙古、黑龙江、江苏、浙江、福建、河南、云南、陕西、甘肃、新疆、我国台湾；朝鲜，日本，中亚，印度，北非，东非，地中海地区，美洲。

寄主：大麦、普通小麦、燕麦、黑麦、雀麦、高粱、稻、粟、狗牙根、狗尾草、画眉草、莎草等。

17. 荻草谷网蚜 *Sitobion miscanthi* (Takahashi，1921)

无翅胎生雌蚜 体长约 3.0mm，体长圆形；草绿色至橙红色。中额略隆起，额瘤明显外倾。触角 6 节，近体长，黑色，具瓦纹。体表光滑，腹面有明显横网纹；节间斑分布两侧，明显褐色。腹管长圆筒形，黑色，端部 1/4~1/3 有网纹；尾片长圆锥形，近基部 1/3 处收缩，具 6~8 根曲毛。

分布：宁夏、北京、天津、河北、辽宁、吉林、黑龙江、浙江、福建、广东、四川、陕西、甘肃、青海、新疆、我国台湾；斐济，澳大利亚，新西兰，美国，加拿大。

寄主：普通小麦、大麦、燕麦、莜麦、高粱、玉蜀黍、水稻、鹅观草、荻草、芒、荠菜等。

18. 桃瘤头蚜 *Tuberocephalus momonis*（Matsumura，1917）

无翅胎生雌蚜 体长约 1.7mm，体卵圆形；灰绿色至绿褐色。中额瘤略隆起。触角 6 节，长不及体长一半，第1、第2、第5 和第6 节灰黑色，具瓦纹。体表粗糙，有粒状刻点组成的网纹；前、中胸背板及腹部第7、第8 背片具 1 个贯穿全节的宽带。腹管圆筒形，黑色，具粗刺突组成的瓦纹；尾片三角形，顶端尖，具 6~8 根长曲毛。

分布：宁夏、北京、河北、辽宁、江苏、浙江、福建、江西、山东、河南、甘肃、我国台湾；朝鲜，日本。

寄主：桃、山桃等。

19. 红花指管蚜 *Uroleucon gobonis*（Matsumura，1917）

无翅胎生雌蚜 体长约 3.6mm，体纺锤形，黑色。中额略隆起，额瘤明显外倾。触角 6 节，近体长，黑色，具瓦纹。体表光滑，前、中胸背板具贯穿全节的横带；节间斑黑色。腹管长圆筒形，基部粗大，黑色，端部 1/4 有网纹；尾片圆锥形，端部 1/4 处略收缩，具 13~19 根曲毛。

分布：宁夏、北京、河北、江苏、浙江、福建、山东、河南、甘肃、我国台湾、东北；朝鲜，日本，印度尼西亚，印度。

寄主：牛蒡、红花、苍术、蓟属等。

（十）粉蚧科 Pseudococcidae

雌虫身体通常卵圆形，少数长形或圆形，体壁通常柔软，有明显的分节；腹部末端有臀瓣及臀瓣刺毛；肛门周围有骨化的肛环，其上常有肛环刺毛 4~8 根，通常 6 根；触角 5~9 节；喙 2 节，很少 1 节；足发达。自由生活，身体表面有蜡粉，有时体侧面的蜡突出呈刺状，产卵期身体末端常附有蜡质卵袋。雄虫通常有翅；单眼 4~6 个；腹部末端有 1 对长蜡丝。

1. 蓍草黑粉蚧 *Atrococcus achilleae*（Kiritchenko，1936）

雌成虫体长 1.5~2.0mm；触角 8 节，第 4 节最短，末节最长；眼突出，位于触角后侧体边缘；背孔 2 对；刺孔群末对具 2 根细长锥刺，15~17 个三格腺和 2 或 3 根附毛；多格腺在第 5~8 节前、后缘成带；足 3 对，后足基节无透明孔，爪无齿；背、腹两面均具长毛。

分布：宁夏、山西、内蒙古；保加利亚，意大利，匈牙利，俄罗斯，前南斯拉夫，朝鲜，蒙古。

寄主：蓍属、蒲公英属、大戟属、地肤等。

2. 内蒙黑粉蚧 *Atrococcus innermongolicus* Tang，1989

雌成虫体长 1.5~2.0mm；触角 8 节，末节最长；背孔存在，但不明显；刺孔群末对具 2 根细长锥刺；三格腺分布在体背、腹两面；多格腺在第 6~8 节前、后缘成短带；足 3 对，后足基节无透明孔，爪无齿；腹面毛长于背面。

分布：宁夏、内蒙古。

寄主：猪毛蒿。

3. 蒙根瘤粉蚧 Chnaurococcus mongolicus（Danzig，1969）

雌成虫体长 2.0~4.7mm；触角 6 节，基节粗短，末节最长；眼小，位于触角外侧之体缘；前、后背孔发达；刺孔群仅末对具 2 根细长锥刺和 15 个三格腺；三格腺分布在体两面；多格腺腹部腹面各节成列或带；足 3 对，后足基节无透明孔，爪无齿；体毛粗而弯曲。

分布：宁夏、山西、内蒙古；蒙古。

寄主：冰草。

4. 西欧盘粉蚧 Coccura comari（Kunow，1880）

雌成虫体长约 4.0mm；触角 9 节，末节最长；前气门口有成群三格腺；刺孔群 18 对；腹脐 3 个，椭圆形，大；多格腺在第 5~8 腹节腹板上形成横列；体背分布小刺，体毛较少。

分布：宁夏、甘肃；西欧，前苏联。

寄主：悬钩子、薹草、沼委陵菜属、地榆等。

5. 羊茅美粉蚧 Metadenopus festucae Šulc，1933

雌成虫体长 2.0~3.5mm，长椭圆形；眼突出，位于触角后边体缘；触角 6 节，第 6 节最长，第 2 节最短；肛环近圆形，位于体末，环孔 1 列，环毛 6 根，前 2 根远离，后 4 根靠近。足 3 对，跗节长于胫节，爪无齿。

分布：宁夏、内蒙古；捷克，法国，匈牙利，波兰，前苏联，蒙古。

寄主：阿尔泰狗哇花、羊茅属、野麦属。

6. 艾蒿匹粉蚧 Spilococcus artemsiphilus（Tang，1989）

雌成虫体长约 1.7mm，椭圆形；触角 8 节；前、后背孔发达；刺孔群为腹末 3 对；末对有 2 根锥刺，2 根细附毛和 1 群三格腺；足 3 对，爪下无齿，后足基节有成群透明孔。

分布：宁夏、内蒙古。

寄主：蒿属。

（十一）蜡蚧科 Coccidae

雌虫长卵形，卵形，扁平或隆起呈半球形或圆球形；体壁有弹性或坚硬，光滑，裸露，或被有蜡质或虫胶等分泌物；体分节不明显；触角通常 6~8 节；足短小；腹部末端有臀裂，肛门有肛环及肛环刺毛，肛门上有 1 对三角形肛板。雄虫触角 10 节；单眼4~10 个，一般 6 个；交配器短；腹部末端有 2 长蜡丝。

朝鲜球坚蜡蚧 Didesmococcus koreanus Borchsenius，1955

雌体近球形，长 4.5~5.5mm；初期介壳软黄褐色，后期硬化红褐至黑褐色，表面有极薄的蜡粉，背中线两侧各具 1 纵列不甚规则的小凹点，壳边平削与之接触处有白蜡粉。

分布：宁夏、河北、山西、内蒙古、辽宁、吉林、黑龙江、福建、山东、河南、湖北、四川、云南、陕西、甘肃、青海、新疆；朝鲜。

寄主：梨属、梅花、桃、杏、李、枣。

（十二）　盾蚧科 Diaspididae

若虫和雌性成虫都被有蜕皮和分泌物组成的盾状介壳。雌性介壳由第1和第2龄若虫的两层蜕皮和1层丝质分泌物重叠而成。雄性第2龄若虫和蛹也有介壳，但只有1层蜕皮和1层分泌物组成。雌成虫大小和形状变化很大，通常为圆形和长形。

桑白盾蚧 *Pseudaulacaspis pentagona*（Targioni，1886）

雌介壳圆形或近圆形，直径 2.0～2.5mm，略隆起，白色、黄色或灰白色。雌成虫体色从淡黄色至橘红色，臀板红褐色，体宽梨形或短卵圆形，体节明显，侧缘突具臀棘若干。

分布：宁夏、北京、天津、河北、山西、内蒙古、辽宁、吉林、江苏、浙江、山东、河南、湖南、广东、广西、四川、甘肃；英国，意大利，匈牙利，新西兰，日本，巴拿马，北美洲。

寄主：杨属、李、桃、栎属、桑、梧桐、枫杨、金雀花属。

（十三）　黾蝽科 Gerridae

体长 1.7～36.0mm，色暗淡。头小；触角细长，4节，第1节最长；复眼球形，喙4节。中胸发达，明显长于前、后胸之和。有或无翅，如有翅则前翅质地均一。足细长，前足短，适宜捕食；中、后足长，基节接近，而远离前足基节；跗节2节，密生防水绒毛。腹部小，有臭腺。

圆臀大水黾 *Aquarium paludum* Fubricius，1794

雄性体长 11.0～15.0mm，雌性体长 13.0～17.0mm；近纺锤形，黑褐色，密被白色短毛。头黑色，宽略大于长，头顶具"V"形黄褐色斑；触角黄褐色，第4节粗大。前胸背板黑色，具横沟，侧缘具白色纹；侧接缘黄褐色。足黄褐色，前足腿节、中足胫节末端黑色。

分布：宁夏、北京、河北、辽宁、吉林、黑龙江、江苏、浙江、福建、江西、广东、我国台湾；朝鲜，日本。

（十四）　猎蝽科 Reduviidae

体小到大型；头顶常具横沟，复眼后区多变细，多数具两个单眼；喙多为3节，少数为4节，大多弯曲；触角4节，长短变化较大；前胸背板发达，多具横缢，大多分为前后两叶，小盾片常具刺；前翅革区和膜区的面积比例变化较大，大多数种类在膜区有2个翅室。前足多为捕捉足，常具刺、齿等突起。

1. 中国螳猎蝽 *Cnizocoris sinensis* Kormilev，1957

体长 8.5～9.5mm，椭圆形，暗褐色。头背面及前胸背板侧角末端黑色；眼及单眼红色；触角除第3节暗红色外，均为黑褐色。前胸背板中部具3条纵脊，前、侧角尖锐；小盾片端部色淡；革片暗红色。腹部末端中央稍凹入；雌性腹部极宽。

分布：宁夏、北京、天津、河北、山西、内蒙古、浙江、陕西、甘肃、青海。

2. 大土猎蝽 *Coranus dilatatus*（Matsumura，1913）

体长 16.5～18.0mm，黑色，被灰黄色直立长短毛；触角各节端部、前胸背板后叶、前翅、小盾片两侧略具棕红色；腹部黑色，第4～7腹板两侧前缘各具1个浅色小横斑；

前胸背板前叶两侧较圆，中部有纵沟；小盾片黑色，具纵脊；前翅不发达或无。

分布：宁夏、北京、河北、山西、内蒙古、黑龙江、河南、陕西；日本，韩国，蒙古，俄罗斯。

3. 伏刺猎蝽 *Reduvius testaceus*（Herrich-Schaeffer，1848）

体长 15.5~18.5mm，淡褐色；前翅膜片外室、内室及内室后缘、革片基半部及端部均为淡黄色；眼的后缘具明显横缢，其前方中央有 1 短纵沟。前胸背板前叶显著短于后叶，侧角间宽；前足胫节略长于腿节；腹部腹面中央具脊。

分布：宁夏、内蒙古、甘肃、新疆；欧洲（南部）。

（十五）盲蝽科 Miridae

小至中型，体型多样。头部常或多或少下倾或垂直；无单眼；喙 4 节。前胸背板具领；前翅革质部分分为革片、爪片和楔片，翅面端半部常依前缘裂下折，膜片基部有1~2 个封闭的翅室。

1. 苜蓿盲蝽 *Adelphocoris lineolatus*（Goeze，1778）

体长 6.6~9.4mm，体型狭长，两侧较平行；活体绿色，标本黄褐色。头顶两侧具 1 黑褐色小斑；触角 4 节，第 1 节淡黄褐色，第 2 节锈褐色，第 3、4 节黑褐色；喙伸达中足基节末端。前胸背板胝区黑色，盘域后侧方各具 1 个黑色斑。爪片内半部淡黑褐色；革片具黑褐色斑；缘片及楔片外缘黑褐色，楔片末端黑褐色，膜区浅黑色。

分布：宁夏、北京、天津、河北、山西、内蒙古、辽宁、吉林、黑龙江、江苏、浙江、安徽、江西、山东、河南、湖北、陕西、甘肃、青海、新疆；蒙古，欧洲各国。

2. 黑唇苜蓿盲蝽 *Adelphocoris nigritylus* Hsiao，1962

体长 7.0~8.0mm，体型长椭圆形；淡褐色。头顶两侧具 1 黑褐色小斑；触角 4 节，第 2 节基部黑色；喙伸达后足基节端部。前胸背板一色；小盾片黑褐色，中纵纹淡色。爪片及革片一色；缘片外缘黑褐色；楔片淡黄白色；膜区烟黑色。

分布：宁夏、北京、天津、河北、山西、辽宁、吉林、黑龙江、江苏、浙江、安徽、江西、山东、河南、湖北、海南、四川、贵州、陕西、甘肃。

寄主：荸草、椎草、苏曹草、麻、马铃薯、十字花科、蒿、藜、牛筋草、蟋蟀草、醉鱼草、凹头苋、马唐等。

3. 四点苜蓿盲蝽 *Adelphocoris quadripunctatus*（Fabricius，1794）

体长 7.0~9.0mm，体型狭长，两侧较平行；活体绿色，标本黄褐色。触角 4 节，第 1 节和第 2 节大部分黑色；喙伸达中足基节末端。前胸背板盘域后缘具 4 个黑色斑。革片后半中央成黄褐色；缘片及楔片外缘黑褐色，楔片末端黑褐色，膜区浅黑色。

分布：宁夏、天津、河北、山西、内蒙古、辽宁、黑龙江、安徽、四川、陕西、甘肃、新疆；欧洲大陆，埃及，俄罗斯（西伯利亚），蒙古。

寄主：荨麻。

4. 淡须苜蓿盲蝽 *Adelphocoris reicheli*（Fieber，1836）

体长 8.0~9.5mm，体型狭长，两侧较平行；黄褐色。触角 4 节，第 1 节和第 2 节端部色深；喙伸达后足基节端部。前胸背板具光泽，黑色；小盾片略隆起，黑褐色。革片后半中部有一黑褐色纵向三角形大斑；缘片外缘边黑色，楔片黄白色，膜区黑褐色。

分布：宁夏、河北、内蒙古、黑龙江、山东；欧洲，俄罗斯（西伯利亚、阿穆尔地区）。

5. 中黑苜蓿盲蝽 *Adelphocoris suturalis*（Jakovlev，1882）

体长 5.5~7.0mm，体型狭长，两侧较平行；黄褐色。触角 4 节，第 2 节红褐色；喙伸达后足基节。前胸背板具光泽，盘域两侧各有 1 个黑色大圆斑；小盾片黑褐色，具横皱。爪片内半缘为黑褐色宽带；革片内角为一黑褐斑；楔片末端黑褐色，膜区黑褐色。

分布：宁夏、天津、河北、辽宁、吉林、黑龙江、上海、江苏、浙江、安徽、江西、山东、河南、湖北、广西、四川、贵州、陕西、甘肃；俄罗斯（阿穆尔地区、西伯利亚），日本，朝鲜。

寄主：棉花、苜蓿、苕子、锦葵科、豆科、菊科、伞形花科、十字花科、蓼科、唇形花科、大戟科、忍冬科、玄参科、石竹科、苋科、桑科、旋花科、藜科、胡麻科、紫草科等。

6. 斯氏后丽盲蝽 *Apolygus spinolae*（Meyer-Dür，1841）

体长 4.0~6.0mm，体椭圆形，活体绿色，标本淡黄褐色，有光泽。触角 4 节，黄绿色，第 2 节端部和第 3、第 4 节黑褐色；喙伸达后足基节末端。前胸背板略隆起，一色；小盾片具横皱。爪片与革片一色，楔片末端黑褐色，膜区透明。

分布：宁夏、北京、天津、河北、黑龙江、浙江、河南、广东、四川、云南、陕西、甘肃；俄罗斯，日本，朝鲜，埃及，阿尔及利亚，欧洲。

7. 毛原盲蝽 *Capsus pilifer*（Remane，1950）

体长约 6.0mm，头黑，头顶后缘具锈褐色或暗褐色完整连续的横带。触角第 1 节明显伸达唇基末端，第 3 节基半部黄白色。前胸背板全黑，侧缘略凹弯；小盾片与半鞘翅全黑。膜片烟黑褐色。

分布：宁夏、内蒙古、吉林、黑龙江；欧洲，日本，朝鲜，俄罗斯（远东地区、西伯利亚）。

8. 波氏木盲蝽 *Castanopsides potanini*（Reuter，1906）

体长 6.0~8.0mm，体长椭圆形；淡黄褐色，被较密的银白色毛。头顶中央具一红色横纹，中纵沟明显；触角 4 节，黄褐色，第 4 节黑褐色；喙伸过中足基节。前胸背板黄褐色，略带红色；胝前区有时具 4 个黑斑；小盾片黄白色至黄褐色。缘片端半部红色；爪片浅红褐色；楔片黄白色，半透明；膜区烟褐色。

分布：宁夏、河北、辽宁、湖北、四川；俄罗斯（远东地区），日本，朝鲜。

9. 乌毛盲蝽 *Cheilocapsus thibetanus*（Reuter，1903）

体长 8.0~9.0mm。体型狭长；深褐色或暗黄绿色。头顶具中纵沟，眼几与前胸背板接触；触角密被半平伏深色毛。前胸背板具明显密横皱，并被黑色短刚毛状毛，胝后中央有 1 小黑斑；小盾片亦具横皱及黑色刚毛状毛。革质部具黑色刚毛状毛及具闪光的黄褐色平伏毛，革片前缘及楔片黄色或绿色，楔片末端黑褐；膜片烟褐色。

分布：宁夏、福建、湖北、湖南、广西、四川、云南、西藏、甘肃。

10. 蓬盲蝽 *Chlamydatus pulicarius*（Fallén，1807）

体长约 3.0mm，体卵圆形；体表黑色，无刻点，具光泽。头顶深黄色；触角 4 节，第 1 节黑色，第 3 和第 4 节黄褐色；喙略伸过中足基节。前胸背板、小盾片和前翅为黑色。足基节黑色，腿节两端黄色，胫节黄褐色。

分布：宁夏、河北、内蒙古、吉林、黑龙江、四川、青海；瑞典，丹麦，俄罗斯，德国，英国，法国，西班牙，意大利，埃塞俄比亚。

寄主：艾属、野豌豆、毛茛属等。

11. 萨氏拟草盲蝽 *Cyphodemidea saundersi*（Reuter，1896）

体长 4.5~5.5mm，长椭圆形；黄褐色或棕褐色；具较多的黑斑。头底色黄褐，头顶、唇常具黑斑；触角 4 节，第 1、第 2 节黄色，第 3、第 4 节黑色。前胸背板前叶和后侧角黑色，领全部或部分黄白色；小盾片淡黄，具"W"形黑斑，末端黄白。体下黑色，具淡色斑。

分布：宁夏、吉林、黑龙江、湖北、四川、云南、陕西、甘肃；俄罗斯（远东地区），朝鲜，日本。

12. 黑食蚜齿爪盲蝽 *Deraeocoris punctulatus*（Fallén，1807）

体长约 4.0mm，体长椭圆形；体表淡黄褐色，光滑无毛。头顶、前胸背板和前翅革片具大褐色斑；触角 4 节，红褐色；喙伸达中足基节。前胸背板黄绿色，密布粗大黑褐色刻点；小盾片红褐色。革片和楔片端部红褐色，膜片灰黄褐色。腿节基部和胫节红褐色。

分布：宁夏、北京、天津、河北、陕西、内蒙古、黑龙江、浙江、山东、河南、四川、陕西、甘肃、新疆；日本，伊朗，土耳其，瑞典，俄罗斯（西伯利亚），德国，捷克，法国，意大利。

13. 大齿爪盲蝽 *Deraeocoris olivaceus*（Fabricius，1777）

体长约 12.0mm，椭圆形光亮。触角 4 节，短于体长，第 1 节黑色，第 2 节仅端部暗色。前胸背板胝区褐色，领明显。楔片内角浅褐色。足褐色，胫节具 2 个明显的棕黄色环纹，爪具基齿。

分布：宁夏、天津、内蒙古、吉林、黑龙江、安徽、陕西、甘肃；俄罗斯（远东地区），日本。

14. 小欧盲蝽 *Europiella artemisiae*（Becker，1864）

体长 2.5~3.0mm，体长椭圆形；体背面灰褐色，具大块灰白斑纹，腹面黄褐色。头顶被银白色长绒毛；触角 4 节，黄褐色；喙伸达后足基节。前胸背板银灰色，光滑无刻点；小盾片光滑，浅灰色。足黄褐色，腿节具黑斑，胫节刺黑色，跗节黑褐色。

分布：宁夏、北京、河北、山西、内蒙古、黑龙江、湖北、山东、四川、云南、陕西、新疆；日本，瑞典，芬兰，丹麦，俄罗斯（远东地区），德国，英国，法国，西班牙，意大利。

15. 圆跳盲蝽 *Halticus apterus*（Linnaeus，1758）

体长 3.5mm，体长椭圆形；体黑褐色。头部横阔，眼后缘紧靠前胸背板前缘；触角 4 节，紧靠复眼，第 2 节淡黄色；喙伸达中足基节后缘。前胸背板黑色，光滑无刻点；小盾片黑色。革片、楔片黑褐色。足多数部位为黄色，其他为黑褐色。

分布：宁夏、河北、内蒙古、吉林、黑龙江、湖北、新疆；俄罗斯，欧洲。

16. 棱额草盲蝽 *Lygus discrepans* Reuter, 1906

体长 5.5~6.5mm，体椭圆形；体黄褐色或黄绿色，具黑色斑纹。头部横阔，眼后缘紧靠前胸背板前缘；触角 4 节，第 1 节黄褐色，第 2 节锈褐色，第 3 和第 4 节黑色；喙伸达后足基节末端。前胸背板被密长毛，胝后各有 1 黑斑，后侧角具 1 黑斑；小盾片黑斑呈"W"形。革片基部散布黑斑；楔片端部黑褐色。足胫节基部具 2 黑褐色斑。

分布：宁夏、河北、四川、云南、陕西、甘肃。

17. 牧草盲蝽 *Lygus pratensis* (Linnaeus, 1758)

体长 5.0~6.0mm，体椭圆形；体底色黄，污黄褐色，有光泽。头部黄色；触角 4 节，第 2 节两端黑褐色，第 3 和第 4 节黑色；喙伸达后足基节。前胸背板基部暗褐色，前侧角具有 1 黑斑；小盾片基部中央具 1~2 条黑色纵带。革片基半部暗褐色，楔片末端黑色。

分布：宁夏、河北、山西、内蒙古、河南、四川、西藏、陕西、甘肃、新疆；古北区广布。

18. 长毛草盲蝽 *Lygus rugulipennis* (Poppius, 1911)

体长 5.0~6.5mm，体椭圆形；体黄褐色或锈褐色。头部黄绿色至红褐色；触角 4 节，黄色，第 2 节多为红褐色；喙伸达后足基节。前胸背板红褐色，前侧角具黑斑，胝后有 1~2 对黑斑；小盾片黑斑呈"W"形。革片刻点细，楔片最外缘黑色。

分布：宁夏、河北、内蒙古、辽宁、吉林、黑龙江、河南、四川、西藏、新疆；日本，朝鲜，俄罗斯（远东地区）、全北区。

19. 扁植盲蝽 *Phytocoris intricatus* Flor, 1861

体长 6.0~7.0mm，体长椭圆形；体黄褐色。头黄白色；唇基基部具倒"V"形斑；触角 4 节，褐色，第 2 节基部黄白色；喙伸过后足基节。前胸背板灰褐色，具黑褐色横纹；小盾片灰白或黄白色。革片灰白色，具深色斑；楔片端半部黑色。

分布：宁夏、河北、内蒙古、黑龙江、四川、甘肃；朝鲜，欧洲，俄罗斯。

20. 依植盲蝽 *Phytocoris issykensis* Poppius, 1912

体长 7.5~8.0mm，体长椭圆形；体淡黄色；头部具橘黄色斑；触角 4 节，第 1 节粗，略带蓝色；喙伸过后足基节。前胸背板略带蓝色，密被银白色丝状毛；小盾片密被银白色丝状毛。革片端部具 1 菱形白斑，楔片顶端灰黑色。

分布：宁夏、河北、山西、内蒙古、甘肃；吉尔吉斯斯坦，哈萨克斯坦，俄罗斯。

21. 淡腹斜唇盲蝽 *Plagiognathus albipennis* (Fallen, 1824)

体长 3.5mm，椭圆形；头黑色，光亮。触角第 1、第 2 节黑色，第 3、第 4 节黄褐色；喙伸达后足基节。前胸背板黄褐色；小盾片淡褐色，末端黄白色。楔片顶端色较淡。腹部腹面色淡。

分布：宁夏、河北、山西、辽宁、黑龙江、江苏、福建、山东、湖南、海南、四川、云南、新疆；古北区。

22. 银灰斜唇盲蝽 *Plagiognathus chrysanthemi* (Wolff, 1804)

体长 4.0~4.5mm，体长椭圆形；体银灰色，略具光泽。头部光滑，暗黄色；唇基黑色；触角 4 节，第 1 节粗，近基部黑色，第 2 节黄褐色。略带蓝色；喙伸达后足基节。前胸背板银灰色，胝为黑色；小盾片浅灰色。革片银灰色，密被黑褐色伏毛；楔片银灰色；膜片烟色。

分布：宁夏、北京、河北、内蒙古、黑龙江、湖北、四川、贵州、云南、甘肃、新疆；全北区均有分布。

寄主：荨麻属、苜蓿、毛蕊花属等。

23. 远东斜唇盲蝽 *Plagiognathus collaris* (Matstimura, 1911)

体长 4.0~5.0mm，体长椭圆形；体黑褐色。头部黑色；触角 4 节，第 1 节基部缢缩，黑色；喙伸达后足基节。前胸背板、小盾片和翅面均为黑褐色，密被黑色半直立毛。足基节基半部黑褐色，端半部黄色，腿节具黑斑。体腹面黑色，密被黑色软毛。

分布：宁夏、河北、内蒙古、黑龙江、湖北、四川、甘肃、新疆；俄罗斯远东。

24. 红楔异盲蝽 *Polymerus cognatus* (Fieber, 1858)

体长 4.0~5.0mm，体狭长；底色灰黄。头部黑色，密布银白色伏毛；触角 4 节，污褐色；喙伸达中足基节后端。前胸背板黑色，密布银白色伏毛；小盾片基半部褐色，末端具 1 小黄斑。爪片几乎全为灰黑色；缘片黑色；楔片红色，端部黄白色。

分布：宁夏、北京、天津、河北、山西、内蒙古、吉林、黑龙江、山东、河南、四川、陕西、甘肃、新疆；朝鲜，俄罗斯（远东地区、西伯利亚），中亚，欧洲。

25. 北京异盲蝽 *Polymerus pekinensis* Horváth, 1901

体长 5.0~8.0mm，体长椭圆形；体黑色，有弱光泽。头部黑色，头顶在眼内侧有 1 白斑；触角 4 节，第 1 节黄褐色外均为黑色。前胸背板、小盾片和翅面均为黑色。足腿节近端部有黄白色环。体腹面黑色，密被黑色软毛。

分布：宁夏、北京、天津、山西、内蒙古、吉林、黑龙江、浙江、安徽、福建、江西、山东、四川、云南、陕西；朝鲜，日本。

26. 斑异盲蝽 *Polymerus unifasciatus* (Fabricius, 1794)

体长 5.0~7.0mm，体窄长；体黑色，有弱光泽。头部黑色，头顶在眼内侧有 1 白斑；触角 4 节，第 1 节黄褐色外均为黑色；喙伸达前足基节与中足基节之间。前胸背板平直，黑色；小盾片基半部黑色，端角黄白色。爪片全黑；缘片与革片基半部外缘黄白；楔片大部分棕红色，端部黄白色；膜片灰黑色。足黑色，腿节端部有黄白色斑点。

分布：宁夏、河北、内蒙古、四川、甘肃、新疆；朝鲜，日本，蒙古，俄罗斯（西伯利亚、远东地区），中亚，欧洲，北非，北美。

27. 榆杂盲蝽 *Psallus ulmi* Kerzhner et Josfov, 1966

体长 4.0mm，体长椭圆形；体红褐色。头顶平坦，光滑，额具几条深色横带；触角 4 节，黄褐色，第 1 节基部黑色；喙略超过中足基节。前胸背板前缘黄褐色；小盾片基半部红褐色，端半部淡黄色。爪片青灰色，端部黑色；革片红褐色，缘片褐色；楔片猩红色；膜片深灰色。足黄褐色，略带红色。

分布：宁夏、河北、内蒙古、黑龙江、陕西、甘肃、新疆；蒙古，朝鲜半岛，俄罗斯远东地区。

寄主：榆树。

28. 二刺狭盲蝽 Stenodema calcarata (Fallén, 1807)

体长 6.0~8.5mm，体狭长椭圆形，绿色。头背面具淡褐色中纵细纹；触角4节，第1节被密毛；喙略超过中足基节后缘。前胸背板两侧有黑色纵带，中脊黄白色；小盾片中脊淡白色。爪片与革片内半淡黑褐色；膜片淡色。

分布：宁夏、内蒙古、吉林、黑龙江、浙江、福建、江西、湖北、广西、四川、贵州、云南、陕西、甘肃、新疆；朝鲜，日本，俄罗斯，中亚，西亚，欧洲。

29. 多毛狭盲蝽 Stenodema pilosa (Jakovlev, 1889)

体长 7.5~8.0mm，体狭长椭圆形，绿色。头在复眼两侧具一黑带；触角4节，第1节被密毛，淡黑褐色；喙伸达中胸腹板后缘。前胸背板前缘与侧缘凹弯；小盾片中纵带淡黄色。半鞘翅一色，爪片与革片内半淡黑褐色，膜片淡黑褐色。

分布：宁夏、内蒙古、四川、新疆；蒙古，中亚，俄罗斯欧洲部分中部及南部。

30. 三刺狭盲蝽 Stenodema trispinosum Reuter, 1904

体长 7.5~8.5mm，体狭长椭圆形。头背面具淡褐色中纵细纹；触角4节，第1节被密毛，淡黑褐色；喙伸达中胸腹板后缘。前胸背板前缘与侧缘凹弯；小盾片中纵带淡黄色。半鞘翅一色，爪片与革片内半淡黑褐色；膜片淡黑褐色。

分布：宁夏、内蒙古、黑龙江；朝鲜半岛，蒙古，俄罗斯，欧洲，北美。

31. 深色狭盲蝽 Stenodema elegans Reuter, 1904

体长 8.5~10.0mm，体椭圆形。头顶中央有浅纵沟，基部有一"V"形淡斑；触角4节，第1节粗短，被黑褐色毛；喙伸达中胸腹板后缘。前胸背板褐色，深色纵中线明显，胝区黑，两侧具黑色纵带；小盾片中纵带淡黄色。前翅爪片与革片中部黑褐色，楔片黄褐色，膜片淡黑褐色。

分布：宁夏、浙江、福建、江西、湖北、湖南、广东、广西、四川、云南、陕西、甘肃、我国台湾。

32. 光滑狭盲蝽 Stenodema laevigata (Linnaeus, 1758)

体长 7.5~8.5mm，体狭长椭圆形，绿色。头部淡褐至褐色；触角4节，红褐色，第1节被黑褐色毛；喙伸达中足基节。前胸背板侧缘凹弯，中纵脊淡黄褐色；小盾片褐色，具淡黄色中纵线。半鞘翅一色，爪片与革片内半淡黑褐色，膜片淡色。

分布：宁夏、内蒙古、甘肃；欧洲，西亚，土耳其，北非。

33. 条赤须盲蝽 Trigonotylus coelestialium (Kirkaldy, 1902)

体长 5.0~6.5mm，体狭长，鲜绿色。头背面具淡褐色中纵细纹；触角4节，红色，第1节具3条红色纵纹；喙略超过中足基节后缘。前胸背板具4条不明显的暗色纵纹；小盾片中纵纹色淡。爪片与革片一色。足胫节端部及跗节红色。

分布：宁夏、河北、山西、内蒙古、辽宁、吉林、黑龙江、江苏、江西、山东、河南、湖北、四川、云南、陕西、甘肃、新疆；朝鲜，俄罗斯（西伯利亚、远东地区），欧洲，北美。

（十六） 网蝽科 Tingidae

小型，体长多在 5mm 以下，体扁而薄。触角 4 节，以第 3 节最长；喙 4 节；无单眼。前胸背板遍布网状小室，中部具 1~5 条纵脊；两侧常呈叶状扩展；后端成三角形向后伸出，将小盾片完全遮盖；前胸背板中央常向上突出成一罩状构造，向前延伸遮盖头部，向后延长覆盖中胸小盾片，两侧多扩展成侧背板。前翅质地均一。

1. 长贝脊网蝽 Galeatus spinifrons（Fallén，1807）

体长 2.5~3.5mm；椭圆形。头及前胸背板近黑褐色，其他部分为玻璃状透明小室。体背面粗糙，前缘具 1 对刺。触角褐色，被长毛；喙伸达腹部第 3 节的后缘。前胸背板黑褐色、有光泽，具稠密刻点；头兜发达，具 5~6 个大型小室。侧背板透明，向外扩展呈宽叶状。

分布：宁夏、北京、天津、内蒙古、吉林、河北、山东、山西、陕西、湖北、浙江、福建、我国台湾、广西、四川、云南；日本，朝鲜，蒙古，俄罗斯，欧洲，美国，加拿大。

寄主：兴安蝶须、紫菀属、野菊、蜡菊属、山柳菊属等。

2. 梨冠网蝽 Stephanitis nashi Esaki et Takeya，1931

体长约 3.0mm，扁平，暗褐色。头、胸及前翅具网状纹；前胸背板向后延伸成三角形，盖住中胸，两侧向外突出呈翼片状，具褐色细网纹。前翅略呈长方形，具黑褐色斑纹，静止时两翅叠起。

分布：宁夏、北京、天津、河北、山西、山东、河南、辽宁、陕西、甘肃、浙江、江西、湖北、安徽、广西、江苏、四川、福建、我国台湾、广东；日本，朝鲜，西伯利亚。

寄主：木瓜属、山楂属、棣棠花属、苹果、李属、梨属等。

3. 广布裸菊网蝽 Tingis cardui（Linnaeus，1758）

体长 3.5~4.0mm；长椭圆形，黄褐色。头、触角、前胸背板及前翅基部被短细毛；头刺 5 枚；触角第 1 节粗短，灰褐色，第 3 节黄白色，第 4 节膨大，呈纺锤形，黑色。前胸背板侧缘上翘，具 3 条平行纵脊，被白粉。前翅有不规则褐斑，前域窄，基部上翘；中域、膜域宽，密布六角形小室。

分布：宁夏、湖北、四川、甘肃；欧洲，前苏联，土耳其，伊朗，突尼斯，阿尔及利亚，摩洛哥。

寄主：飞廉属、夏至草属、麻花头属、蓟属、松属、水飞蓟属、水飞雉属等。

（十七） 姬蝽科 Nabidae

体中小型，一般种类体色污黄色，具褐色、黑色或黄色斑；少数种类的色深，呈褐色或黑褐色，通常具红色、橘红色的艳丽色彩。体长形或狭长，触角细长，4 节。膜片上有 4 条纵脉形成 2~3 个长形闭室，并由它们分出一些短的分支。

1. 泛希姬蝽 Himacerus apterus（Fabricius，1798）

体长 9.0~12.0mm，狭长；暗赭色，被淡色短毛。头背面暗褐色；触角第 2 节及各足胫节具淡色环斑。前胸背板梯形，横沟明显；小盾片黑色，具 1 纵带。前翅革片淡，膜片较暗。腹部黑褐色光亮，侧接缘各节端部具红褐色斑。

分布：宁夏、北京、河北、山西、内蒙古、辽宁、黑龙江、山东、河南、湖北、广东、海南、四川、云南、西藏、陕西、甘肃、青海；朝鲜半岛，日本，欧洲，北非。

2. 类原姬蝽亚洲亚种 *Nabis punctatus mimoferus* Hsiao, 1964

体长 7.0~7.5mm，狭长；赭灰色，被淡色短毛。头顶中央黑色；触角浅褐色，第1节短于头长。前胸背板前叶中央两侧黑色，后叶中央黑褐色纵纹达后缘；小盾片基部和中部黑色，两侧中部黄色。腹部腹面中央褐色纵纹达生殖节端缘。

分布：宁夏、北京、天津、河北、内蒙古、吉林、黑龙江、山东、河南、四川、贵州、云南、西藏、陕西、甘肃、新疆；中亚，西亚，俄罗斯（西伯利亚、远东地区）。

3. 华姬蝽 *Nabis sinofetus* Hsiao, 1964

体长 7~9.0mm，狭长；体色淡，草黄色。头顶中央色斑小；触角4节，第2节最长。小盾片中央黑色。中胸及后胸腹板中域黑色。爪片顶端黑色，革片端半部具3个不明显的斑点，膜片浅褐色。腹部腹面淡黄色。

分布：宁夏、北京、天津、河北、内蒙古、吉林、黑龙江、山东、河南、湖北、广西、陕西、甘肃、青海、新疆；阿富汗，蒙古，乌兹别克斯坦，吉尔吉斯斯坦，塔吉克斯坦。

（十八）花蝽科 Anthocoridae

体长 1.5~5.0mm。触角第3、4节纺锤形，略细于第2节；或线形，明显细于第2节。喙直，长短不等，第1节退化，通常第3节最长。臭腺具1个囊和1个开口。前翅具楔片缝，膜片通常有4条脉。前足胫节通常有海绵窝，有时极度退化或缺失。腹部有背侧片，腹侧片与腹板愈合。

1. 西伯利亚原花蝽 *Anthocoris sibiricus* Reuter, 1875

体长 3.0~4.5mm，具光泽，被毛短。头黑色，头顶中部毛呈"V"形分布；触角黑褐色。前胸背板黑，侧缘微凹，具1列长毛，胝较小，后叶具横皱。前翅爪片端部、革片端片及楔片褐色，膜片端部灰褐色。足腿节褐色，胫节端部色较深。

分布：宁夏，山西、内蒙古、青海、甘肃；蒙古，俄罗斯，欧洲。

寄主：捕食蚜虫、介壳虫、粉虱、蓟马、螨类等小型昆虫及鳞翅目、鞘翅目昆虫的卵等。

2. 东亚小花蝽 *Orius sauteri* (Poppius, 1909)

体长 2.0~2.5mm；头黑褐色。头顶中部毛呈"Y"形分布；触角第1、第2节黄褐色，第3、第4节黑褐色。前胸背板黑褐色，侧缘微凹。前翅爪片和革片淡色，楔片黑褐色，膜片端部灰褐色。足淡黄褐色。

分布：宁夏、北京、天津、河北、山西、辽宁、吉林、黑龙江、河南、湖北、湖南、四川、甘肃；日本，朝鲜，俄罗斯（远东地区，萨哈林岛）。

（十九）长蝽科 Lygaeidae

具单眼，触角4节，着生在复眼中线下方，喙3节，前翅膜片有4~5条纵脉，无横脉，个别种类在膜片基部有一条横脉，后翅中室外侧有两条脉（R与M），足跗节

3 节。

1. 横带红长蝽 *Lygaeus equestris*（Linnaeus，1758）

体长 12.0~13.5mm，红色具黑色斑。头顶红色，眼周围黑色。前胸背板前叶、中纵线向后的突出部和后缘呈大的黑色斑。前胸背板侧缘弯，后缘直；小盾片黑色。前翅红，爪片中部具椭圆形黑斑，端部黑褐色；革片中部具不规则大黑斑，在爪片末端相连成 1 横带；革片端缘两端的斑点、中部的圆斑以及边缘白色；膜片黑褐色，超过腹部末端。腹部红，每侧具两列黑色斑纹，各斑均位于腹节的前部，1 列位于近侧接缘，另 1 列位于腹中线两侧，横带形。

分布：宁夏、辽宁、内蒙古、甘肃、山东、江苏、云南；古北区广布。

2. 桃红长蝽 *Lygaeus mutinus*（Kiritschenko，1914）

体长 10.5~12.5mm，红色；体密被白色短毛。头黑，头顶自基部至中叶基部具橘红色椭圆形斑；胸部侧板每节后背方各具 1 黑绒色圆斑。前胸背板黑色，后部中央具桃形红斑；小盾片黑。爪片黑褐色，中部具小圆斑；革片黑褐，中部具 1 圆斑，圆斑至翅基部橘红色，外方也具 1 红斑；膜片褐色，超过腹部末端，其内角、中央圆斑以及革片顶角与圆斑相连的横带乳白色，外缘和端部灰白色。

分布：宁夏、北京、河北、山西、内蒙古、四川、西藏、甘肃、新疆；中亚，俄罗斯，欧洲。

（二十）红蝽科 Pyrrhocotidae

中型至大型。椭圆形，多为鲜红色而有黑斑。头部平伸，无单眼。唇基多伸出于下颚片末端之前。触角 4 节，着生处位于头侧面中线之上。前胸背板具扁薄而且上卷的侧边。前翅膜片具多条纵脉，可具分支，或成不规则的网状，基部形成 2~3 个翅室。

地红蝽 *Pyrrhocoris tibialis* Stål，1874

体长 8.5~10.0mm；头黑色。头顶微具稀疏刻点。前胸背板前叶、侧缘黑色，背板前缘略凹，后缘在小盾片前向前凹入。小盾片黑色。爪片中央 1 列刻点与两侧缘的距离近等，淡黄褐至黄白色；革片前缘域有大约为 1 列较整齐的黑刻点，内角处有 1 大的方形黑斑，斑后具 1 小白斑；膜片黑，伸达腹端。各足除基节白色外，其余黑色。

分布：宁夏及国内广布；蒙古，朝鲜，日本，俄罗斯。

（二十一）缘蝽科 Coreidae

中到大型，体长与体型多变。头相对于身体较小，有单眼，触角 4 节。小盾片小，三角形。前翅静止时爪片形成显著的爪片接合缝。前翅膜片基部多具 1 条横脉并由此发出多条平行或分叉的纵脉，通常基部无翅室。后胸具臭腺孔。后足腿节和胫节通常膨大或扩展。腹部背面一般具内侧片，腹部气门均分布在腹面。

1. 亚蛛缘蝽 *Alydas zichyi* Horvath，1901

体长 10.0~13.0mm；黑褐色，被毛和刻点。触角第 1~3 节除端部黑色外，均为黄白色，第 4 节黑色；喙伸达中足基节。前胸背板梯形，被许多刻点和毛，中部具横凹，侧角突出。小盾片长三角形，黑色，末端黄色并向上翘起。革片淡棕色，膜片黄褐色。足腿节黑色，胫节端部黄白色。

分布：宁夏、北京、河北、山西、黑龙江、河南；俄罗斯。

2. 离缘蝽 *Chorosoma macilentum* Stål，1858

体长 13.0~18.0mm，体细长，草黄色。头中叶长于侧叶；触角 4 节，略具红色；喙伸达近中足基节。前胸背板中央及侧缘略隆起；小盾片基角及侧缘黑色。前翅短，仅达第 4 腹节前部或中部，革片翅脉略具红色。腹部背面具 2 条黑色纵纹。

分布：宁夏、山西、内蒙古、陕西、甘肃、新疆；蒙古，哈萨克斯坦。

3. 黄边迷缘蝽 *Myrmus lateralis* Hsiao，1964

体长 8.5~10.0mm；头黄褐色，中部色暗。触角背面黑褐色，腹面土黄色。前胸背板土黄色，中部色暗，胝黑色；小盾片暗褐色，末端土黄色。体背面中央暗黑色，稍带红色，两侧具宽阔的草黄色边缘。腹面中央浅黄色，两侧色深，稍带红色，被白色细毛。

分布：宁夏、河北、内蒙古、山东；朝鲜，俄罗斯。

（二十二）姬缘蝽科 Rhopalidae

体型小到中型。细长到椭圆形。体色多为灰暗，少数鲜红色。头三角形，前端伸出于触角基前方。单眼不贴近，着生处隆起。触角较短，第 1 节短粗，短于头的长度，第 4 节粗于第 2、第 3 节，常呈纺锤形。前翅革片端缘直，革片中央通常透明，翅脉常显著。

亚姬缘蝽 *Corizus tetraspilus* Horváth，1917

体长 9.0~12.0mm；头顶红色，复眼周围黑色，触角黑色。前胸背板近梯形，前缘具长方形黑色横带，后缘具 4 个大黑斑；小盾片基部黑色，端部红色。前翅红，爪片黑色，近中部具小黑斑；革片中部具不规则大黑斑，在爪片末端相连成 1 横带。前胸及中胸腹板后缘常为白色。腹部背面基部及最后 2 节黑色，中部红色。

分布：宁夏、山西、内蒙古、黑龙江、西藏、甘肃；蒙古，中亚，俄罗斯（远东）。

寄主：小麦、苜蓿、铁杆蒿、蒲公英。

（二十三）异蝽科 Urostylidae

体小至中型；长椭圆形，背面较平，腹面多少凸出。头小，几成三角形，前端略凹陷，中叶与侧叶等长或中叶长于侧叶。触角细长，等于体长或稍长于体长，4~5 节，第 1 节较长，明显超过头的前端，第 3 节一般约为第 2 节的一半。喙短，4 节，通常达中胸腹板。前胸背板梯形，不宽于腹部；小盾片呈三角形，不超过腹部中域，端部尖锐并被爪片包围。前翅膜片大，达腹部末端或明显超过腹部末端，具6~8 条纵脉。

1. 黄壮异蝽 *Urochela flavoannulata* (Stål，1854)

体长 8.5~12.5mm，长椭圆形。土黄色，略带暗绿色，体背面具刻点。头部无刻点；触角第 1、第 2 节褐色，第 3 节黑色，第 4、第 5 节的端半部黑色，基半部黄白色。前胸背板梯形，后缘具横皱，胝区色暗；小盾片具皱纹，末端尖削。爪片土黄色；革片黄绿色；膜片烟褐色，具 7 条纵脉，超过腹部末端。足土黄色，胫节末端及跗节浅褐色。

分布：宁夏、北京、河北、山西、吉林、黑龙江、四川、陕西；朝鲜，日本。

2. 花壮异蝽 *Urochela luteovaria* Distant, 1881

体长 10.5~13.5mm，长椭圆形，身体背面黄褐色，腹面土黄色或橘黄色。触角第1节褐色，第2、第3节黑色，第4、第5节端半部黑色，基半部赭色。前胸背板前缘及侧缘略向上翘，侧缘中部凹陷呈波状，胝具横椭圆形斑；小盾片两侧近基部有1小黄白色斑。爪片、革片具不规则形状的深褐色斑纹，膜片烟褐色。每腹节都有5种黑色斑纹。各足腿节有褐色刻点，胫节的基部、端部以及各足跗节第3节均为黑色。

分布：宁夏、北京、天津、河北、山西、安徽、江西、山东、河南、湖北、广西、四川、云南、陕西、甘肃、青海、东北；朝鲜，日本。

3. 红足壮异蝽 *Urochela quadrinotata* Reuter, 1881

体长 16.0~17.5mm，体椭圆形；赭色，略带红色，头部、胸部及体腹面土黄色，腹部赭色，身体背面除头部外均有黑色刻点。触角第1节黑褐色，第3~5节黑色。前胸背板侧缘较宽，向上翘折，中部弯。前翅革片中部具2个黑色斑。侧接缘露出革片外的部分，有长方形黑色和土黄色相间的斑。

分布：宁夏、北京、河北、山西、内蒙古、辽宁、吉林、黑龙江、安徽、甘肃；朝鲜，日本，俄罗斯。

（二十四）同蝽科 Acanthosomatidae

身体通常椭圆形，绿色或褐色，常有红色等鲜艳的花斑。头三角形，单眼明显，触角5节，喙4节。第3腹节有1腹刺，第2腹节的气门被后胸侧板所遮盖，外观上不可见。

1. 宽铗同蝽 *Acanthosoma labiduroides* Jakovleff, 1880

体长 17.5~19.5mm，宽椭圆形，黄绿色。头三角形，中叶略长于侧叶。触角第1节长；喙浅黄褐色，伸达中足基节之间。前胸背板前角略突出，形成小齿状，指向前侧方，侧角短，末端圆钝，橙红色。腹部背面棕褐色，末端红色，侧接缘各节具黑色斑点；腹面淡黄褐色。

分布：宁夏、河北、山西、黑龙江、浙江、江西、湖北、四川、云南、陕西、甘肃；日本，俄罗斯（西伯利亚），朝鲜。

2. 泛刺同蝽 *Acanthosoma spinicolle* Jakovleff, 1880

体长 13.5~15.5mm，窄椭圆形，灰黄绿色，前胸背板后缘、革片内域和爪片红棕色。触角第1、第2节暗褐色，第3、第4节红棕色，第5节末端棕色。喙黄绿色，末端黑色，伸达后足基节。前胸背板近前缘处有1条黄褐色横带，侧角延伸成短刺，棕红色，末端尖锐，有时顶尖黑色，指向前侧方。小盾片中央具暗棕色斑，顶端黄白色。腹部背面浅棕红色，各腹节后缘具黑色横带纹，侧接缘全部黄褐色；腹面和足黄褐色。

分布：宁夏、北京、河北、内蒙古、辽宁、吉林、黑龙江、四川、云南、西藏、陕西、甘肃、青海、新疆；俄罗斯（西伯利亚）。

（二十五）蝽科 Pentatomidae

小型至大型，多为椭圆形，背面一般较平，体色多样，有单眼。触角5节，少数4

节。前胸背板常为六角形。中胸小盾片在多数种类中为三角形，约为前翅长度之半，遮盖爪片端部，不存在爪片接合线。膜片具多数纵脉，很少分支。各足跗节 3 节。腹部第 2 腹节气门被后胸侧板遮盖而外观不可见。

1. 西北麦蝽 Aelia sibirica Reuter, 1884

体长 9.0~10.5mm，长椭圆形，黄褐色。头顶中部具褐色纵纹，侧缘黑色。触角端部两节红褐色，其余黄白色。前胸背板侧缘黄白色，上翘，中部具明显的黄白色纵纹，纵纹两侧黄褐色。小盾片中纵线基半部明显，末端细，两侧暗褐色。革片沿淡色的外缘及径脉内侧有 1 淡黑色纵纹。足黄白色。腹节淡红褐色。

分布：宁夏、山西、内蒙古、青海、新疆；中亚，俄罗斯。

2. 紫翅果蝽 Carpocoris purpureipennis (De Geer, 1773)

体长 11.5~13.0mm，宽椭圆形，黄褐色至棕紫色。头部中部具黑色纵纹，侧缘具黑边。触角黑色。前胸背板前半部具 4 条宽纵黑带，侧角端处黑。小盾片末端淡色。膜片淡烟褐色，基内角有大黑斑，外缘端处呈 1 黑斑。侧接缘黄黑相间。体下及足黑褐色。

分布：宁夏、北京、河北、山西、辽宁、吉林、黑龙江、山东、陕西、甘肃、青海、宁夏、新疆；俄罗斯，日本，克什米尔，土耳其，伊朗，欧洲。

3. 横纹菜蝽 Eurydema gebleri Kolenati, 1846

体长 5.5~6.5mm，椭圆形；头部黑色，前缘近黄色，边缘黄红。触角黑色，喙伸达中足基节间。前胸背板黄、橘红色，有大型黑斑 6 块，前 2 后 4。小盾片有 1 "大"形三角形黑斑，近端处两侧各有 1 小黑斑，端部橘红色。革片黑色，末端具 1 白色并夹杂黄色的斑。侧接缘全黄，腹下黄色，各节中央有 1 对黑斑，近边缘处每侧有 1 黑斑。足黄色，具黑斑。

分布：宁夏、北京、天津、河北、山西、内蒙古、辽宁、吉林、黑龙江、江苏、安徽、山东、湖北、四川、贵州、云南、西藏、陕西、甘肃、新疆；哈萨克斯坦，俄罗斯，蒙古，朝鲜。

4. 宽碧蝽 Palomena viridissima (Poda, 1761)

体长 11.0~13.5mm，宽椭圆形，暗绿色。头黑色，顶端钝圆。触角黑褐色，第 5 节基部黄白色；喙伸达后足基节间。前胸背板侧角圆钝；小盾片末端黄白色。革片及侧接缘外缘为淡黄褐色，膜片烟褐色，透明。腿节外侧近端处有 1 小黑点。

分布：宁夏、河北、山西、黑龙江、山东、云南、陕西、甘肃、青海；欧洲，北非，俄罗斯，印度。

5. 日本真蝽 Pentatoma japonica Distant, 1882

体长 17.0~19.0mm，金绿色。头侧叶与中叶几等长，边缘稍翘，背面有黄褐色断续纵纹 2 条；复眼内侧具 1 光滑斑；触角棕褐，第 4~5 节棕红。前胸背板前侧缘、侧角端缘及后侧缘狭窄地黄褐或红黄色；前侧缘低，锯齿状，稍内凹，侧角长，明显上翘，末端前后部成角状突出，前部角突长而尖。侧接缘黄黑相间。足红褐，腿节具暗棕褐色小斑点。腹部腹面黄褐色，光滑。

分布：宁夏、内蒙古、辽宁、吉林、黑龙江、浙江、福建、湖南、贵州、云南、陕西、甘肃、青海；韩国，日本，俄罗斯。

6. 金绿真蝽 *Pentatoma metallifera* （Motschulsky，1859）

体长 17.0~24.0mm，金绿色。头部中叶与侧叶末端平齐，侧缘略上翘，前端具指状突。触角黑色；喙伸达第 2 腹节末端。前胸背板金绿色，前侧缘有明显的锯齿，前角尖锐，向前外方斜伸；小盾片末端钝圆，被稠密粗刻点。革片绿色，被绿刻点；膜片烟色，具 7~9 条纵脉。腹基突起短，伸达后足基节。

分布：宁夏、北京、河北、山西、内蒙古、辽宁、吉林、黑龙江、甘肃、青海；朝鲜，俄罗斯，蒙古。

寄主：杨、柳、榆等。

7. 红足真蝽 *Pentatoma rufipes* （Linnaeus，1758）

体长 15.5~17.0mm，椭圆形，暗褐色，密布黑刻点。头黑色，侧缘略上卷。触角前 3 节及第 4、第 5 节基部黄褐，端部两节黑褐；喙伸达第 3 节腹节基部。前胸背板黑色，具不明显的中纵脊，前侧缘明显内凹，边缘常为色淡，呈细锯齿状，前角成小尖角状斜伸，侧角向侧后方伸出。小盾片末端黄褐色。革片常为红褐色，膜片近黑色。侧接缘黄黑相间。足红褐色。

分布：宁夏、北京、河北、山西、内蒙古、辽宁、吉林、黑龙江、四川、西藏、陕西、甘肃、青海、新疆、东北；欧洲，俄罗斯，朝鲜，日本。

寄主：杨、柳、榆、杏、梨、海棠。

（二十六）盾蝽科 Scutelleridae

体小型至中大型，卵圆形，背面强烈圆隆，腹面平坦，有些种类有鲜艳的色彩和花纹。头多短宽。触角 4 或 5 节。前胸腹面的前胸侧板向前扩展成游离的叶状。中胸小盾片极度发达，遮盖整个腹部和前翅的绝大部分。前翅只有最基部的外侧露出。

1. 扁盾蝽 *Eurygaster testudinarius* （Geoffroy，1785）

体长约 10.0mm，椭圆形，灰黄褐色到黑褐色。头三角形；触角 5 节，第 1 节黄褐色，第 4、第 5 节黑褐色；喙伸达后足基节后缘。前胸背板长方形，黄褐色。小盾片舌状，中央有"Y"形黄褐色纹。腹部腹面刻点红褐色。

分布：宁夏、河北、山西、内蒙古、吉林、黑龙江、江苏、浙江、江西、山东、湖北、广东、四川、陕西、甘肃、新疆；日本，朝鲜，蒙古，伊朗，俄罗斯，塔吉克斯坦。

2. 西伯利亚绒盾蝽 *Irochrotus sibiricus* Kerzhner，1976

体长 4.0~5.5mm，椭圆形；灰褐色到黑褐色，密被黑色和白色长毛。头三角形；触角 5 节，黄褐色；喙伸达后足基节。前胸背板长方形，中部具深横沟，前、后缘直；小盾片大而隆起，达腹部末端。足黑褐色。

分布：宁夏、内蒙古、甘肃、新疆；蒙古，俄罗斯。

十一、鞘翅目 Coleoptera

统称甲虫。体小到大型，体通常坚硬；口器咀嚼式；触角类型多样；前翅鞘翅，两翅互相靠拢，休息时平置于胸腹部背面，盖住后翅；后翅有时退化；跗节 3~5 节；完全变态；裸蛹；食性复杂，包括植食性、肉食性、寄生性、菌食性、腐食性和粪食性种类。

（一）步甲科 Carabidae

小至大型，体长 1.0~60.0mm，长圆形或圆柱形，以黑色为多，部分类群具金属光泽和鲜艳斑纹。头前口式或下口式，与前胸背板等宽或稍窄。复眼凸圆或退化。触角 11 节，细丝状，端部几节不膨大，位于上颚基部与复眼之间。唇基不达触角基部。上颚发达，在头前方交叉或接交互，基部外侧具凹槽，下颚内叶端具钩或无。鞘翅盖及腹部，平坦或隆起，表面具刻点行或瘤突；后翅发达，但部分土栖种类的鞘翅愈合，在此情况下后翅通常退化。足细长，适于行走，或前足变短适于开掘；胫节有距；跗式 5-5-5。腹部可见 6 个腹板。

1. 斜斑虎甲 *Cicindela germanica obliguefasciata* Adams，1817

体长 9.5~11.0mm；体墨绿色。前胸背板两侧中部略向外呈弧形弯曲。鞘翅两侧中后部略扩展，中部由外向内侧斜白斑较粗，该斑内前方有 1 小圆斑点。

分布：宁夏、河北、辽宁、吉林、黑龙江、山东、河南、甘肃、青海、新疆；蒙古，朝鲜半岛，日本，俄罗斯。

2. 细虎甲 *Cicindela gracilis* Pallas，1773

体长 10.0~12.0mm，墨绿色。上唇前缘略弯曲，中间具尖齿。前胸背板两侧平行，矩形，明显窄于头部。鞘翅窄，后端呈三角形收缩，中部具 1 白斑，由外侧向内侧，端部沿翅缘具 1 细白斑。

分布：宁夏、河北、辽宁、吉林、黑龙江、山东、河南；蒙古，朝鲜半岛，日本，俄罗斯。

3. 点胸暗步甲 *Amara dux*（Tschitscherine，1894）

体长 15.0~17.0mm。体暗棕色，足、腹面棕红色。上唇前缘毛 4 根，唇基前角长毛各 1 根，上颚端部黑色。前胸背板横宽，后缘略直，前角钝，后角直角；两侧缘圆弧形，中部之前最宽，侧缘具长毛 1 根；盘区中纵线明显，不达前后缘，背板前缘及后缘凹陷内刻点深粗。鞘翅宽卵形，刻点行 9 条，刻点深，行间平坦光滑。

分布：宁夏、华北、东北、西北；蒙古，朝鲜，中亚。

4. 婪胸暗步甲 *Amara harpaloides*（Dejean 1828）

体长 7.0~13.0mm，体黑色，无金属光泽。上唇前缘长毛 4 根，唇基前角长毛各 1 根。前胸背板侧缘近弧形，暗褐色。盘区中纵线不明显。鞘翅宽卵圆形，刻点行 9 列，行距平隆。

分布：宁夏、华北、东北、上海、湖北、西北；蒙古，朝鲜，中亚。

5. 红胸暗步甲 *Amara* sp.

体长 8.0~14.0mm，黑色至棕黑色。上唇前缘平，前缘长毛 4 根，侧缘长毛各 1 根。前胸背板宽圆形，宽长比约为 3 : 2；前缘稍内凹，侧缘弧形，后缘平直；前胸背板近中部最宽。鞘翅暗红棕色，刻点列 9 行。足褐色至黄褐色。

分布：宁夏。

6. 考氏肉步甲 *Broscus kozlovi*（Kryzhanovskij，1995）

体长 17.0~20.0mm。体黑色，光亮，腹部腹面略呈红褐色。头部被细皱纹，在复眼内侧形成 2 个纵凹。上唇前缘有 6 根毛，上颚内缘光滑，外缘基部有 1 根长毛。前胸背板近心形，两侧中部之前略平行，中部之后收狭，背面布横皱纹，中纵线明显，前后角各有 1 根长毛。鞘翅长卵形，背面具 9 条刻点行，行间微隆，每侧缘有 6 根长毛。前足胫节凹截，具刺 1 枚，内缘具毛刷。

分布：宁夏（云雾山），内蒙古；蒙古。

寄主：捕食鳞翅目幼虫和蛴螬。

7. 乌帝步甲 *Calosoma anthrax*（Semenov，1900）

体长 18.0~22.0mm，黑色略金色金属反光。上唇前缘近中部内凹，前缘长毛 4 根，侧缘具长毛各 1 根。前胸背板宽大于长，侧缘弧形，后缘平直；后角宽圆形，突出。鞘翅宽卵圆形，每侧有 4 行略金色圆形星点，行间沟纹浅。雄性前足跗节基部 3 节膨大。

分布：宁夏、河北、山西、辽宁、吉林、黑龙江、四川、陕西、甘肃；俄罗斯（远东），日本，朝鲜，韩国。

8. 中华星步甲 *Calosoma chinense*（Kirby，1818）

体长 25.0~33.0mm。体背面铜色，有时黑色，鞘翅星点闪金光或金绿光泽，腹面及足近黑色。前胸背板宽长之比约 3:2，侧缘接近弧形，中部以后较为平直，中部之前最宽，中部之前及后角之前各有侧缘毛 1 根，后角端部叶状，向后稍突出，侧缘在基部明显上翘，基凹较长，约占基部 1/3。鞘翅近长方形，两侧近于平行，星行 3 行，行间为分散的小粒突。

分布：宁夏、河北、山西、辽宁、吉林、黑龙江、上海、江苏、浙江、安徽、江西、山东、河南、广东、四川、陕西、甘肃；俄罗斯（远东），日本，朝鲜，韩国。

9. 暗星步甲 *Calosoma lugens*（Chaudoir，1869）

体长 22.0~31.0mm；体黑色无金属光泽。前胸背板宽大于长，侧缘中部最宽，后角钝圆。鞘翅近方形，两侧平行，每侧具 3 行圆形无金属光泽的星点；行距沟纹浅。雄性前足跗节基部 3 节膨大。

分布：宁夏、华北、东北、西北；朝鲜，蒙古，俄罗斯。

10. 锚齿步甲 *Carabus anchocephalus*（Reitter，1896）

体长 18.0~23.0mm，体黑色。上唇前缘中部向内凹陷，具 4 个明显的小毛窝。前胸背板长略大于宽，前缘凹，后缘直，侧缘略弧，上翘；后角向后突出；中纵线不达后缘。鞘翅长卵圆形，基部宽于前胸背板；疣突不规则状，扁平，边缘黑色，内红褐色。足黑色。

分布：宁夏、河北、山西、辽宁、吉林、黑龙江、四川、陕西、甘肃；俄罗斯（远东），日本，朝鲜，韩国。

11. 雕步甲 *Carabus glyptoterus*（Fischer von Waldheim，1827）

体长 28.0~34.0mm，体黑色，无金属光泽。上唇前缘中部向内凹陷，具有 4 小毛窝。前胸背板宽略大于长，前缘略凹，侧缘向后逐渐上翘，后缘内凹；中纵线不达后缘；后角向后突出。鞘翅长卵圆形，黑色；基部宽于前胸背板；疣突小，近方形，排列紧密且规则。足黑色，雄性前足跗节基部 2 节膨大。

分布：宁夏（云雾山）；俄罗斯。

寄主：捕食鳞翅目昆虫的幼虫。

12. 刻翅步甲 *Carabus sculptipennis*（Chaudoir，1877）

体长 22.0～28.0mm，黑色，无金属反光。前胸背板宽矩形，在前 1/3 处最宽，宽大于长；前缘内凹，前角钝圆；侧缘近弧形；后缘略直，后角突出；盘区密布刻点和不规则沟纹。中线不明显；后角宽圆，向后突出。鞘翅长卵圆形，基部不宽于前胸背板，密被大小近等的细小颗粒状瘤突，瘤突成行排列。

分布：宁夏、河北、山西、内蒙古、辽宁、吉林、陕西、甘肃、青海、中国北部。

13. 长叶步甲 *Carabus vladimirskyi*（Dejean，1830）

体长 23.0～28.0mm，黑色。上唇前缘近中部内凹。前胸背板前缘凹，后缘略直；后角近三角形，突出，上翘。鞘翅长卵圆形，基部宽于前胸背板；刻点列细密，每侧具 3 行圆形星点。雄性前足跗节基部 4 节膨大。

分布：宁夏、河北、山西、内蒙古、辽宁、吉林、黑龙江、贵州、云南、陕西、甘肃、青海、新疆；日本，朝鲜，俄罗斯，欧洲。

14. 红胸蠋步甲 *Dolichus halensis*（Schaller，1783）

体长 14.5～18.0mm；体长形，颜色变异较大，全黑及部分棕红。触角、口器及足棕色，前胸背板黑色具棕色边，小盾片黑色。前胸背板筒形，前、后端近等宽，两侧稍膨出，前缘稍后凹，后缘较平直，后角宽圆，侧缘沟深，侧缘后部翘起。鞘翅具棕红色斑，两个翅色斑合成长舌形，或鞘翅全为黑色。鞘翅基部较前胸宽，最宽处在后部 1/3，条沟 9 行。腹面全黑色。雄虫前足跗节基部 3 节扩大。

分布：宁夏、河北、山西、内蒙古、辽宁、吉林、黑龙江、江苏、浙江、安徽、福建、江西、河南、湖北、湖南、广东、广西、四川、贵州、云南、陕西、甘肃、青海、新疆；日本，朝鲜，俄罗斯，欧洲。

寄主：捕食蚜虫、蝼蛄、蛴螬、黏虫、地老虎等鳞翅目昆虫幼虫。

15. 蒙古伪葬步甲 *Pseudotaphoxenus mongolicus*（Jedlicka，1953）

体长 14.0～17.0mm，瘦长；体暗红色，腹面暗棕色。前胸背板宽略大于长，前缘深凹，后缘略直，两侧圆弧形，中部最宽，两侧缘上翘，中纵线明显，且达前后缘。鞘翅长卵形，具 9 条刻点行，行间微隆，密布微刻点，行间 8、9 具 21～23 个毛穴。足细长，前足胫节端距 1 枚，凹截内有刺 1 枚，毛刷稀疏。

分布：宁夏（云雾山）、山西；蒙古。

寄主：捕食鳞翅目幼虫和蛴螬。

16. 皱翅伪葬步甲 *Pseudotaphoxenus rugipennis*（Faldermann，1836）

体长 26.0～32.0mm，体黑色，上唇前缘略平。前胸背板方形，长略大于宽，端部 1/3 最宽；前后缘平直，侧缘 1/2 向后稍平行；前角、后角突出。鞘翅卵圆形，端部 1/3 最宽；刻点列 14 行。雄性前足胫节具有毛刷。

分布：宁夏（云雾山）、青海、西藏。

寄主：捕食鳞翅目幼虫和蛴螬。

17. 强足通缘步甲 *Poecilus fortipes*（Chaudoir, 1850）

体长 11.0~16.0mm，体黑色，稍亮。上唇前缘略平。前胸背板矩形，宽大于长；前缘稍内凹，侧缘略膨，中前部和后角各 1 长毛；后角略大于 90°，基部每侧有 2 条纵沟。鞘翅两侧稍膨隆，条沟 9 行，行距隆，颗粒状色泽。雄性前足胫节具有毛刷。

分布：宁夏、河北、内蒙古、云南；朝鲜，蒙古，日本，俄罗斯（西伯利亚，外贝加尔）。

18. 直角通缘步甲 *Poecilus gebleri*（Dejean, 1828）

体长 11.0~18.0mm。体背面黑色，鞘翅具铜绿光泽，侧缘边绿色，头及胸背板常有蓝色金属光泽，触角、口器、足及腹面棕褐至黑褐色。前胸背板近方形，侧缘稍膨，中前部及后角各有 1 长毛，后角稍大于直角，基部每侧有 2 条纵沟。鞘翅与前胸背板宽度近等，两侧稍膨，在后端近 1/3 处收狭；基沟深，向前弯曲，外端有小齿突；条沟深，沟底有细刻点，行距平隆，第 3 行距有毛穴 3 个。

分布：宁夏、河北、内蒙古、辽宁、吉林、黑龙江、甘肃、青海、福建、四川、云南；蒙古，朝鲜，亚洲中部，西伯利亚。

寄主：捕食地老虎、草地螟、蝇类幼虫多种昆虫。

19. 卷翅葬步甲 *Reflexisphodrus reflexipennis*（Semenov, 1889）

体长 22.0~28.0mm，体黑色。上唇前缘直，具前缘长毛 4 根，侧缘各长毛 1 根。前胸背板长大于宽，侧边于后 1/3 平行；前后缘稍平；后角略小于 90°；中纵线达后缘。鞘翅长卵圆形，黑色，两侧略膨，于端部 1/4 收狭；刻点行浅，9 条，行距平。雄性前足胫节具毛刷。

分布：宁夏、河北、内蒙古、辽宁、吉林、黑龙江、甘肃、青海；蒙古，朝鲜，亚洲中部，西伯利亚。

20. 波氏距步甲 *Zabrus potanini*（Semenov, 1889）

体长 14.0~18.0mm。体黑色至黑褐色，腹面褐色。上唇前缘稍平。前胸背板长方形，前后缘直，侧缘弧形；中纵线不明显；盘区光滑，稍隆起。鞘翅宽卵圆形，两侧于端部 1/3 处收狭；刻点 9 列，行距平。足黑褐色。

分布：宁夏、甘肃、青海、新疆。

（二）葬甲科 Silphidae

体小至中型，宽短，体壁较柔软，黑或红色，常具淡色花纹。触角位于额前缘，棍棒状，10 节；具或无复眼；下唇须可见；颏横方形，前方具膜质颏下片。前足基节窝开式，基节圆锥形，左右连接，跗节 5 节；鞘翅端部截或圆形，常露出端部 3 个腹节，可见腹节 4~7 节。

1. 滨尸葬甲 *Necrodes littoralis*（Linnaeus, 1758）

体长 17.0~35.0mm；头黑色；触角末端 3 节橘色，其余各节黑色。前胸背板黑色，近圆形，中央略隆起，具一纵向沟痕。鞘翅黑色，刻点大而均匀；具显著的端突，靠外的两条肋在端突后明显折角弯曲，向内缘的肋靠拢；末端平截。体腹面黑色。

分布：宁夏、北京、天津、河北、辽宁、黑龙江、安徽、福建、江西、湖北、湖南、广东、广西、四川、云南、西藏、陕西、甘肃、青海、新疆；日本，俄罗斯，欧洲。

2. 亮覆葬甲 *Nicrophorus argutor* Jakovlev，1891

体长 15.0~24.0mm；头黑色，额区无红斑；触角端锤部分基节黑色，末端 3 节橘黄色。前胸背板光裸，端部明显宽于基部，呈梯形，明显隆起，盘区被沟分为 6 个"肿块"，端部 4 个并排较小，基部 2 个较大。鞘翅盘区光裸，基部和端部各具橘红色色带；色带前后缘深凹，缘折基部黑色小斑长形。

分布：宁夏、北京、内蒙古、西藏、甘肃；蒙古。

3. 达乌里覆葬甲 *Nicrophorus dauricus* Motschulshy，1860

体长 13.0~23.0mm；头黑色，额区无红斑；触角端锤部分黑色，末端 3 节灰色。前胸背板前面 1/5 部分和侧缘、后缘均密被金黄色长毛；前胸背板呈圆角矩形，明显隆起，盘区具 6 个"肿块"。鞘翅盘区墨黑色，光裸，有一定光泽；缘折整体黑色。后胸腹板端部与两侧密被黄褐色长毛。后足转节具一短小齿突。

分布：宁夏、北京、河北、内蒙古、辽宁、吉林、黑龙江、四川、甘肃、青海；蒙古，中亚，俄罗斯。

4. 墨黑覆葬甲 *Nicrophorus morio* Gebler，1817

体长 23.0~28.0mm；头黑色，前唇基橘红色；触角端锤部分黑色。前胸背板光裸，前宽后窄，呈梯形，明显隆起，盘区被沟分为 6 个"肿块"。鞘翅盘区光裸，基部和端部各具橘红色色带；鞘翅色带前后缘深凹，缘折基部黑色小斑长形。

分布：宁夏、河北、内蒙古、甘肃、青海、新疆；蒙古，中亚。

5. 中国覆葬甲 *Nicrophorus sinensis* Ji，2012

体长 15.0~25.0mm；头黑色，额区无红斑；触角端锤部分基节黑色，末端 3 节暗棕色。前胸背板光裸，呈梯形，明显隆起，盘区被沟分为 6 个"肿块"。鞘翅基部斑纹宽带状。腹部各节端部具一排暗色长毛；臀板端部具一排黄褐色长毛。

分布：宁夏、北京、河北、四川。

6. 双斑冥葬甲 *Ptomascopus plagiantus*（Menetries，1854）

体长 15.0~25.0mm；体瘦长，梭形；头部、触角黑色。前胸背板黑色，呈梯形。鞘翅基部具一橘红色色带，较大，呈圆角矩形，可伸达鞘翅中部；鞘翅缘折橘红色，密被黄褐色短刚毛。

分布：宁夏、北京、天津、河北、内蒙古、辽宁、黑龙江、福建、江西、湖北、陕西、甘肃、青海、我国台湾；蒙古，中亚，俄罗斯。

7. 异亡葬甲 *Thanatophilus dispar*（Herbst，1793）

体长 7.0~12.0mm，体宽，黑色，无光泽。头部、触角黑色。前胸背板黑色，被浓密的灰褐色长毛，有时呈斑驳状被毛。鞘翅黑色，无光泽，具 3 条发达的肋。

分布：宁夏、青海、新疆；中亚。

（三）阎甲科 Histeridae

体小至中型，宽圆形，亮黑褐色或具金属光泽。下颚 2 叶。触角膝状，第 1 节较长，端 3、4 节棍棒状。鞘翅端部截形，常露出腹末 1、2 节。胫节宽扁，前足胫节外侧具刺或齿突，跗式 5-5-5 或 5-5-4。触角和足常缩藏于腹面槽中。

吉氏分阎虫 *Merohister jekeli*（Marseul，1857）

体长 7.0~9.5mm。短卵圆形，背方中度隆起，黑色，有光泽。触角棒色暗。前胸背板前角之后近侧线处有宽的凹陷区，其内散布粗大刻点；侧线明显而完整。鞘翅背线深，第 1~4 背线完整，第 5 背线及傍缝线为翅长的 1/3~1/2，后 2 条线有时断裂成刻点状。前臀板散布中等密的刻点；臀板隆起，刻点较小较密。前足胫节有齿 3~4 个，端齿由 2 个刺组成。

分布：宁夏、内蒙古、辽宁、福建；亚洲，欧洲。

（四）皮金龟科 Trogidae

体小到中型，长卵圆形、卵圆形，背面十分隆拱，腹面平坦或微隆。全体多一色，棕褐或黑褐，外观多粗糙晦暗污秽。头下口式或略向内收拢。触角 10 节，鳃片部 3 节，可合并。前胸背板常有左右对称的隆纹。小盾片显著，多呈三角形，有的呈箭簇形。鞘翅多有呈列瘤突及毛丛。臀板为鞘翅覆盖，可见腹板 5 节。足较短，跗节不发达，尤以前足跗节最细弱，每足有简单的爪 1 对。

祖氏皮金龟 *Trox zoufali* Balthasar，1931

体长 5.5~5.8mm。体狭长椭圆形，黑褐色。前胸背板短阔，均匀密布具毛圆浅刻点，前侧角锐而前伸，后侧角钝，侧缘略钝，最宽处在中点之后，侧后缘均匀列短弱片状毛，盘区隆拱，两侧较宽的上翘，中纵有前浅后略深的浅纵沟，沟侧后部各有 1 长圆浅凹。小盾片光滑，舌形。前足腿节扩大呈圆柱形。鞘翅刻点沟深显，沟间带宽，有成列毛丛。

分布：宁夏、山西；俄罗斯。

（五）粪金龟科 Geotrupidae

体中到大型，多呈椭圆、卵圆或半球形。头大，前口式，唇基大，上唇横阔，上颚大而突出，背面可见。触角 11 节，鳃片部 3 节。前胸背板大而横阔。小盾片发达。鞘翅多有深显纵沟纹，也有纵沟纹消失者。臀板不外露，体腹面多毛。腹部可见腹板 6 个。前足胫节扁大，外缘多齿至锯齿形，内缘 1 距发达；中足后足胫节外缘有 1~3 道横脊，各有端距 2 枚，跗节常较弱，爪成对简单。

1. 戴锤角粪金龟 *Bolbotrypes davidis* Fairmaire，1891

体长 8.0~13.3mm。短阔，背面圆隆，近半球形。体色黄褐至棕褐，头、胸着色略深，鞘翅光亮。头面刻点粗密，唇基近梯形，中心略前有 1 瘤状小凸，额上有 1 高隆墙状横脊，横脊顶端有 3 突，中突最高，雌虫横脊较阔较高。前胸背板布粗大刻点，周缘具边框，后侧圆弧形，后缘不整波浪形。鞘翅圆拱，缝肋阔，背面有 10 条深显刻点沟，外侧面有 5 条长短不一的刻点列。腹部密被绒毛。

分布：宁夏、河北、内蒙古、辽宁、吉林、黑龙江、河南、华东；越南。

2. 波笨粪金龟 *Lethrus potanini* Jakovlev，1889

体长约 16.0mm，较圆隆，深黑褐色，光泽弱。上颚发达，具致密刻点，内缘有 4~5 个小齿，左上颚外缘下面生 1 强直长角突，右上颚下面有疣突。前胸背板横宽，密布刻点和小突，背面中段有 1 条纵沟纹，边框明显，前侧角钝，后侧角圆。鞘翅圆隆，纵纹弱，有杂乱刻点和大小瘤突。前足胫节外缘有 7~8 枚齿突，中、后足胫节各有端距 2 枚，各足具爪 1 对。

分布：宁夏、山西、甘肃；蒙古。

（六）金龟科 Scarabaeidae

体小到大型，卵圆或椭圆形，背腹隆拱；体色多棕、褐至黑褐。口器位于唇基之下，背面不可见。触角 8~10 节，鳃片部 3~8 节组成，以 3 节者为最多。前胸背板常宽大于长，基部等或稍狭于鞘翅基部，中胸后侧片于背面不可见。小盾片显著，多呈三角形。鞘翅发达，常有 4 条可见纵肋，后翅多发达，少数后翅退化不能飞翔。臀板外露，不被鞘翅覆盖。前足胫节外缘有 1~3 齿，内缘多有距 1 枚，中足、后足胫节各有端距 2 枚，有基本相同的爪 1 对。

1. 神农洁蜣螂 *Catharsius molossus*（Linnaeus，1758）

体长 25.0~40.0mm；体宽阔，椭圆形，背面十分圆隆；黑色或黑褐色。雄性唇基后中部有 1 发达后弯角突，角突基部后侧有一对小突起。雄性前胸背板侧端向前延伸，呈大齿突。鞘翅有 7 条细纵线。前足胫节外缘具 3 齿。

分布：宁夏、河北、山西、江苏、浙江、安徽、福建、江西、山东、河南、湖北、湖南、广东、广西、四川、贵州、云南、西藏、陕西、我国台湾；阿富汗，东南亚各国，印度。

2. 臭蜣螂 *Copris ochus* Motschulsky，1861

体长 20.0~25.0mm；体宽阔，椭圆形，背面十分圆隆；黑色或黑褐色，体表光亮。雄性头部中部具一强大向后弧形弯曲的角突。雄性前胸背板中段隆起，具 1 对前伸的角突，侧缘各具尖齿突 1 枚。鞘翅有 7 条细纵线。前足胫节外缘具 3 齿。

分布：宁夏、北京、山西、内蒙古、辽宁、吉林、黑龙江、江苏、河南、广州；蒙古，日本，朝鲜，俄罗斯。

3. 墨侧裸蜣螂 *Gymnopleurus mopsus*（Pallas，1781）

体长 11.0~15.5mm。体黑色。头呈扇面形，与眼上刺突连接处屋脊形，前缘明显弧凹，头面密布细皱纹，前部散布大刻点，唇基后缘有弧形棱状脊。前胸背板侧缘扩出，前段有 5~8 个小齿，前侧角尖锐前伸，后侧角钝，后缘无边框。鞘翅狭长，8 条纵沟线间均匀布微小光滑瘤凸，侧缘在肩凸之后强烈内弯，腹侧裸露。前足腿节前缘下棱端部 1/4 处有 1 向外斜指的齿突；前足胫节外缘前部具 3 大齿，后部锯齿形。中足胫节有长大端距 1 枚。后足胫节四棱形，具端距 1 枚。

分布：宁夏、北京、内蒙古、辽宁、吉林、黑龙江、江苏、浙江、福建、江西、山东、河南、湖北、甘肃、新疆、我国台湾；朝鲜，蒙古，欧洲。

4. 双顶嗡蜣螂 *Onthophagus bivertex* Heyden，1887

体长 7.0mm。椭圆形，头、前胸背板黑色，腹面色稍浅，鞘翅最浅，光泽弱。唇基前缘微弯翘；雄虫头顶有斜上伸长、中央微向前弯的板状突，板突侧端向后上、向内弯斜延伸成角突；雌虫无板突，仅见额唇基缝略升呈横脊，头顶有 1 高锐横脊。前胸背板隆拱，密布粗糙刻点，多数刻点具短毛，前角呈锐角前伸，端钝，后侧角甚钝。鞘翅前阔后狭，刻点沟浅而明显。前足胫节外缘 4 齿，距发达端位，中、后足胫节端部喇叭形。

分布：宁夏、河北、山西、辽宁、福建、四川；朝鲜半岛，蒙古，日本，俄罗斯。

5. 小驼嗡蜣螂 Onthophagus gibbulus (Pallas, 1781)

体长 9.6~10.1mm。近长卵圆形，除鞘翅黄褐色外全部为黑色至棕褐色，散布黑褐小斑，具毛刻点。雄虫唇基前端高折翘，额唇基缝微隆呈弧形横脊，头顶向后上斜行延长形成的条板上端急剧收狭呈指状突，突端向后下弯指，侧观板突呈"S"形；雌虫头呈梯形，前缘近横直或略有中凹，有 2 条近平行的横脊。前胸背板横阔，雄虫隆拱，密布具短毛刻点，前中部有光亮倒"凸"形凹坑，雌虫隆拱较缓，近前缘中段有短矮横脊，脊端呈圆凸。鞘翅具 7 条浅阔刻点沟，沟间带疏布成列短毛。前足胫节外缘 4 大齿，近基处锯齿形，距发达端位，中、后足胫节端部喇叭形。

分布：宁夏、北京、山西、内蒙古、辽宁、吉林、黑龙江、新疆；蒙古，叙利亚，苏联，中亚。

6. 黑缘嗡蜣螂 Onthophagus marginalis Gebler, 1817

体长 7.5~8.0mm；头部、前胸背板、臀板黑色，鞘翅黄褐色，四周为不规则黑色条斑，翅面有斑驳黑斑。雄性头顶向后板形延伸，板端中央具小指形突。前胸背板隆拱，前部中央有 1 对小疣突。鞘翅有 7 条刻点沟。前足胫节外缘具 4 齿。

分布：宁夏、河北、内蒙古、山西、辽宁、吉林、黑龙江、西藏；俄罗斯，阿富汗，印度。

7. 中华嗡蜣螂 Onthophagus sinicus Zhan et Wang, 1997

体长 4.6~5.6mm。短阔椭圆形，背腹甚隆拱，体深棕褐至黑色，密布具棕褐毛刻点。唇基前缘弯翘，中段钝角凹缺，额唇基缝中段隆升成横脊，头顶复眼间有 1 条略波形（雄虫）或横直（雌虫）横脊。前胸背板近心形，密布刻点，后段有中纵沟，侧缘最阔点在中点之前，前侧角略呈直角前伸，后侧角极钝。鞘翅 7 条刻点沟明显。前足胫节外缘前 2/3 有 4 大齿，基齿最小，大齿间有微锯齿形小齿，基部 1/3 呈微锯齿形，内缘中段弧凹基部呈 1 大齿，端部有垂直小齿 2~4 枚；后足腿节扁阔，后缘钝角形扩出。

分布：宁夏、河北、山西、内蒙古、河南。

（七）蜉金龟科 Aphodiidae

体型小到中型，以小型者居多，体略呈半圆筒形，多褐至黑色。头前口式，唇基十分发达，与发达的刺突连成半圆形骨片。触角 9 节，鳃角部 3 节组成。前胸背板盖住中胸后侧片。小盾片发达。鞘翅多有刻点沟或纵沟线，臀板不外露。腹板可见 6 个腹板。足粗壮，前足胫节外缘多有 3 齿，中足、后足胫节均有端距 2 枚，各足有成对简单的爪。

黄缘蜉金龟 Aphodius sublimbatus Motschulsky, 1860

体长 4.5~6.5mm；体暗褐色，唇基、头部和前胸背板除边缘褐黄色，均为黑色或暗褐色。唇基前缘凹；触角 9 节。前胸背板宽大于长，前、后角近直角；小盾片长三角形，末端尖。鞘翅狭长，每鞘翅有 9 条刻点沟，具不清晰的暗褐色小斑。前足胫节外侧具 3 齿。

分布：宁夏及北方广布；朝鲜半岛，日本。

（八）红金龟科 Ochodaeidae

体小型，背面常较隆拱，体表多毛。头前口式，上颚发达，背面可见。触角 10 节，鳃片部 3 节。前胸背板短阔。小盾片发达。鞘翅常有 9 条刻点沟。臀板全为鞘翅盖住，腹部可见 6 个腹板。中足、后足各有端距 2 枚。腐食性类群，生活于动物尸体之中。成虫有趋光性。

锈红金龟 *Ochodaeus ferrugineus* Eschscholtz，1818

体长 6.6~8.0mm，近椭圆形，背面强烈隆起；锈褐色，密被淡黄褐色绒毛。前胸背板前侧角近直角，前伸。鞘翅有 9 条刻点沟。前足胫节外缘具 3 齿，基齿弱小，远离中齿，内缘距发达位于端部。

分布：宁夏、河北、内蒙古、山西、辽宁、吉林、黑龙江、河南。

（九）鳃金龟科 Melolonthidae

体小至大型，卵圆形或椭圆形。触角 8~10 节，鳃片部 3~8 节，以 3 节者居多。前胸背板宽大于长，与鞘翅基部等宽或略窄；中胸后侧片由背面不可见。小盾片三角形。鞘翅发达，常有 4 条纵肋；后翅发达，仅少数退化；腹部所有气门均位于腹板侧上部，唯末端 1 对气门外露。前足胫节外缘 1~3 齿，端距 1 枚，中、后足胫节各有 2 枚端距；爪 1 对，等长或大小不一，或仅有 1 枚爪。可见腹板 5 节，末 2 节外露。

1. 福婆鳃金龟 *Brahmina faldermanni* Kraatz，1892

体长 9.0~12.0mm。体长卵圆形，被毛，栗褐或淡褐，鞘翅色略浅。触角 10 节，雄虫鳃片部较长大，雌虫则短小。前胸背板密布大小浅圆具长毛刻点，侧缘钝角扩阔，锯齿形，齿刻中有长毛，前后侧角钝角。小盾片三角形，布竖毛刻点。鞘翅密布深大具毛刻点，纵肋 1 可辨。胸下被毛柔长，腹下密布具毛刻点。后足附节第 1 节略短于第 2 节，爪端部深裂，下支末端斜切。

分布：宁夏、河北、山西、内蒙古、黑龙江、辽宁、山东、河南、陕西、甘肃；蒙古，朝鲜，俄罗斯。

2. 小黑鳃金龟 *Holotrichia picea* Waterhouse，1875

体长 12.0~15.0mm；椭圆形，体黑褐色，具光泽，体表被灰白闪光粉。前胸背板侧缘钝锯齿状，齿间有毛。臀板短阔三角形。爪齿接近爪端分出。

分布：宁夏、河北、山西、辽宁、吉林、黑龙江、江西、湖北；蒙古，朝鲜半岛，俄罗斯。

3. 东方绢金龟 *Serica orientalis* Motschulsky，1857

体长 6.0~9.0mm。近卵圆形，体黑褐或棕褐色，体表较粗而晦暗，有微弱光泽。触角 9 节，少数 10 节，雄虫触角鳃片部长大。前胸背板短阔。鞘翅有 9 条刻点沟，沟间带微隆，散布刻点，缘折有成列纤毛。胸部腹板密被绒毛，腹部每腹板有 1 排毛。前足胫节外缘 2 齿；后足胫节布少数刻点，胫端 2 端距着生于跗节两侧。

分布：宁夏、河北、山西、内蒙古、辽宁、吉林、黑龙江、江苏、安徽、山东、河南、甘肃；蒙古，朝鲜，日本，俄罗斯。

4. 黑皱鳃金龟 *Trematodes tenebrioides* (Pallas，1781)

体长 13.0~18.0mm；体黑色，无光泽，被粗大皱纹状刻点。前胸背板横宽，侧缘锯齿状，具短列毛，中间具中纵线。小盾片横三角形。鞘翅卵圆形，基部窄于前胸背板。前臀节背板后部外露呈五角形。

分布：宁夏、河北、山西、辽宁、吉林、黑龙江、江苏、浙江、安徽、江西、山东、河南、陕西、我国台湾；日本，蒙古，俄罗斯。

（十）犀金龟科 Dynastidae

体大型至特大型种类；性二型现象明显，雄性的头部、前胸背板有强大的角突或突起或凹坑，雌性则简单或可见低突。上唇隐于唇基之下；上颚外露，由背面不可见。触角 10 节，鳃片部 3 节。前胸背板十分发达。前胸腹突柱形、三角形或舌形等。

阔胸禾犀金龟 *Pentodon mongonlicus* Motschulsky, 1849

体长 17.0~25.0mm。卵圆形，背面颇隆拱。体黑褐或赤褐色，光亮，腹面色浅。头阔大，唇基大梯形，布致密刻点，前缘平直，两端各呈一上翘齿突，侧缘斜直。额唇基缝明显，由侧向内微向后弯曲，中央有 1 对疣凸。触角 10 节。前胸背板十分圆拱，散布圆大刻点，前部及两侧刻点皱密；侧缘圆弧形，后缘无边框；前侧角近直角形，后侧角圆弧形。前足胫节扁宽，外缘 3 齿，基齿中齿间有 1 个小齿，基齿以下有 2~4 个小齿；后足胫节端缘有刺 17~24 枚。

分布：宁夏、河北、山西、内蒙古、吉林、辽宁、黑龙江、青海、甘肃；蒙古，俄罗斯。

（十一）丽金龟科 Rutelidae

体小至大型，卵圆形或椭圆形，背、腹面均隆起。多数种类色彩艳丽，有古铜、铜绿、墨绿、金绿等金属光泽，少数种类体色单调，呈棕、褐、黑、黄等色。触角 9~10节，以 9 节者居多，鳃叶 3 节。前胸背板横阔，基部宽于端部；小盾片显著，三角形。鞘翅缘折在肩后无缺刻。后胸后侧片及后足基节侧端不外露。臀板外露。足发达，中、后足胫节端距 2 枚，各足 1 对爪，其大小差异较大。腹部侧膜和腹板上各有气门 3 个。

中华弧丽金龟 *Popillia quadriguttata* (Fabricius, 1787)

体长 7.5~12.0mm。头、前胸背板、小盾片、胸、腹部腹面、3 对足均为青铜色，具金属光泽。鞘翅黄褐色，沿翅缝部分为绿或墨绿色。前胸背板隆起，密布小刻点，两侧中段具 1 小圆形凹陷，前侧角突出，侧缘在中点处呈弧状外扩，后段平直，后缘沟线与斜边等长，在中段向前呈弧形凹陷。鞘翅短宽，后方明显收窄，背面 6 条刻点沟近平行，第 2 刻点沟基部刻点散乱，后方不达翅端。臀板外露，基部有 2 个白色毛斑。腹部1~5 节侧面具白毛斑。前足胫节外缘 2 齿。

分布：宁夏、河北、山西、内蒙古、辽宁、吉林、黑龙江、河南；俄罗斯。

（十二）花金龟科 Cetoniidae

体中至大型，扁宽，体色艳丽，体壁坚硬，鞘翅多有精致花纹或粉层。头部唇基发达，前颊前方内凹，由此处可见触角基部。上颚扁小薄，被长毛，上唇隐于唇基之下。触角 10 节，鳃片部 3 节。前胸背板梯形或近于椭圆形；小盾片三角形。鞘翅前宽后窄，两侧在肩部后方各有 1 缺刻，由此处可见中胸后侧片；盘区 2 条纵脊。臀板发达，阔三角形。足粗短或瘦长，前足胫节外缘 1~3 齿，跗节多数 5 节，少数 4 节；爪成对，简单。

白星花金龟 *Protaetia brevitarsis*（Lewis，1879）

体长 18.0~22.0mm，狭长椭圆形，古铜色、铜黑色或铜绿色。前胸背板及鞘翅布有条形、波形、云状、点状白色绒斑，左右对称排列。唇基近六角形，前缘横直，弯翘，中段微弧凹，两侧隆棱近直，左右近平行。雄虫触角鳃片部长于其前 6 节长之和。前胸背板前狭后阔，前缘无边框，侧缘略呈"S"形弯曲，侧方密布斜波形或弧形刻纹，散布乳白绒斑。鞘翅侧缘前段内弯，表面绒斑较集中的可分为 6 团，团间散布小斑。臀板有绒斑 6 个。前胫节外缘 3 锐齿，内缘距端位。

分布：宁夏、辽宁、吉林、黑龙江、河北、山西、内蒙古、山东、河南、江苏、安徽、浙江、湖北、湖南、福建、我国台湾、四川、西藏、陕西、新疆；蒙古，朝鲜，日本，俄罗斯。

（十三）叩甲科 Elateridae

体小至大型，狭长，两侧平行；体色单一，灰暗或十分艳丽并具光泽，如灰暗则体表被细毛或鳞状毛并组成不同的花斑或条纹。头前口式，嵌入前胸较深；上唇显露，唇基不明显；触角 11~12 节，锯齿状、丝状或栉齿状，着生于在额脊下。前胸后侧角尖锐。鞘翅肩部凹，可接纳前胸背板后角。腹部有 5 个可见腹板。

1. 黑背重脊叩甲 *Chiagosnius dorsalis*（Candeze，1826）

体长 13.0~15.0mm；体狭长；背腹常呈暗褐至黑色，有时腹面呈棕黄至棕红色。触角黑色或棕黑色，第 3~10 节三角形，锯齿状，第 3 节最长。前胸背板长大于宽，表面相当隆凸，具中纵沟，两侧缘自中部向前下弯；后角长而尖，具重脊。鞘翅狭长，明显向末端收狭，背面刻点沟纹深，沟纹间隙具细刻点。

分布：宁夏、福建、陕西。

2. 宽背叩甲 *Selatosomus latus*（Fabricius，1801）

体长 9.5~13.0mm，粗短宽厚；体黑色，前胸和鞘翅带有青铜色或蓝色色调。触角暗褐色而短，端部达前胸背板基部，第 4 节起各节略呈锯齿状。前胸背板横宽，侧缘具有翻卷的边沿，向前呈圆形变狭，后角尖锐刺状，伸向斜后方。鞘翅宽，纵沟窄。足棕褐色，腿节粗壮。

分布：宁夏、内蒙古、黑龙江、新疆、中国中部；蒙古，西伯利亚，欧洲。

（十四）花萤科 Cantharidae

体小至中型，蓝、黑、黄色，体壁和鞘翅柔软，似萤火虫；头方形或长方形，大部分外露；上唇膜质，完全被唇基覆盖；触角 11 节，多为丝状，有的锯齿状或栉状；中足基节相近；腹部具 7 或 8 节可见腹板；前足亚基节显著，转节斜接于腿节上，中足基节相连，后足基节横宽；跗式 5-5-5，第 4 节膨大呈 2 叶状。腹部 7 或 8 节，灵活，无发光器。

黑点花萤 *Athemus vitellinus*（Kiesenwetter，1865）

体长 9.5~10.5mm。体背面、足黄色。复眼发达，黑色。触角丝状，11 节。鞘翅表面暗棕色，被黄短毛，末端截状。前足、中足爪的基部外侧具齿状突起，后足爪无齿突。

分布：宁夏、辽宁；日本。

（十五）皮蠹科 Dermestidae

体小，卵圆形与长卵形，暗色，密生鳞片与毛，多形成不同毛色的斑纹。触角短，11 节或 10 节。棒状与球杆状，休止时常收纳在前胸背板前部腹面两侧的触角窝内。复眼大，除皮蠹属外，有单眼 1 个，后翅发达适于飞翔。腹板 5 节。足短，腿节腹面具凹沟以纳胫节；胫节常具刺，跗节 5 节。

玫瑰皮蠹 *Dermestes dimidiatus* Steven, 1808

体长 7.0~10.5mm。体表黑色，前胸背板全部或绝大部分以及鞘翅基部 1/4 着生玫瑰色毛，鞘翅其余部分着生黑色毛。腹部腹板大部被白色毛，第 2~5 腹板前侧角及近后缘中央两侧各有 1 黑斑，第 5 腹板中部的 2 个大斑相互连接。雄虫第 4 腹板中央有 1 凹窝，由此发出 1 直立毛束。

分布：宁夏、黑龙江、西藏、甘肃、新疆、青海；蒙古，俄罗斯，欧洲。

（十六）郭公虫科 Cleridae

体小至中型，长而多毛，黑或红色。头三角形或长形，略呈下口式；上唇横短，下唇须长于下颚须，末节斧状；触角 11 节，多为棍棒状，少数为锯齿状或栉齿状。前胸背板常长大于宽，表面隆起，具凹注。鞘翅两侧平行，表面密布毛长，覆盖腹部末端。前、中足基节膨大，圆锥形，后足基节横形，跗式 5-5-5，1~4 节双叶状。腹部常可见 5 节，少数为 6 节。

中华食蜂郭公虫 *Trichodes sinae* Chevrolat, 1874

雄虫体长 10.0~14.0mm，雌虫 14.0~18.0mm，全体深蓝色具光泽，密被长毛。头宽短黑色，向下倾。触角丝状，很短，达前胸中部，赤褐色，末端数节粗大如棍棒，深褐色，末节尖端向内伸似桃形。前胸背板前缘较后缘宽，前缘与头后缘等长，后缘收缩似颈，窄于鞘翅。鞘翅狭长，似芫菁或天牛，鞘翅上具 3 条红色或黄色横行色斑。足蓝色，5 跗节。

分布：宁夏、河北、山西、内蒙古、辽宁、吉林、黑龙江、山东、湖南、四川、陕西、甘肃、青海；朝鲜。

（十七）瓢虫科 Coccinellidae

体形半圆或长圆形，似瓢。小至中型，色彩和斑纹多变化。头部大部分常被背板覆盖；触角 11 节，少数 7 节，锤状或短棒状。上颚端部 2 齿至多齿；下颚须末端多为斧状，少数平切或锥状。前胸背板横宽，窄于鞘翅，隆凸。鞘翅盖及腹端，缘折发达。足短，通常腿节不超出体缘；前足基节横形，基窝关闭；中、后足基节远离；跗式 4-4-4，第 2 节双叶状，第 3 节小，位于其间。腹部可见 5~6 个腹板，第 1 节较长，中部前缘伸向后足基节间。

1. 二星瓢虫 *Adalia bipunctata*（Linnaeus, 1758）

体长 4.0~6.0mm，体椭圆形，中度拱起。头和复眼黑色，在前面紧靠复眼内侧有 2 个半圆形黄斑。前胸背板黄色，中央有"M"形黑斑，有的前胸背板全黑色。前胸背板缘折和鞘翅黄色，足及胸、腹部腹面中央大部分黑色，周缘黄褐色。雄虫腹板第5节后缘平直，第6节后缘中央凹入，雌虫后缘则呈弧形外凸。

分布：宁夏、北京、河北、山西、内蒙古、吉林、黑龙江、江苏、浙江、安徽、福建、江西、山东、河南、广西、四川、贵州、云南、西藏、陕西、甘肃、青海、新疆；亚洲，欧洲，非洲，南美洲。

2. 红点唇瓢虫 *Chilocorus kuwanae* Silvestri，1909

体长3.5~4.5mm；体近于圆形，端部稍收窄，背面拱起。头部黑色，唇基前缘红棕色。前胸背板黑色；小盾片黑色。鞘翅黑色，在中央之前各有1个橙红色的小斑，长形或近于圆形横置，其宽度相当于鞘翅的2/7~4/7。各节胸腹板腹面黑色，中、后胸侧片黑至黑褐色，前胸背板缘折、鞘翅缘折亦为黑色。腹部各节红褐色，但第1节基部中央黑色。足黑色。

分布：宁夏、河北、辽宁、河南、福建、湖南、湖北、四川、云南、陕西、甘肃；朝鲜半岛，日本。

3. 黑缘红瓢虫 *Chilocorus rubidus* Hope，1831

体长5.2~7.0mm，体背面显著拱起。头部、口器及触角、胸、腹部红褐色；前胸背板及鞘翅周缘黑色，背面中央枣红色，小盾片黑色，前胸背板缘折和鞘翅缘折的外缘黑色，内缘红褐色。前胸背板侧缘平直，肩角及前角钝圆。

分布：宁夏、北京、河北、内蒙古、辽宁、吉林、黑龙江、江苏、浙江、福建、山东、河南、湖南、海南、四川、贵州、云南、西藏、陕西、甘肃；日本，朝鲜，印度，尼泊尔，印度尼西亚，俄罗斯，澳大利亚。

4. 七星瓢虫 *Coccinella septempunctata* Linnaeus，1758

体长5.0~8.0mm；卵圆形，瓢形拱起。鞘翅上共有黑色斑点7个。唇基前缘黄色，上颚外侧黄褐色至黑褐色。前胸背板缘折前侧缘角黄色，纵胸后侧片黄色，后胸后侧片黑色。

分布：宁夏、北京、河北、山西、内蒙古、东北、江苏、浙江、福建、江西、山东、河南、湖北、湖南、广东、四川、云南、西藏、陕西、甘肃、青海、新疆；古北区。

5. 横斑瓢虫 *Coccinella transversoguttata* Faldermann，1835

体长5.5~7.0mm；卵圆形，末端较尖，背面拱起。额斑较大与触角后突相连。前胸背板前缘有一窄横线，前角黄斑呈四边形，前胸背板缘折前端黄色，中胸后侧片黄白色。雄虫前足基节外侧白色。

分布：宁夏、四川、西藏、甘肃、青海、新疆；亚洲中部，俄罗斯，欧洲，北美洲。

6. 十一星瓢虫 *Coccinella undecimpunctata* Linnaeus，1758

体长4.0mm；卵圆形，中度拱起。头部的额斑不与复眼相连，也不与触角后突相连。前胸背板前角黄斑近似长三角形，且向后形成细窄黄纹，伸向后角。中胸腹板后侧片黄色，后胸后侧片为黑色。鞘翅上具有11个黑斑，小盾斑位于小盾片的后侧方，肩斑位于肩胛突上，亚肩斑位于肩斑之后而稍向外方，中斑位于鞘翅的中部而稍偏于鞘缝，亚端斑位于端部之前而稍近外缘，端斑位于端部之前稍近鞘缝，亚端斑稍前，它与端斑不位于同一水平线上。

分布：宁夏、河北、山西、安徽、山东、陕西、新疆；亚洲，欧洲，非洲北部。

7. 双七瓢虫 *Coccinula quatuordecimpustulata* (Linnaeus，1758)

体长 4.4~6.4mm；卵圆形。触角与口器淡黄褐色或灰淡黄褐色。前胸背板除前、侧缘、中线及后角黄白色外其余黄褐色。小盾片淡黄褐色。鞘翅淡黄褐色，有 14 个圆形白斑，呈 1-3-2-1 排列。小盾片侧斑接触鞘翅基缘，第 2 排外侧 1 斑接触侧缘。腹面除中、后胸腹板及腹部 2~3 节腹板中央黑色外，其余都是黄褐色。

分布：宁夏、北京、河北、内蒙古、山西、辽宁、吉林、黑龙江、浙江、江西、山东、河南、四川、陕西、甘肃、新疆、青海；日本，欧洲。

8. 异色瓢虫 *Harmonia axyridis* (Pallas，1773)

体长 4.5~8.0mm；椭圆形，弧度拱起，体背底色黄褐色或黑色。鞘翅基色由黄褐色和褐黑色两类，其上有不同大小、数目、形状以及位置变化的斑纹。鞘翅末端之前具横脊。雄虫头部唇基和上唇黄色或淡黄色。

分布：宁夏、北京、河北、山西、吉林、黑龙江、江苏、浙江、福建、江西、山东、河南、湖南、广东、广西、四川、云南、陕西、甘肃；朝鲜，蒙古，日本，俄罗斯（西伯利亚）。

9. 多异瓢虫 *Hippodamia variegata* (Goeze，1777)

体长 3.6~5.0mm；长卵形，扁平拱起。头前部黄白色，后部黑色，或前面有相连或融合的 2~4 个黑斑。前胸背板黄白色。鞘翅黄褐至红褐色，基缘各有黄白色分界不明显的横长斑；背面有 13 个黑斑，除小盾片下方鞘缝 1 黑斑外，各有 6 个黑斑。黑斑变异甚大，常相互连结或消失。腹面基本黑色。仅前足基节端部，中、后胸后侧片及前侧片末端为黄白色。

分布：宁夏、北京、天津、河北、内蒙古、山西、辽宁、吉林、江苏、浙江、安徽、福建、山东、河南、四川、云南、西藏、陕西、甘肃、青海、新疆；印度，非洲中部。

10. 白条菌瓢虫 *Macroilleis hauseri* (Mader，1930)

体长 5.0~7.0mm；宽卵圆形，背面隆起，浅褐色。头部乳白色，复眼黑色，口器，触角黄褐色。头大部被前胸背板所遮盖。前胸背板无斑纹。小盾片等边三角形，浅黄色。鞘翅有 4 条白色纵条纹，第 1 条宽，自肩角至端角，第 2 条自肩胛基缘下伸，在鞘翅 5/6 处与第 1 条斑连接，第 3 条自肩胛内侧基缘起沿中线内侧下伸，与第 4 条纹在鞘翅 7/8 处端角部分相汇合，不达端角。腹面中部褐至黄褐色，足黄褐色。

分布：宁夏、福建、河南、湖北、湖南、广西、海南、四川、贵州、云南、西藏、陕西、甘肃、我国台湾；不丹。

11. 龟纹瓢虫 *Propylea japonica* (Thunberg，1781)

体长 3.6~4.7mm；卵圆形，弧拱，表面光滑；基色黄色而带有黑色斑纹。头部雄虫前额黄色，基部在前胸背板下为黑色。前胸背板及鞘翅缘折黄色。鞘翅斑纹常有变异，有时肩斑与 1/3 处横长方形斑相连，侧斑与 2/3 处横梭斑相连或各斑相互连接以致鞘翅全为黑色。腹面胸部各腹板雌虫黑色，雌虫前、中胸腹板中部黄褐色，中、后胸腹板后侧片白色。腹部腹板中部黑色而边缘黄褐色。

分布：宁夏、北京、河北、内蒙古、辽宁、吉林、黑龙江、上海、江苏、浙江、江西、福建、山东、河南、湖北、湖南、广东、广西、海南、四川、贵州、云南、陕西、甘肃、新疆、我国台湾；日本，朝鲜，印度，俄罗斯（西伯利亚），意大利。

（十八）拟步甲科 Tenebrionidae

体形变化大，通常暗黑或棕色，暗淡或具金属光泽。触角常丝状，着生在头盾下前方，至少触角柄节的基部由背面看不到，前颊伸达复眼前缘、中部或将眼完全切断。鞘翅大多有 9~10 条纵条纹，一般有小盾片线；后翅有或退化，异脉序。跗节常见 5-5-4 式；跗节正常，少数有叶状节；跗爪简单，少数有齿突。腹部第 1~3 节愈合，第 4~5 节可动。

1. 显带圆鳖甲 *Scytosoma fascia* Ren et Zheng, 1993

体长 7.5~9.5mm，卵圆形；体背面黑色，腹面棕红色，触角、足和口须棕色，无光泽。触角伸达前胸背板基部，第 8~10 节内侧锯齿状。前胸背板横阔，侧缘圆弧形，盘区隆起。鞘翅长卵性，中缝两侧各有 4 条黄白色纵毛带。

分布：宁夏。

2. 暗色圆鳖甲 *Scytosoma opaca* (Reitter, 1889)

体长 8.5~10.0mm；体长卵形，黑色，无光泽。触角长达前胸背板基部，内侧锯齿状。前胸背板宽大于长，前角直、后角圆钝角状，刻点稠密。鞘翅基部强烈弯曲，肩角直立，背面具稠密小颗粒；腹板基部 3 节两侧各具 1 凹坑。

分布：宁夏、北京、山西、河北、内蒙古。

3. 弯胫东鳖甲 *Anatolica pandaroides* Reitter, 1889

体长 11.0~13.0mm。体细长，黑色，光亮。触角长达前胸背板基部，末节长卵形。前胸背板横阔；前缘稍弧凹，饰边中断；侧缘宽弧形，端 1/3 处最宽，饰边细；前角圆直，后角近直角形；盘平坦，长卵形刻点稠密。鞘翅长卵形；基部宽凹，饰边达到小盾片；肩角短齿状前伸；侧缘弱弧形，缘折光滑；翅背平坦，密被粗浅刻点，2 条纵脊很扁。

分布：宁夏、内蒙古、甘肃。

4. 类沙土甲 *Opatrum subaratum* Faldermann, 1835

体长 6.5~9.0mm。椭圆形，黑色，略有锈红色，无光泽，触角、口须和足锈红色，腹部暗褐色略有光泽。前胸背板宽大于长 2 倍以上，两侧圆，前角更圆，基部较收缩。鞘翅每行有 5~8 个瘤突组成，行纹较明显。前足胫节端外齿窄而突出，其前缘宽度是前足跗节前面 4 节长度之和，外缘无明显锯齿。

分布：宁夏、河北、河南、东北、华东；哈萨克斯坦，蒙古，俄罗斯。

5. 弯齿琵甲 *Blaps femoralis femoralis* Fischer-Waldheim, 1844

体长 16.0~22.0mm。黑色，无光泽或有弱光泽。前胸背板方形；前缘深凹和无边；侧缘基半部直，端半部收缩；基部较直；前角圆，后角直角形。前胸侧板有纵皱纹；鞘翅侧缘长圆弧形，背面密布扁平横皱纹。前足腿节下侧端部有发达的钩状齿。雄性腹部在第 1、第 2 节间有锈红色刚毛刷。

分布：宁夏、河北、山西、内蒙古、陕西、甘肃；蒙古。

6. 条纹琵甲 *Blaps potanini* Reitter, 1889

体长 16.0~23.0mm。体卵形，扁长，黑色有弱光泽。前胸背板近于方形；前缘凹陷，侧缘向前收缩，基部有弱弯；盘区四周较低陷，有稠密粗刻点和小粒点，盘区光滑，隆起，基部之前呈横沟状。鞘翅宽卵形，背面有刻点行，边缘有深刻点和小粒点，翅坡有 6 条纵隆线。雄性翅尾较长，第 1 腹节前缘中部有明显横皱纹。

分布：宁夏、内蒙古、西藏、甘肃、青海。

7. 皱纹琵甲 *Blaps rugosa* Gebler, 1825

体长 15.0~22.0mm；体宽卵形，黑色有弱光泽。前胸背板长方形，有稠密深点；前缘凹陷，近两侧有饰边；侧缘前端端部收缩，中后部近于平行；前角钝，后角向后略突出。小盾片三角形，密被黄白色毛。鞘翅有明显横皱纹，两侧及端部有颗粒；翅坡处陡降。雄性翅尾很短，雌性无。

分布：宁夏、河北、山西、内蒙古、陕西、甘肃；蒙古，俄罗斯。

8. 克氏侧琵甲 *Prosodes kreitneri* Frivaldszky, 1889

体长 23.0~27.5mm；体黑色，狭长，背面无光泽，体下有弱光泽；触角栗褐色，口须、胫节端距和腹部中间发红。前胸背板横宽，最宽处位于中部之前，宽于鞘翅；侧缘圆弧形，外缘翘起；盘区有均匀长圆形刻点，侧缘后半部宽扁地翘起。鞘翅两侧直，中部最宽，端部强烈弯下；背面布锉纹状小粒和扁平皱纹。

分布：宁夏、北京、山西、河北、陕西、甘肃。

9. 波氏栉甲 *Cteniopinus potanini* Heyd, 1889

体长 11.0~13.0mm；体窄长。前胸背板、鞘翅及足黄色或黄绿色，其余褐色至黑色。前胸背板近梯形，端缘与基缘具饰边，侧缘近基部饰边可见，基缘具微弱二弯；盘区拱起，密布黄毛和细刻点。鞘翅窄长，盘区密布伏毛，行间扁拱。足基节、转节黑色，腿节、胫节黄色，跗节色稍深，密被深色毛。第 5 腹板具三角形凹，肛节侧板具毛丛，中部具宽凹。

分布：宁夏、河北、东北、河南、四川、陕西、甘肃；朝鲜，俄罗斯。

10. 淡红毛隐甲 *Crypticus rufipes* Gebler, 1830

体长 3.7~5.5mm；长卵形，棕褐色，覆黄灰色毛。触角长度不超过前胸基部。前胸背板宽大于长，强烈拱起；前缘向前弧形突出并具饰边，侧缘圆弧形弯曲，基部近直；前角钝，后角直；盘区密布粗圆刻点，侧区刻点渐变长。鞘翅三角形，翅长大于宽；背面较平，密布横皱纹；侧缘弯曲，基部略收缩，背面可见 6 条脊。后翅外缘有 1 黄褐色卵形斑。

分布：宁夏、内蒙古、陕西；蒙古。

11. 红翅伪叶甲 *Lagria rufipennis* Marseul, 1876

体长 6.0~7.5mm；细长，具光泽，头及前胸漆黑色，中、后胸、腹部，中胸小盾片、触角和足黑褐色，鞘翅褐黄色，密被长绒毛，头和胸部绒毛更长，竖立。头宽于前胸背板。前胸背板长宽相等，光亮，具稀疏细刻点；基部两侧收狭，端部较强烈地向末端收狭，后缘宽而突出。鞘翅密布大刻点，向末端渐浅，缘折完整，末端短圆形。

分布：宁夏、北京、陕西、重庆、四川；日本，俄罗斯。

12. 郝氏刺甲 *Platyscelis hauseri* Reitter, 1899

体长 10.0~12.0mm；黑色，无光泽。前胸背板横宽、基部最宽，向前很强地弯缩；后角直角，前角钝角；前缘直，后缘中间直。鞘翅短卵形，扁阔，基部略比前胸背板宽，向后扩大，中间最宽，侧缘饰边宽；背面脊不明显，行间拱起。前足胫节外缘直，端部直角形，下侧凹陷，内侧稍直。中足胫节外缘圆，内缘扁，后足胫节直。

分布：宁夏、甘肃、青海、新疆。

（十九）芫菁科 Meloidae

中至大型，圆筒形或粗短甲虫，黑色、红色或绿色等。头下口式，宽过前胸板，后头急剧缢缩。触角丝状、棒状或念珠状，第 2 性征明显。前胸背板比鞘翅基部窄，通常端部最窄。鞘翅屋脊状，柔软，完整或短缩，缘折小。跗式 5-5-4，爪分裂，具齿或刺。腹部可见腹板 6 节，缝完整。

1. 大头豆芫菁 *Epicauta megalocephala* Gebler, 1817

体长 6.0~13.0mm；雄性体黑色，头黑色，额部中央具长圆形小红斑，触角基部节一侧，唇基前缘和上唇中央暗红色。额部、复眼周围、唇基、下鄂须、触角基部节腹面、前胸背板两侧、后缘和中央纵沟两侧、鞘翅侧缘、端缘、中缝和中央纵纹，头和体腹面除后胸和腹部中央外均密被白短毛，其中鞘翅中央纵纹平直，长达 1/6 末端处。

分布：宁夏、北京、河北、山西、内蒙古、辽宁、吉林、黑龙江、河南、四川、陕西、甘肃、青海、新疆；哈萨克斯坦，俄罗斯远东，韩国，蒙古。

2. 暗头豆芫菁 *Epicauta obscurocephala* Reitter, 1905

体长 11.5~17.0mm；体黑色。头部额中央有 1 条红色纵纹，额至头顶的中央有 1 条白色毛纵纹。前胸背板中央和鞘翅中央各有 1 条白毛纵纹，背板两侧、沿鞘翅侧缘、端缘和中缝、体腹面和足均密被白毛。触角丝状，第 1 节的一侧红色。雄虫后胸腹面中央有 1 个椭圆形光滑无毛的凹洼，各腹节腹板中部也稍凹，光滑无毛，雌虫无上述特征，体腹面全被毛。

分布：宁夏、北京、天津、河北、山西、内蒙古、辽宁、吉林、上海、江苏、浙江、安徽、江西、山东、河南、湖北。

3. 西北豆芫菁 *Epicauta sibirica*（Pallas, 1773）

体长 12.5~19.0mm；体和足黑色，头红色，在复眼的内侧和后方有时为黑色。鞘翅侧缘和端缘有时镶有窄白毛，前足除跗节外被白毛。头部刻点细密，触角基部各有 1 个光亮大黑瘤。雄虫触角 4~9 节成栉齿状，第 4 节宽最多为其长的 2 倍，雌虫触角丝状。前胸长宽略等，两侧平行，前端收狭；背板密布细小刻点和细短黑毛，中央有 1 条纵凹纹，后缘之前有 1 个三角形凹洼。鞘翅基部与端部约等宽，密布细小刻点和微细黑毛。

分布：宁夏、北京、河北、山西、内蒙古、辽宁、吉林、黑龙江、江苏、浙江、江西、河南、湖北、湖南、广东、四川、云南、陕西、甘肃、青海、新疆；哈萨克斯坦，蒙古，日本，西伯利亚。

4. 绿芫菁 *Lytta caraganae* Pallas, 1781

体长 11.5~16.5mm；体金属绿或蓝绿色，鞘翅具铜色或铜红色光泽。体背光亮无毛，腹面胸部和足毛细短。头部额中央有 1 个橙红色小斑。前胸宽短，前角隆突，背板光滑，刻点细小稀疏，在前端 1/3 处中间有 1 个圆凹洼，后缘中间的前面有 1 个横凹洼，后缘稍呈波形弯曲。鞘翅具细小刻点和细皱纹。

分布：宁夏、北京、河北、山西、内蒙古、辽宁、吉林、黑龙江、上海、江苏、浙江、安徽、江西、山东、河南、湖北、湖南、陕西、甘肃、青海、新疆；朝鲜，俄罗斯远东，蒙古，日本。

5. 绿边绿芫菁 *Lytta suturella* (Motschulsky, 1860)

体长 13.0~28.0mm；体蓝或绿色，具金属光泽。前胸背板近倒梯形，几乎无刻点，散布黄色短毛。前胸背板中央具 1 浅纵凹，纵凹与前角间各具 1 圆形凹洼，纵凹后部与前胸背板后缘之间具三角形凹陷。小盾片三角形。鞘翅绿色具红黄色条带，条带宽而长，几乎扩展至整个鞘翅。

分布：宁夏、河北、山西、内蒙古、辽宁、上海、江苏、河南、广西、贵州、青海、新疆；俄罗斯远东，韩国，日本，塔吉克斯坦。

6. 圆胸短翅芫菁 *Meloe corvinus* Marseul, 1877

体长 10.0~15.5mm；体黑青色。头部方形，表面有很多粗刻点，两颊近平行。前胸背板窄于头，宽大于长，侧缘呈较强的圆形，盘区密布粗刻点后缘中央有一近三角形压痕，压痕刻点稀疏。鞘翅略有橘红色，表面有很多较强不规则皱纹。

分布：宁夏、河北、内蒙古、辽宁、吉林、黑龙江、河南；俄罗斯远东，韩国，日本。

7. 曲角短翅芫菁 *Meloe proscarabaeus proscarabaeus* Linnaeus, 1758

体长 12.0~42.0mm，体黑色，无光泽。触角第 7 节基部呈锐角向内凹处向端部逐渐膨大。前胸背板窄于头，长大于宽，距端部 1/6 处最宽，向端部逐渐变宽，前角钝，侧缘近平行与基部相连，后角直，基部略内凹，盘区粗糙有很多大刻点。鞘翅翅基略大于前胸背板基部，表面有很多纵向皱纹。

分布：宁夏、内蒙古、辽宁、黑龙江、安徽、浙江、湖北、四川、西藏、甘肃、青海、新疆；蒙古，朝鲜，韩国，吉尔吉斯斯坦，哈萨克斯坦，塔吉克斯坦，土库曼斯坦，乌兹别克斯坦，伊朗，以色列，约旦，黎巴嫩，叙利亚，阿塞拜疆，乌克兰，欧洲。

8. 苹斑芫菁 *Mylabris calida* Pallas, 1782

体长 11.0~23.0mm；头、前胸和足黑色，鞘翅淡棕色，具黑斑。头密布刻点，中央有 2 个红色小圆斑。触角短棒状。前胸背板长稍大于宽，两侧平行，前端 1/3 向前收狭，背板密布小刻点；盘区中央和后缘之前各有 1 个圆凹洼。鞘翅具细皱纹，基部疏布有黑长毛，在基部约 1/4 处有 1 对黑圆斑，中部和端部 1/4 处各有 1 个横斑，有时端部横斑分裂为 2 个斑。

分布：宁夏、河北、山西、内蒙古、辽宁、吉林、黑龙江、江苏、山东、河南、湖北、陕西、甘肃、新疆；俄罗斯，朝鲜，韩国，蒙古，亚洲中西部，欧洲东南部，北非。

9. 西北斑芫菁 *Mylabris sibirica* Fischer von Waldheim，1823

体长 7.5~15.5mm；体黑色，光亮，密布粗大刻点和黑长毛；鞘翅黑色具黄斑，黄斑大小多变。前胸背板长宽近等，基部 1/4 处最宽，向端部和基部渐收缩，端部窄于基部，沿中线有 1 圆凹，基部中间 1 椭圆形凹。鞘翅黑色，密布黑长毛，斑纹多变。

分布：宁夏、河北、内蒙古、甘肃、新疆；俄罗斯，哈萨克斯坦，吉尔吉斯斯坦，土耳其，乌克兰。

10. 小斑芫菁 *Mylabris splendidula*（Pallas，1781）

体长 7.5~12.5mm；身体及鞘翅黑色部分具弱蓝绿色金属光泽。额微凹，刻点不均匀，无红斑；颊前缘及唇舌棕红色；唇基密布粗大浅刻点，被黑毛。鞘翅黑色具黄斑，斑纹基部和中部各具 1 圆斑，近端部 1 横纹，基斑和中斑有时相连。

分布：宁夏、河北、山西、内蒙古、四川、陕西、甘肃、青海、新疆；蒙古，俄罗斯，哈萨克斯坦，吉尔吉斯斯坦。

11. 横纹沟芫菁 *Hycleus solonicus*（Pallas，1782）　宁夏新纪录

体长 16.0~19.0mm；体长柱形，微隆，黑色略具光泽，被黑毛。鞘翅黄色，密布皱褶和刻点，肩部隆起，具 1 纵长黑斑并沿翅基伸达小盾片之侧，与之并排具 1 小卵圆形斑，中部具 1 弯曲横斑，有时缩短，近端部 1 大斑伸至翅缘，端缘黑色。

分布：宁夏、辽宁、黑龙江；蒙古，朝鲜，俄罗斯。

（二十）蚁形甲科 Antihicidae

小型昆虫，体型似蚂蚁，前口式或下口式；颈部常缢缩，触角 11 节，丝状；鞘翅多细长，盖住腹部，但一些类群鞘翅短小，腹部大部分裸露，端缘圆形或凹切；腹部可见 5 或 6 节；中胸常有发音器。

一角甲 *Notoxus monoceros*（Linnaeus，1760）

体长 4.0~5.3mm。头、前胸背板及身体腹面红黄色，鞘翅淡黄色并具暗色斑。前胸背板明显窄于鞘翅基部，向前方延伸成 1 角状突。鞘翅遮盖腹末，暗色斑纹多变，每鞘翅在近小盾片处和肩胛后各有 1 黑斑，在鞘翅端部 1/3 处又有 1 横带，该横带内端沿翅缝向基部方向伸展，有时与近小盾片处的黑斑融为一体。

分布：宁夏、北京、河北、内蒙古、黑龙江、陕西、新疆；日本，欧洲。

（二十一）天牛科 Cerambycidae

中至大型，长形，前口式或下口式。复眼发达，常肾形，呈上下两叶，包围触角基部。触角着生在额瘤上（触角基瘤），常 11 节，丝状，长于体或较短，能向后置于背上。前胸背板侧缘具侧刺突或侧瘤突，盘区隆突或具皱纹。鞘翅多细长，盖住腹部，但一些类群鞘翅短小。腹部大部分裸露，端缘圆形或凹切；腹部可见 5 或 6 节；中胸常有发音器。

1. 苜蓿多节天牛 *Agapanthia amurensis* Kraatz，1879

体长 14.0~21.0mm。体金属深蓝或紫罗兰色，头、胸及腹部近于黑蓝色。触角黑色，自第 3 节起的以下各节基部被淡灰色绒毛；柄节向端部逐渐膨大，柄节及第 3 节端

部有刷状毛簇，有时柄节端部仅下沿具浓密长毛，基部 6 节下沿有稀少细长缨毛。前胸背板长宽近相等，两侧中部稍膨大。头、胸密布具长毛粗深刻点。鞘翅密布刻点，有黑色半直立毛。

分布：宁夏、河北、内蒙古、辽宁、黑龙江、吉林、江苏、浙江、福建、江西、山东、湖南、四川、陕西、甘肃、新疆；日本，朝鲜，蒙古，俄罗斯（西伯利亚）。

2. 光肩星天牛 *Anoplophora glabripennis*（Motschulsky，1853）

体长 17.5~38.0mm。体色漆黑，具金属光泽。前胸背板无毛斑，中瘤不显突，侧刺突较尖锐，不弯曲。鞘翅基部光滑，无瘤状颗粒；翅面刻点较密，有微细皱纹，无直立毛，肩部刻点较粗大；鞘翅面白色毛斑大小及排列不规则，且有时较不清楚。中胸腹面瘤突较粗不发达。足及腹面黑色，常密生蓝白色绒毛。

分布：宁夏、河北、山西、内蒙古、辽宁、吉林、黑龙江、江苏、浙江、安徽、福建、江西、山东、河南、湖北、湖南、广西、四川、贵州、云南、西藏、陕西、甘肃；蒙古，朝鲜，日本，俄罗斯。

3. 大牙锯天牛 *Dorysthenes paradoxus*（Faldermann，1833）

体长 33.0~42.0mm。体宽大，略呈圆筒形，棕栗色到黑褐色。触角与足红棕色。触角基瘤较宽，额前端有横凹陷。触角 12 节，雄虫第 3~10 节外端角较尖锐。前胸背板近方形，侧缘有 2 齿，前胸两侧刻点较粗，中央有瘤状突起和 1 细浅纵沟。小盾片舌形。鞘翅基部宽，向后渐狭，翅面密布皱纹，每翅有 2~3 条纵隆线，翅周缘微向上翻。

分布：宁夏、河北、山西、内蒙古、辽宁、浙江、安徽、江西、陕西、山东、河南、四川、甘肃、青海；俄罗斯，欧洲。

（二十二）叶甲科 Chrysomelidae

小至中型，长形或椭圆形，体色鲜艳或有金属光泽。头部外露，亚前口式或下口式；唇基不与额愈合，上颚具臼叶，下颚外颚叶分节。触角常 11 节，少数有 9 或 10 节者，丝状、锯齿状，很少栉状。鞘翅盖住腹末或短缩。足较长，前足基节横形或锥形，腿节粗长，跗节拟 4 节，第 4 节极小。腹部背面可见 7 节，腹板可见 5 节。

1. 胡枝子克萤叶甲 *Cneorane violaceipennis*（Allard，1889）

体长 5.5~8.5mm；头部、前胸、中胸腹板、后胸腹侧片及足棕黄色。鞘翅绿色、蓝色或蓝紫色。前胸背板宽大于长，两侧弧圆，基部较平直。小盾片舌形。鞘翅被密刻点。雄性腹部末节顶端中央色淡。

分布：宁夏、河北、山西、辽宁、吉林、黑龙江、江苏、浙江、安徽、福建、江西、山东、河南、湖北、湖南、广东、广西、四川、陕西、甘肃；俄罗斯（西伯利亚），朝鲜。

2. 蒿金叶甲 *Chrysolina aurichalcea*（Mannerheim，1825）

体长 6.0~9.5mm。体背面青铜色或蓝色，有时紫蓝色，腹面蓝色或紫色。触角第 1、第 2 节端部和腹面棕黄。前胸背板横宽，表面刻点深密；侧缘基部近于直形，前角向前凸出，后缘中部向后拱出；盘区两侧隆起，隆内纵行凹陷。小盾片三角形，有 2、3 粒刻点。鞘翅刻点较前胸背板的粗深，排列不规则，粗刻点间有细刻点。

分布：宁夏、黑龙江、河北、河南、陕西、甘肃、新疆、湖北、浙江、福建、我国台湾、湖南、广西、贵州、四川、云南；俄罗斯，日本，蒙古，越南，欧洲中部。

3. 薄荷金叶甲 *Chrysolina exanthematica*（Wiedemann，1821）

体长 6.5~11.0mm；体背面黑色或蓝黑色，略具青铜色光泽，腹面紫蓝色。触角黑色，基部光亮，紫蓝色。前胸背板近侧缘具纵隆起，前角凸出近圆形。鞘翅刻点密，每个鞘翅有 5 行无刻点的光亮圆盘状突起。

分布：宁夏、河北、辽宁、吉林、黑龙江、江苏、浙江、安徽、福建、江西、河南、湖北、湖南、广东、广西、四川、贵州、云南、青海；朝鲜，俄罗斯（西伯利亚），日本，印度。

寄主：艾蒿属、薄荷。

4. 杨叶甲 *Chrysomela populi*（Linnaeus，1758）

体长 8.0~12.5mm；长椭圆形。头、前胸背板蓝色或蓝黑色，具铜绿光泽。鞘翅棕红色，中缝顶端有 1 黑斑。腹面黑色至蓝黑色，腹部末 3 节两侧棕黄色。前胸背板宽约为长的 2 倍，前角突出。鞘翅刻点粗密，外侧边缘具 1 行刻点。

分布：宁夏、北京、河北、山西、内蒙古、辽宁、吉林、黑龙江、江苏、浙江、安徽、福建、江西、山东、河南、湖北、湖南、广西、四川、贵州、云南、西藏、陕西、甘肃、青海、新疆；俄罗斯（西伯利亚），朝鲜，日本，印度，亚洲，欧洲，非洲北部。

5. 柳十八斑叶甲 *Chrysomela salicivorax*（Fairmaire，1888）

体长 7.0~9.5mm；头部、前胸背板中部、小盾片、腹面青铜色。触角基部棕黄色，末端 5 节黑色。前胸背板两侧、腹部两侧棕黄色。鞘翅棕黄色或草黄色，每翅面具 9 个青铜色斑，中缝黑蓝色。足棕黄色，腿节端半部蓝黑色。

分布：宁夏、北京、河北、辽宁、吉林、黑龙江、安徽、浙江、江西、山东、湖北、湖南、四川、贵州、云南、陕西、甘肃；朝鲜。

6. 萹蓄齿胫叶甲 *Gastrophysa polygoni*（Linnaeus，1758）

体长近 5.0mm；头、鞘翅和腹面蓝紫色，有金属光泽；前胸背板、腹部末节、足、触角基部棕红色；触角端部、足跗节端部黑色。前胸背板隆起，侧缘略弧形。鞘翅刻点粗密，具网状细纹。

分布：宁夏、北京、天津、河北、内蒙古、辽宁、黑龙江、甘肃、新疆；朝鲜，俄罗斯，西亚，欧洲，北美。

7. 双斑长跗萤叶甲 *Monolepta hieroglyphica*（Motschulsky，1858）

体长 3.5~5.0mm；长卵形，棕黄色具光泽。触角 11 节，丝状，端部色黑。前胸背板宽大于长，表面隆起，密布很多细小刻点。小盾片黑色呈三角形。鞘翅基半部具 1 近圆形淡色斑，周缘黑色，斑后缘黑色部分常向后突伸成角状，两翅后端合为圆形。后足胫节端部具 1 长刺。腹末端外露。

分布：宁夏、河北、辽宁、吉林、黑龙江、山东、河南、江苏、广东、广西、四川、云南、甘肃；日本，俄罗斯，越南，菲律宾。

8. 阔胫萤叶甲 *Pallasiola absinthii*（Pallas，1771）

体长 6.5~7.5mm；长形，全体被毛，黄褐色。头的后半部、触角、小盾片和鞘翅缝黑色。前胸背板宽约为长的 2 倍，中央为一黑色横斑。鞘翅肩角瘤状凸起，每翅具 3 条纵脊，脊呈黑色。足多为黄褐色，腿节、胫节端部及跗节黑色。

分布：宁夏、河北、山西、内蒙古、辽宁、吉林、黑龙江、四川、云南、西藏、陕西、甘肃、新疆；蒙古，俄罗斯（西伯利亚）。

9. 黄直条菜跳甲 *Phyllotreta rectilineata* (Chen, 1939)

体长 1.5~2.5mm；黑色具光泽。触角基部 3 节及各足跗节均为红褐色。鞘翅中央黄色纵纹带斑直，仅外侧稍有弯曲，其前端伸至鞘翅基缘。鞘翅刻点粗而深，排列整齐。

分布：宁夏、江苏、浙江、湖南、广东、广西、海南、云南；越南。

寄主：十字花科蔬菜。

10. 黄曲条菜跳甲 *Phyllotreta striolata* (Fabricius, 1801)

体长 1.5~2.5mm；黑色具光泽。触角基部 3 节及足跗节均为红褐色。鞘翅中央黄色纵条外侧凹入明显，内侧中部直，仅前后两端向内弯曲。鞘翅刻点较细，成行排列。

分布：宁夏、全国；朝鲜，日本，越南。

11. 蓟跳甲 *Altica cirsicola* (Ohno, 1960)

体长约 4.0mm；长卵形；金绿色，有光泽。触角、足和腹面色较暗；上唇黑色，上颚端部棕红色。触角向后可伸达鞘翅中部。前胸背板基前横沟中部直，盘区拱隆，具细网纹，刻点细而密。鞘翅刻点粗密，较深，表面具粒状细纹。

分布：宁夏、河北、山西、内蒙古、黑龙江、吉林、辽宁、山东、安徽、湖北、湖南、福建、四川、贵州、云南、甘肃、青海、新疆。

12. 柳圆叶甲 *Plagiodera versicolora* (Laicharting, 1781)

体长 4.0~4.5mm；体卵圆形，背面很拱隆；深蓝色，有金属光泽。头、胸色泽较暗。触角黑色，基部 5 节棕红色。前胸背板宽约为长的 3 倍，侧缘向前收狭，前缘明显凹进，后缘中部向后拱弧。小盾片黑色，光滑。鞘翅刻点较胸部的粗密而深，肩后外侧有 1 个纵凹，外缘隆脊上有 1 行稀疏刻点，排列规则。腹面黑色。跗节多少带棕黄色。

分布：宁夏、河北、山西、内蒙古、辽宁、吉林、黑龙江、江苏、浙江、安徽、福建、江西、陕西、甘肃、山东、河南、湖北、湖南、四川、贵州、我国台湾；日本，俄罗斯（西伯利亚），印度，欧洲，非洲北部。

13. 榆绿毛萤叶甲 *Pyrrhalta aenescens* (Fairmaire, 1878)

体长 7.7~9.0mm。体长形，全身被毛。橘黄至黄褐色，头顶具 1 个黑斑。前胸背板宽大于长，具 3 个黑斑，盘区中央具宽浅纵沟，两侧各 1 近圆形深凹，刻点细密。小盾片近方形。鞘翅绿色，两侧近平行，翅面具不规则的纵隆线，刻点极密。

分布：宁夏、河北、山西、内蒙古、辽宁、吉林、黑龙江、山东、河南、江苏、甘肃；蒙古，日本，俄罗斯。

寄主：十字花科蔬菜、甜菜、葫芦科。

（二十三）肖叶甲科 Eumolpidae

小至中型，圆柱形、卵形、长方形等，体色多样，多具金属光泽，体表光滑。头下口式，大部分嵌入前胸内；复眼圆形或内缘凹；触角基部远离，11 节，丝状、锯齿状或棒状。胸部两侧具或不具边缘。鞘翅长过腹部或臀板外露，缘折发达，并在肩胛下鼓出。足一般细长，腿节较粗大，胫节细长，跗节拟4节，爪简单或具齿，纵裂。可见腹板5节。

1. 中华萝藦肖叶甲 *Chrysochus chinensis*（Baly，1859）

体长7.5~13.5mm；体长卵形。蓝或蓝绿、蓝紫色，有金属光泽。头中央有1条细纵纹。前胸背板宽大于长，前角突出，盘区具零乱刻点。小盾片心形或三角形，蓝黑色。鞘翅基部稍宽于前胸，基部之后有1条或深或浅的横凹，盘区刻点不规则。前胸腹板长方形，中胸腹板方形，雌虫的后缘中部稍向后凸出，雄虫的后缘中部有1个向后指的小尖刺。

分布：宁夏、黑龙江、吉林、辽宁、内蒙古、河北、山东、山西、河南、陕西、甘肃、青海、湖北、江苏、江西、浙江、福建、湖南、广西、贵州、四川、云南、西藏；俄罗斯，朝鲜，日本。

2. 李肖叶甲 *Cleoporus variabilis*（Baly，1874）

体长3.0~4.0mm；长卵形，体背一般蓝黑到漆黑色，具或不具金属光泽。头红褐色、光亮，有时头顶黑色。触角基节黄褐，端部5节烟褐色。前胸背板宽大于长，两侧缘直；前胸前侧片全部或仅前半部红褐色。足红褐色，或腿节黑色、胫节和跗节红褐色。

分布：宁夏等全国大部；朝鲜，日本，俄罗斯。

3. 甘薯肖叶甲 *Colasposoma dauricum*（Mannerheim，1849）

体长5.0~6.0mm；体短宽，体色有变化，有青铜色、蓝紫等。鞘翅肩胛后具1闪蓝光三角斑。触角基部6节蓝色或黄褐色，端部5节黑色。前胸背板宽为长的2倍，前角尖锐，侧缘圆弧形，盘区隆起，密布粗点刻。鞘翅隆凸，肩胛高隆，光亮，翅面刻点混乱较粗密。

分布：宁夏、河北、山西、内蒙古、吉林、黑龙江、山东、河南、湖北、安徽、江苏、江西、浙江、福建、广东、海南、湖南、广西、贵州、四川、云南、陕西、甘肃、青海、新疆；朝鲜，日本，蒙古，俄罗斯，缅甸，印度。

4. 亚洲切头叶甲 *Coptocephala asiatica*（Chujo，1940）

体长4.5~5.0mm；头、体腹面和足黑色。前胸背板红褐色、光亮。触角黑色，长超过前胸基部、基部3或4节红褐色，第1、第4节背面具蓝黑色斑。前胸背板宽，侧缘弧形，表面光滑无刻点。鞘翅刻点较粗密，翅黄褐色具有2条蓝黑色横带，1条在基部，另1条在中部稍后，黑斑有变异。

分布：宁夏、河北、山西、内蒙古、吉林、黑龙江、湖北、陕西、青海；朝鲜，日本。

5. 黑斑隐头叶甲 *Cryptocephalus agnus*（Weise，1884）

体长约5.0mm；体腹面和头亮黑色。头部复眼与上颚之间的颊上有1个黄斑，在复眼上方有1个黄色半圆形斑；额的前端在触角基部之间有1个黄色横斑。前胸背板大部分黑色，前缘和侧缘淡黄色，横宽，盘区密被稀刻点和灰色伏毛。小盾片黑色。鞘翅淡黄色或棕黄色，被灰色半伏毛，每翅各具1条黑纵纹；鞘翅基部与前胸等宽，盘区具不规则的小刻点与灰色伏毛。

分布：宁夏、内蒙古、河南、陕西、甘肃；俄罗斯，朝鲜，日本。

6. 槭隐头叶甲 *Cryptocephalus mannerheimi* (Gebler，1825)

体长 6.0~8.0mm；体黑色，前胸背板和鞘翅具黄斑，颊上有 1 黄斑，体背光亮。前胸背板横宽，自基部向前渐收狭，盘区长形刻点稀疏，沿侧缘每侧各有 1 条中部常向内凹的黄色宽纵纹，自前缘中部向后伸达盘区中部有 1 个指向后的呈箭头形黄斑，基部中央有 1 个方形斑。鞘翅翅面黄斑常有变异：一般每个鞘翅有 4 个斑，在基缘中央有 1 个三角形斑，中部有 2 个长方形斑，近端缘处亦有 1 个方形大斑；有时翅基的三角形斑消失，有时中部的 2 个斑汇合成 1 个横斑；鞘翅端缘为黑色。

分布：宁夏、河北、山西、内蒙古、辽宁、吉林、黑龙江、浙江、湖北、陕西、甘肃；俄罗斯（西伯利亚），朝鲜，日本。

7. 艾蒿隐头叶甲 *Cryptocephalus koltzei* (Weise，1887)

体长约 4.0mm；体黑色，头部具黄斑，触角黑褐色。前胸背板黄色，盘区具黑斑，黑斑变异较大。小盾片及鞘翅黑色，每个鞘翅 2 列黑斑，靠近中缝 3 个，靠近外侧 2 个。足黄褐色。腹部臀板具 1 块白斑。

分布：宁夏、河北、山西、内蒙古、辽宁、吉林、黑龙江、湖北、陕西、甘肃；俄罗斯（西伯利亚），朝鲜。

（二十四） 铁甲科 Hispidae

体小型，长圆柱形、圆形或背面隆起似龟形，黑或蓝黑色，有金属光泽。头后口式，额前方突出，口器在腹面可见，有时部分或全部隐藏于胸腔内。触角基部靠近，多为 11 节，少数有 3 或 9 节者，一般丝状。前胸背板形状多样，有方形、半圆形等，还有的两侧及背面具枝刺。鞘翅有长形、椭圆形，侧、后缘有各种锯齿，翅面有瘤突或枝刺。3 对足基节远离，前、中足基节多为球形或圆锥形，后足基节横形。腹部背面可见 8 节，腹面可见 5 节。

甜菜大龟甲 *Cassida nebulosa* (Linnaeus，1758)

体长 6.0~8.0mm；体长椭圆形，草绿、橙黄或棕赭色。体背面平坦，半透明，具粗大刻点及横皱纹。触角第 1~6 节及足棕黄色，触角末端 5 节黑褐色。前胸背板近半圆形，密布粗刻点，盘区中央具 2 个隆凸。鞘翅较前胸基部稍宽，两侧近平行，刻点粗密且深，行列整齐，行距隆起，第 2 行更明显；鞘翅布满不规则麻点状的小黑斑。体腹面黑色，腹部外缘棕黄色。

分布：宁夏、河北、山西、内蒙古、辽宁、吉林、黑龙江、江苏、山东、湖北、四川、贵州、云南、陕西、甘肃；俄罗斯（西伯利亚），朝鲜，日本，欧洲。

（二十五） 象甲科 Curculionidae

小至大型，卵形、长形或圆柱形，体表常粗糙，或具粉状分泌物，体色暗黑或鲜明。头前口式，额和颊向前延伸成喙，喙的中间及端部之间具触角沟；口器位于喙的顶端，有口上片，无上唇及唇基；外咽缝合为 1 条。复眼突出。触角 10~12 节，膝状。前胸筒状。鞘翅长，端部具翅坡，多盖住腹部，表面有刻点行列。前足基节窝闭式；腿节棒状或膨大；胫节多弯曲，端部背面多具钩；跗式 5-5-5，第 3 节双叶状，第 4 节小，位于其间。可见腹板 5 节。

1. 甜菜象甲 *Bothynoderes punctiventris* (Germar, 1824)

体长 12.0~14.0mm，体长椭圆形，黑色，密被分裂为 2~4 叉的灰至褐色鳞片。喙长而直，端部略向下弯，中隆线细而隆，长达额，两侧有深沟。前胸具灰色鳞片形成的 5 条纵纹，中纹最宽，两端缩窄，近侧纵纹细而弯，延长到鞘翅行间 4 端部。鞘翅褐色鳞片形成斑点，在中部形成短斜带。足和腹部散布黑色雀斑。

分布：宁夏、北京、河北、山西、内蒙古、黑龙江、陕西、甘肃、新疆；俄罗斯，欧洲。

2. 西伯利亚绿象 *Chlorophanus sibiricus* (Gyllenhal, 1834)

体长 9.5~11.0mm；体梭形，黑色，密被淡绿色鳞片。前胸两侧和鞘翅行间的鳞片黄色。喙短。前胸宽大于长，基部最宽，后角尖，两侧从基部至中间近于平行，背面扁平，散布横皱纹。鞘翅行间刻点深，中间以后逐渐不明显，鞘翅端部形成锐突。

分布：宁夏、河北、山西、内蒙古、辽宁、吉林、黑龙江、浙江、湖北、湖南、四川、陕西、甘肃、青海、新疆；朝鲜，蒙古，俄罗斯。

3. 黑斜纹象 *Chromonotus declivis* (Olivier, 1807)

体长 7.5~11.5mm；体梭形，体黑色，被白色至淡褐色披针形鳞片。前胸背板和鞘翅两侧各有 1 条互相衔接的黑条纹和 1 条白条纹，条纹在鞘翅中间前后被白色鳞片组成的斜带所间断。喙粗壮，较前胸背板短，中隆线前端分成两叉。前胸背板宽略大于长，背面散布稀刻点，黑色条纹具少量大刻点。鞘翅两侧平行，中间以后略缩窄，顶端分别缩成小尖突，行间扁平，行纹刻点不明显，被鳞片遮蔽。

分布：宁夏、北京、河北、内蒙古、黑龙江、甘肃；朝鲜，蒙古，俄罗斯，匈牙利。

4. 甘肃齿足象 *Deracanthus potanini* (Faust, 1890)

体长 8.0~12.0mm；长椭圆形，颇隆拱；体背白色，腹面被石灰色鳞片，散布短褐色毛。前胸背板宽大于长，前端缩窄，前后缘具隆边，两侧的刺显著而短，指向后侧方，散布颗粒，中间略有沟。鞘翅长于宽，行纹刻点深，具略直立的褐色刺状毛。腹部散布长毛，具 2 行大而黑的斑点。前、中足胫节外缘端部具 2 个柄，一个柄具 2 个齿，另一个柄具 4~5 个齿，后足胫节直，腿节短。

分布：宁夏、甘肃、青海。

5. 亥象 *Heydenia crassicornis* (Tournier, 1874)

体长 3.5~4.5mm；体卵球形；体黑色。触角、足黄褐色，被覆石灰色圆形鳞片。触角和足散布较长的毛，头和前胸的毛很稀。喙粗短，端部扩大，两侧隆，中间呈沟状。触角位于侧面，颇弯。前胸宽大于长，背面有 3 条褐色纹。鞘翅近球形，行间有 1 行很短而倒伏毛，行间之间有 1 个褐色斑，其后缘为弧形，长达鞘翅中间，褐斑后外侧形成 1 淡斑，二斑之间形成 1 条灰色 "U" 形条纹。

分布：宁夏、河北、山西、内蒙古、陕西、甘肃、青海；俄罗斯。

6. 金绿树叶象 *Phyllobius virideaeris* （Laichart，1781）

体长 3.5~6.0mm；长椭圆形，体黑色，密被卵形略具金属光泽的绿色鳞片。前胸宽大于长，前后端宽约相等，前后缘近于截断形，背面沿中线略突出。鞘翅两侧平行或后端略放宽，肩明显，行纹细，行间扁平。鞘翅行间鳞片间散布短而细的淡褐色倒伏毛。

分布：宁夏、甘肃；俄罗斯。

7. 蒙古土象 *Xylinophorus mongolicus* （Faust，1881）

体长 4.5~6.0mm；体卵圆形，被覆褐色和白色鳞片。触角红褐色，棒节端部尖。前胸宽大于长，两侧凸圆，在前胸中间和两侧的褐色鳞片形成 3 条纵纹，在前胸近外侧的白色鳞片形成 2 条淡纵纹。鞘翅宽于前胸，行纹细而深，线形，散布成行细长的毛，在鞘翅行间 3、4 基部和肩部的白色鳞片形成白斑，鳞片间散布细长的毛。足红褐色，前足胫节内缘有 1 列钝齿。

分布：宁夏、北京、内蒙古、辽宁、吉林、黑龙江、山东、青海；朝鲜，蒙古，俄罗斯。

十二、脉翅目 Neuoptera

俗称蛉，主要包括草蛉、粉蛉、蚁蛉、褐蛉、螳蛉等。口器咀嚼式；触角长，呈丝状，多节；复眼发达。翅膜质透明，有许多纵脉和横脉，多分支，前后翅脉序相似，网状，翅脉在翅缘二分叉。无尾须。全变态，多数成虫和幼虫为肉食性。

（一）草蛉科 Chrysopidae

体中到大型，体与翅脉多绿色。复眼半球形，金黄色。触角线状；上颚发达，内缘具齿；下颚须 5 节，下唇须 3 节；头部多有黑斑。翅宽大透明，后翅较狭窄；Rs 仅 1 条与 R 相连再分为多条，横脉较多，前缘横脉简单不分叉，阶脉 2~3 组或更多，中脉形成内中室，有伪中脉与伪肘脉。

中华通草蛉 *Chrysopa sinica* （Tjeder，1968）

体长 9.0~10.0mm，前翅长 13.0~14.0mm。体黄绿色，胸和腹部背面有黄色纵带。头部黄白色，两颊及唇基两侧各有 1 黑带，上下多接触。触角灰黄色，基部两节与头同色。下颚须及下唇须暗褐色。翅透明，翅较窄，翅端部尖，翅痣黄白色。翅脉黄绿色，前缘横脉的下端、Rs 脉基部及径横脉的基部均为黑色，内外两组阶脉、翅基部的横脉多为黑色。翅脉上有黑色短毛。

分布：宁夏等全国各地；蒙古，朝鲜，俄罗斯。

（二）褐蛉科 Hemerobiidae

体小到中型，体长 15mm 左右，黄褐色，翅多具褐色斑。翅形多样，Rs 至少有 2 条直接从 R 上分出，一般为 3~4 条，其间连接的横脉呈阶状；前翅前缘横脉列分叉；肩横脉简单；翅缘有缘饰，脉上有毛。

全北褐蛉 *Hemerobius humuli* （Linnaeus，1758）

体长 4.8~7.0mm；头部黄色，下颚须及下唇须黄褐色，末节深褐色，触角黄色。胸部黄褐色，由头顶至腹部前 3 节背中央有黄色宽带。腹部背板褐色，腹板黄褐色。前翅黄褐色半透明，密布灰褐色断续的波状横纹，在翅脉上则呈现黑点状排列；Rs 分 3 支，分支处有黑点；2 组阶脉为黑褐色，m-Cu 横脉处有 1 大黑点，Cu 分叉处有 1 小黑点。后翅透明，翅脉淡色。

分布：宁夏、河北、山西、内蒙古、辽宁、吉林、江苏、湖北、江西、四川、陕西、甘肃；朝鲜，日本，俄罗斯，欧洲，北美。

（三）蚁蛉科 Myrmeleontidae

体大型，一般翅展 40mm 左右。触角短，端部逐渐膨大，呈棒状或匙状。头胸部多长毛，足多粗短而具毛，胫节有发达的爪状端距。翅多狭长，脉呈网状，前缘横脉列简单或分叉，翅痣下方有一延长的翅室。腹部很长。

朝鲜东蚁蛉 Euroleon coreanus Okamoto，1924

体长 31.0~34.0mm，前翅长 30.0~37.0mm；翅无色透明；前翅纵脉上黄、褐色段相间排列，R 和 sR 之间的横脉上有 5 个褐斑，M 和 CuA 之间有一系列小褐斑，具中脉亚端斑和肘脉和斑；CuA 脉分义窄呈尖角状，CuA 脉的两分支平行前伸至翅缘。翅痣小，乳白色，靠近翅基一端有褐色斑。

分布：宁夏及中国北方各地；朝鲜。

十三、鳞翅目 Lepidoptera

包括蛾、蝶两类昆虫。虹吸式口器，由下颚的外颚叶特化形成，上颚退化或消失。体和翅密被鳞片和毛。翅二对，膜质，各有一个封闭的中室，翅上被有鳞毛，组成斑纹；少数无翅或短翅型。跗节 5 节；无尾须。全变态类，成虫多以花蜜等作为补充营养。绝大多数种类的幼虫为害植物，体形较大者常取食叶片或钻蛀枝干，体形较小者往往卷叶、缀叶、结鞘、吐丝结网或钻入植物组织取食为害。

（一）宽蛾科 Depressariidae

下唇须弯曲，第 2 节有或无鳞毛簇。触角短于前胸，柄节有栉或无栉。翅发达，前翅有 11~12 条脉，R_4 和 R_5 共柄或合并，CuA_1 和 CuA_2 脉分离或共柄，1A 脉存在。后翅有 8 条脉，R_8 和 M_1 脉分离，常平行。腹部无背刺。

1. 申氏宽蛾 Depressaria sheni Wang et Li，2002

翅展 23.5~26.5mm。头灰白色，杂灰褐色鳞片；颜面略白，鳞片紧贴；后头具竖直鳞毛簇，其末端白色。前翅深褐色，杂灰白色和赭黄色鳞片；前缘基部 1/3 具竖鳞，赭黄色，其后缘具数条间断的黑色短纹，翅前半部散布数条黑色斜纹，有时不明显，中室中部和末端各具 1 个小斑，前者黑色，后者灰白色，边缘黑色，沿前缘端部 1/3 和外缘均匀散布数枚黑点；纤毛灰褐色。后翅和纤毛灰褐色。前足和中足黑色；后足腹面黑色，背面灰褐色。

分布：宁夏、辽宁、黑龙江、河南、湖北。

2. 六盘山矩宽蛾 Exaeretia liupanshana Wang，2010

翅展 14.5~16.5mm。头部灰褐色，略带灰白色鳞片。前翅近矩形，前缘略弓；深灰色，散布赭灰色和污白色鳞片，基部黑色；前缘有灰白色斑点；1/3 处有一条白色纵带斜至臀角；中室中部和中室末端各具 1 黑褐色斑，前者小；后缘基部灰白色。后翅和缘毛灰色，略带褐色。前、中足深褐色，胫节和跗节外侧白色；后足腹面灰棕色，背面灰白色。

分布：宁夏、北京。

3. 俄宽蛾 Depressaria golovushkini Lvovsky，1995

翅展 19.0~21.5mm。头部灰褐色，颜面灰白色。前翅灰褐色，散生灰白色和黑褐色鳞片，后缘基部深褐色；基部近前缘处具 1 不规则的深褐色斑，中室中部和末端各有 1 个不明显的小黑斑，前者略呈三角形，其上方具 1 模糊的小斑，后者小，两斑之间具 1 条黑褐色短纵纹，有些种中不明显；缘毛灰白色。后翅和缘毛灰色。前足和中足深褐色，跗节具白斑；后足灰褐色，跗节具浅色环纹。

分布：宁夏、河北、山西、内蒙古、吉林、陕西；俄罗斯。

（二）草蛾科 Ethmiidae

体中型。头具紧贴的鳞片，单眼存在。下颚须短，4 节。触角柄节无栉。下唇须向上强烈弯曲；第 2 节具紧贴的鳞片；第 3 节短于第 2 节。胸部背面有 2~6 个深色斑点。翅基片上通常也有 2 个斑点。如果胸部和翅基片色深，斑点则为黑色。前翅狭长，前喙从基部到端部均匀弯曲；翅面上常有点、条纹或斑纹；Sc 脉游离，R_4 与 R_5 脉共柄，R_5 脉到达前缘或翅顶，CuA_1 与 CuA_2 脉之间的距离小于 R_2 和 R_3 脉之间距离的 2 倍左右。后翅 M_3 与 CuA_1 脉出自中室下角，合生具短柄；2A 脉弯曲。腹部背面通常无刺。

密云草蛾 Ethmia shensicola（Lederer，1870）

翅展 25.0~26.0mm。头部、触角和下唇须均为黑色。喙黄褐色。胸部黑褐色，背面有 4 个大黑斑。前翅黑褐色，翅面上有 5 个较大黑斑：中室中部 1 个，中室后缘中部有 2 个，中室端部上下各 1 个；从翅端经前缘、顶角、外缘到臀角前有 11 个小黑点；缘毛灰褐色。后翅及缘毛灰褐色。前足和中足黑褐色。后足橘黄色，跗节端部黑褐色。

分布：宁夏、北京、河北、山西、内蒙古、辽宁、吉林、黑龙江、浙江、陕西、新疆；韩国，日本，伊朗，哈萨克斯坦，俄罗斯，土耳其。

（三）麦蛾科 Gelechiidae

头通常光滑，被朝前向下弯曲的长鳞片。单眼常存在，较小。触角简单，线状，雄性常有短纤毛；柄节一般无栉，少数原始的属有栉或硬刚毛。喙长，卷曲，基部被鳞片。下颚须 4 节，折叠于喙基部上方。下唇须 3 节，通常上举或后弯，极少平伸；第 2 节常加厚具毛簇及粗鳞片；第 3 节尖细。前翅广披针形，无翅痣。后翅顶角凸出，外缘弯曲内凹。翅缰短于翅宽，在雄性中为 1 根，雌性一般为 3 根，但柽麦蛾等属的一些种类为 2 根。前足胫节通常有 1 个前胫突，中足胫节有 1 对中距，后足胫节有 1 对中距和 1 对端距。腹部背板通常无背刺。

黑银麦蛾 Eulamprotes wilkella（Linnaeus，1758）

翅展 10.0~11.0mm。头白色，胸部背面黑色或中部白色，翅基片黑色。黑色前翅的 1/3、1/2、2/3 处及外缘各有 1 条出自前缘的银色横带，前两者仅达翅中部，第 3 条达后缘或自中部分裂为二，外缘的横带多减少为一银斑或仅为一些散生的银色鳞片，1/2处的银带与前缘垂直，临近的两条均自前向后斜向这条；缘毛深褐色。后翅褐色。腹部黑色，腹末白色。

分布：宁夏、青海、新疆；欧洲。

（四）菜蛾科 Plutellidae

小型蛾类，世界性分布，全世界共200多种。成虫休止时触角前伸。头部鳞片紧贴或有丛毛，触角达翅长的2/3~4/5，下唇须第2节下面有前伸的毛束，第3节尖而光滑，上举。前翅狭窄，有翅痣和副室，缘毛有时发达；R_1脉出自中室中点以前，R_3脉出自中室上角，M_1~M_3脉分离，CuA_1脉出自中室下角，有时靠近M_3脉，或与CuA_2脉同出一点或共柄，臀脉基部有长分叉。后翅披针形，缘毛长。雌雄外生殖器形态多样。

小菜蛾 *Plutella xylostella*（Linnaeus，1758）

翅展10.0~15.0mm。头光滑，白色。胸部和翅基片白色。前翅披针形，灰褐色；后缘有1条黄色或白色宽带由翅基直达臀角；外缘黄白色；缘毛与翅同色。后翅灰白色；缘毛灰白色至灰褐色。前、中足白色，胫节黑褐色或褐色，跗节深灰色，末端白色；后足灰白色，杂灰褐色。腹部背面褐色，腹面白色。

分布：宁夏，广布世界各地。

（五）螟蛾科 Pyralidae

前翅R_5与R_3+R_4脉共柄或合并。额圆形，被光滑鳞片。下唇须几乎全部为3节，平伸、斜上举或上弯于额前面。下颚须3节，有时微小或缺失，通常短于下唇须。前翅R_2接近R_3、R_4脉，但一般不与其共柄；R_3、R_4及R_5脉有时合并为2条或1条脉。M_1脉出自中室前角附近，M_2、M_3及CuA_1脉出自中室后角或其附近，M_2和M_3脉有时共柄。CuP脉发达。1A脉发达，2A脉末端游离或与1A脉间有横脉相连，形成闭室。后翅$Sc+R_1$与Rs脉愈合或分离；M_2与M_3脉常分离。CuA_1与CuA_2脉分别出自中室；CuP与$1A+2A$脉存在。雄性翅缰1根，雌性多根，但斑螟亚科中雌性翅缰均为1根。足的长短粗细不一，常被有不同类型的鳞毛。

1. 圆斑栉角斑螟 *Ceroprepes ophthalmicella*（Christoph，1881） 宁夏新纪录

翅展22.0~27.0mm。前翅底色红褐色，基部杂黑色，近内横线处有一大一小两个黑色鳞毛脊，脊周围黄褐色；内横线灰白色，锯齿状，向内有两个小尖角，外侧被黑色细边，黑边外侧近后缘处有一灰白色圆斑；外横线波浪形，在M_1和CuA_2脉处各有一个内向的尖角，之间向外弯曲呈弧形；中室端斑相互分离或相接；外缘线灰白色，缘毛灰褐色。后翅半透明，灰白色，缘毛淡灰色。

分布：宁夏、天津、山西、山东、河南、陕西、甘肃、浙江、湖北、福建、四川、贵州、云南；日本，印度。

2. 银翅亮斑螟 *Selagia argyrella*（Denis et Schiffermüller，1775）

翅展25.5~31.0mm。前翅长约为宽的3倍，顶角钝；翅面无线条及斑纹，有金属光泽，淡黄色中杂少量褐色；缘毛黄白色。后翅不透明，淡黄色，缘毛黄白色。前后翅反面均茶褐色。腹部黄色至黄褐色。

分布：宁夏、山西、内蒙古、天津、河北、山东、河南、陕西、青海、新疆、四川、西藏；中欧，亚洲。

3. 褐翅亮斑螟 *Selagia spadicella*（Hübner，1796）宁夏新纪录

翅展 25.0~29.0mm。前翅狭长，底色红褐色，杂白色鳞毛，内横线白色，从前缘基部的的 1/4 到后缘基部的 1/3，在中室上缘具 1 外向弯角，A 脉处具 1 内向尖角；中室端斑 2 个，黑褐色，近三角形；外缘线白色，在 R_{3+4} 和 CuA_2 脉处各具 1 个内向尖角；缘毛灰色，尖端白色。后翅黄褐色，不透明，缘毛基部 1/4 灰色，端部白色。腹部黄褐色。足红褐色杂散布白色鳞片，跗节黑褐色。

分布：宁夏、山西、内蒙古、甘肃、新疆；越南，摩洛哥，西班牙。

4. 中国软斑螟 *Asclerobia sinensis*（Caradja，1937）宁夏新纪录

翅展 14.5~21.0mm。前翅长约为宽的 3 倍，浅米黄色杂灰褐色鳞片，前缘端半部及顶角处灰褐色鳞片较多；内横线较宽，米黄色，位于翅基部 1/3 处，弧形，内侧隐约具 1 金黄色鳞毛脊；中室端斑 2 个灰褐色圆点；外横线消失；外缘线灰褐色；缘毛米黄色。后翅灰色；缘毛灰黄色。腹节各节背面褐色，端部黄白色；腹面黄白色。前足暗褐色，中、后足灰褐色，跗节黑褐色杂少量白色。

分布：宁夏、北京、天津、河北、山西、内蒙古、黑龙江、安徽、山东、河南、四川、云南、陕西、甘肃。

5. 红云翅斑螟 *Oncocera semirubella*（Scopoli，1763）

翅展 18.0~28.5mm。前翅黄褐色，前缘常白色，中部常具玫红色鳞片；内、外横线均消失；缘毛红色，后翅浅褐色，前缘和外缘褐色，缘毛灰白色。腹部背面灰褐色，腹面红褐色到褐色。足灰褐色。

分布：宁夏、北京、天津、河北、山西、内蒙古、辽宁、吉林、黑龙江、江苏、浙江、福建、安徽、江西、山东、河南、湖北、湖南、广东、广西、四川、贵州、云南、陕西、甘肃、青海、新疆、我国台湾；韩国，日本，俄罗斯，印度，英国，保加利亚，匈牙利。

6. 小脊斑螟 *Salebria ellenella* Roesler，1975

翅展 17.0~22.0mm。前翅灰褐色，后缘中部具 1 模糊的灰白色圆斑，分别于内横线外侧黑边和后缘相切；内横线灰白色，较直，内、外侧镶清晰黑边；中室端斑黑色，相接，呈月牙形；外横线波浪状，内、外侧镶清晰细黑边；外缘线由黑色圆点构成；缘毛深褐色。后翅灰褐色，半透明；缘毛灰色。足灰褐色。腹部灰褐色到黑褐色，各节端部黄白色。

分布：宁夏、北京、天津、河北、山西、内蒙古、辽宁、江苏、浙江、安徽、江西、福建、山东、河南、湖北、湖南、广东、广西、四川、贵州、重庆、陕西、甘肃、新疆、我国台湾；朝鲜。

7. 烟灰阴翅斑螟 *Sciota fumella*（Eversmann，1844）宁夏新纪录

翅展 23.0~26.5mm。前翅灰褐色，基域土黄色；内横线灰白色，位于翅基部 2/5 处，锯齿状，外侧镶黑褐色细边，内侧具黑褐色宽带，该宽带的内侧烟灰色；中室端斑黑色，分离；外横线模糊，灰白色，在 M_1 和 A 脉处内弯；外缘线由黑色斑点构成；缘

毛深褐色。后翅半透明，灰褐色；缘毛灰褐色。足黑褐色杂白色鳞片。腹部灰褐色，各节端部镶白边。

分布：宁夏、北京、天津、河北、山西、辽宁、黑龙江；日本，俄罗斯，欧洲。

8. 大理阴翅斑螟 *Sciota marmorata* (Alphéraky, 1877) 宁夏新纪录

翅展 22.0~32.0mm。前翅长约为宽的 2.5 倍，基域浅黄色，亚基域灰白色，中域及外缘灰白色杂少量浅黄色鳞片；内向白色，由前缘基部 1/4 到后缘基部 1/3，内侧镶褐色宽边，外侧镶褐色细边；中室端斑褐色，分离；外横线白色，内外侧镶褐色细边，M_1 和 A 脉内弯；缘毛浅黄色。后翅浅灰色，外缘色深，缘毛灰黄色。

分布：宁夏、北京、天津、河北、山西、四川、西藏、青海；俄罗斯。

9. 山东云斑螟 *Nephopterix shantungella* Roesler, 1969 宁夏新纪录

翅展 20.0~24.0mm。前翅灰褐色，基域及中域淡黄色；内横线白色，锯齿状，内侧镶黑色宽边，外侧镶黑色细边；中室端斑黑色，短棒状；外横线白色，波浪状，内、外镶黑边；外缘线褐色；缘毛深灰色。后翅半透明，灰褐色，外缘褐色；缘毛灰褐色。腹部灰褐色，各节端部颜色稍淡。足灰褐色。

分布：宁夏、北京、天津、河北、山西、内蒙古、辽宁、吉林、黑龙江、山东、河南、安徽、湖北、陕西、新疆。

10. 类赤褐云斑螟 *Nephopterix paraexotica* Paek et Bae, 2001 宁夏新纪录

翅展 15.0~20.0mm。前翅黄褐色杂红褐色和灰白色鳞片，内横线内侧近后缘半部红褐色，近前缘半部灰白色，从后缘近中部到 M_1 脉与外横线相接处具 1 红褐色斜带；内横线白色，蜿蜒，从前缘基部 1/3 到后缘近中部，两侧镶黑边；中室端斑 2 个黑色圆斑，有时连接；外横线白色，从前缘端部 1/5 到后缘端部 1/4，在 M_1 和 A 脉处内弯，两侧镶黑边；外缘线由黑色圆点组成。

分布：宁夏、北京、天津、河北、山西、辽宁、黑龙江；韩国。

11. 三角夜斑螟 *Nyctegretis triangulella* Ragonot, 1901 宁夏新纪录

翅展 11.0~15.0mm。前翅深褐色，内、外横线灰白色，在翅面上呈倒"八"字形排列，除中室端斑周围颜色或有浅白色外，两横线间翅面颜色均匀一致，黑褐色。后翅及缘毛灰褐色。腹部各节基部褐色，端部黄白色。前足褐色杂少量灰白色鳞片，中、后足较前足色浅，跗节端部白色。

分布：宁夏、天津、河北、黑龙江、辽宁、吉林、浙江、安徽、河南、湖北、湖南、云南、甘肃；日本，意大利。

（六）草螟科 Crambidae

头顶有直立的鳞片，触角间有 1 对鳞片簇伸向前方，另 1 对则伸向后侧方。下唇须 3 节，前伸、斜上举或向上弯于颜面之前。下颚须通常短于下唇须，典型的为 3~4 节，有时微小或缺失。喙通常很发达，但在一些类群中则退化。前翅 R_2 与 R_{3+4} 脉在中室外常并列或共柄；R_5 脉常弯曲，接近 R_{3+4} 脉，但在草螟亚科和禾螟亚科中多共柄，其他类群中仅偶尔有共柄。M_1 脉出自中室的前角附近，M_2、M_3 和 CuA_1 脉出自中室后角或其附近，M_2 与 M_3 脉有时共柄。后翅 M_2、M_3 和 CuA_1 脉出自中室后角或其附近，基部常接近。

有时 M_2、M_3 脉共柄或甚至合并。CuP、1A+2A、3A 脉存在，简单。雄性翅缰 1 根，雌性通常多根。

1. 旱柳原野螟 *Euclasta stoetzneri*（Caradjia，1927）

前翅长 14.0~20.0mm。前翅前缘灰褐色；中室前半部灰褐色，后半部白色，二者分界线黑褐色；翅脉深褐色；R_3 至 2A 脉各翅脉间白色，中部具褐色纵带；外缘带黑褐色；缘毛白色。后翅半透明，外缘带前半部宽，灰褐色；外缘线黑褐色，臀角处色淡；缘毛白色，顶角处中部有 1 不明显的褐色线。

分布：宁夏、北京、天津、河北、山西、内蒙古、吉林、黑龙江、福建、河南、山东、四川、西藏、陕西、甘肃；蒙古。

2. 茴香薄翅野螟 *Evergestis extimalis*（Scopoli，1763）宁夏新纪录

翅展 24.0~26.5mm。前翅浅黄色，前中线浅褐色，形成向外凸出的钝角；中室端脉斑为浅褐色肾形圆斑；后中线不明显；沿翅外缘有暗褐色大斑块；缘毛深褐色。后翅淡黄褐色，外缘线褐色。

分布：宁夏、北京、天津、河北、黑龙江、辽宁、山东、江苏、浙江、河南、湖北、四川；韩国，日本，俄罗斯，欧洲，美国。

3. 艾锥额野螟 *Loxostege aeruginalis*（Hübner，1796）

前翅长 13.5~17.5mm。前翅白色，前缘浅褐色，散布乳白色鳞片；前中线褐色，从中室前缘 1/3 发出，向外斜伸至 2A 脉，与褐色后中线连成 1 钝角；中室圆斑褐色，扁圆形；端脉斑大，褐色，近横倒 V 形，与中室后角的大三角形斑相连；A 脉为褐色横带；亚外缘线褐色，宽带状；外缘线细，褐色；缘毛乳白色，近基部有褐色线，末端略带褐色。后翅乳白色，后中线和亚外缘线是褐色宽带；外缘线同前翅；缘毛白色，近基部有褐色线。

分布：宁夏、北京、天津、河北、陕西、河南、湖北、陕西、青海；欧洲。

4. 网锥额野螟 *Loxostege sticticalis*（Linnaeus，1761）

翅展 24.0~26.5mm。前翅棕褐色夹杂着污白色鳞片；中室圆斑扁圆形黑褐色，中室端斑肾形黑褐色，两者之间为浅黄色平行四边形斑；后中线黑褐色，略呈锯齿状，出自前缘 4/5 处，在 CuA_1 脉后内折至 CuA_2 脉中部，达后缘 2/3 处；亚外缘线为浅黄色带，被翅脉断开；外缘线和缘毛黑褐色；后翅褐色；后中线黑褐，外缘线伴随着浅黄色线；亚外缘线黄色；外缘线黑褐色；缘毛从基部依次为黑褐色带，浅黄色线，浅褐色宽带和污白色带。腹面背部褐色，第 3~7 节后缘浅黄色；腹面污白色。

分布：宁夏、天津、河北、山西、内蒙古、吉林、江苏、河南、四川、西藏、陕西、甘肃、青海、新疆；朝鲜，日本，印度，俄罗斯，德国，波兰，捷克，斯洛伐克，匈牙利，罗马尼亚，保加利亚，奥地利，意大利，美国，加拿大。

5. 黄绿锥额野螟 *Loxostege sulphuralis*（Hübner，1813）

前翅长 25.5~28.5mm。前翅浅嫩绿色，前缘为褐色线；中室端脉斑模糊；从翅顶角向中室后角伸出 1 略呈弧形的褐色宽带，在 M_2 脉处断开；外缘线褐色；缘毛与前翅同色。后翅污白色，半透明；前缘带褐色；后中线为褐色宽带，出自前缘 2/3 处；亚外缘线为褐色宽带；外缘线褐色。腹部灰白色。

分布：宁夏、河北、内蒙古、陕西、青海；俄罗斯，德国，东欧。

6. 褐钝额野螟 Opsibotys fuscalis（Denis et Schiffermüller，1775）宁夏新纪录

翅展 21.5~23.5mm。前翅褐色；前中线深褐色，出自前缘 1/4 处，略向外倾斜，在 2A 脉上形成外凸钝角，直达后缘 1/3 处；中室圆斑和中室端斑黑褐色，两者之间为浅褐色方斑；后中线锯齿状，外缘伴随浅褐色线，出自前缘 3/4 处，在 R_5 脉上向外折后略呈弧形，达后缘 2/3 处；外缘线黑褐色，断续；缘毛褐色，基部依次为浅黄色线和黑褐色线。后翅褐色；后中线深褐色，外缘伴随浅褐色线，从前缘 2/3 处发出，与外缘略平行，CuA_2 脉上形成略凹锐角，然后逐渐消失；外缘线深褐色；缘毛灰白色，基部依次为黄色线和褐色线。

分布：宁夏、上海、浙江、河南、甘肃、青海；日本，欧洲。

7. 紫枚野螟 Pyrausta purpuralis（Linnaeus，1758）　宁夏新纪录

翅展 16.0~18.0mm；前翅黑褐色，经常密布玫瑰红色鳞片；翅基到前中线黄色；前中线深红色，从前缘带基部 1/3 发出，向内倾斜达后缘基部 1/4；中室顶部是黄色方形斑；后中线是黄色带，在 R_5 和 Cu_1 脉处断开；亚外缘线是黄色带，在顶角和臀角处减弱。后翅黑褐色；中室顶部是淡黄色近三角形斑；后中线是淡黄色带，与外缘略平行；亚外缘线是淡黄色带，前宽后窄；亚外缘带前后散布一些玫瑰红色鳞片。

分布：宁夏、内蒙古、青海；欧洲。

8. 红黄野螟 Pyrausta tithonialis（Zeller，1872）

翅展 16.5~22.0mm。前翅玫瑰红色，掺杂褐色鳞片，翅基至前中线黄色；前中线为浅黄色窄带，从前缘 1/3 处直达后缘 1/3 处；后中线为浅黄色窄带，从前缘 3/4 处发出，与外缘近平行至 CuA_2 脉后直达后缘 2/3 处；缘毛褐色。后翅褐色；缘毛褐色，端半部色浅。足灰白色或褐色，前足基节外侧、腿节外侧和胫节以及中足胫节外侧褐色或深褐色。腹部背面从前至后由黄至黄褐色，各节后缘色浅，腹面灰白色或褐色。

分布：宁夏、河北、内蒙古、山东、河南、四川、陕西、甘肃、青海、新疆；蒙古国，朝鲜，日本。

9. 尖双突野螟 Sitochroa verticalis（Linnaeus，1758）

翅展 21.5~28.0mm。前翅背面黄色，斑纹颜色加深；腹面浅黄色，斑纹明显：中室圆斑、中室端斑、各翅脉黑褐色，中室后缘和 CuA_2 脉基部黑褐色加粗；后中线粗，黑褐色，出自前缘 3/4 处，与外缘平行，达后缘 2/3 处；亚外缘线为黑褐色，略弯宽带，在顶角处膨大为斑块；外缘线黑褐色；缘毛基半部黄色，有褐色斑点；端半部浅褐色。后翅背面颜色较前翅稍浅；腹面颜色同前翅，斑纹明：中室圆斑和各翅脉浅褐色；后中线粗黑褐色，出自前缘 2/3 处，与外缘略平行，在 M_1，M_2 脉之间和 1A 脉上形成内凹的角；亚外缘线黑褐色，在顶角处膨大为斑块，其余部分由断续的斑点组成；外缘线和缘毛基半部与前翅相同，缘毛端半部乳白色。

分布：宁夏、天津、河北、山西、内蒙古、辽宁、黑龙江、江苏、山东、四川、云南、西藏、陕西、甘肃、青海、新疆；日本，印度，俄罗斯；欧洲。

10. 锈黄缨突野螟 Udea ferrugalis（Hübner，1796）宁夏新纪录

翅展 17.0~21.0mm。前翅黄色或深黄色；前中线褐色，出自前缘 1/4 处，向外倾

斜，在中室后缘向内折后形成 1 外凸的锐角，达后缘 1/3 处；中室圆斑和中室端脉斑深褐色；后中线褐色，锯齿状，出自前缘 4/5 处，与外缘平行，在 CuA_2 脉上形成 1 内凹的锐角，达后缘 2/3 处；后翅乳白色，半透明。

分布：宁夏、天津、河北、江苏、浙江、山东、河南、湖北、湖南、广东、广西、四川、贵州、云南、陕西、甘肃、青海、我国台湾；日本，印度，锡金，斯里兰卡。

11. 银光草螟 *Crambus perellus* (Scopoli, 1763)

翅展 21.0~28.0mm。额和头顶银白色。下唇须银白色，外侧淡褐色，长约为复眼直径的 4 倍。下颚须淡褐色，末端白色。触角背面白色，腹面淡褐色。领片、胸部和翅基片白色，领片两侧淡黄色。前翅银白色，有光泽，无斑纹，缘毛银白色，后翅灰白色至淡褐色；缘毛白色。足白色，外侧淡褐色。腹面淡褐色。

分布：宁夏、天津、河北、山西、内蒙古、吉林、黑龙江、浙江、江西、河南、四川、云南、甘肃、西藏、青海、新疆；日本，土耳其，俄罗斯，欧洲，北非，北美。

12. 泰山齿纹草螟 *Elethyia taishanensis* (Caradja et Meyrick, 1936)

翅展 15.0~20.0mm。前翅底色白色，散布褐色鳞片：纵纹白色，狭长、约为翅长的 3/5；中带白色，向外弯成 3 个锐角；亚外缘线白色，两侧密被褐色鳞片，向外形成 2 个钝角；顶角褐色，有 1 条白色斜带；外缘褐色，近中部由 2 枚黑色斑点；缘毛白色至淡褐色。后翅淡褐色，缘毛白色。足淡黄褐色。腹部褐色。

分布：宁夏、天津、河北、内蒙古、黑龙江、安徽、山东、河南、湖北、陕西、青海、甘肃。

13. 银翅黄纹草螟 *Xanthocrambus argentarius* (Staudinger, 1867)

翅展 19.0~25.5mm。前翅银白色，前缘黄褐色；外横线淡黄色掺杂淡褐色，M 形，分别在前端的 1/3 处和后端 1/4 处弯成锐角且与下亚外缘线相连；亚外缘线白色，内侧淡褐色镶边，外侧淡褐色镶边，前端 2/5 处外弯成角，后端 1/5 处外弯成齿状；外缘深褐色，近臀角处有 3 枚黑色斑点；缘毛白色。后翅和缘毛白色。足内侧白色，外侧淡褐色。腹部淡褐色。

分布：宁夏、河北、山西、内蒙古、辽宁、黑龙江、河南、四川、陕西、甘肃、青海、新疆；哈萨克斯坦，吉尔吉斯斯坦，俄罗斯。

14. 褐翅黄纹草螟 *Xanthocrambus lucellus* (Herrich-Schäffer, 1848)

翅展 18.0~30.0mm。前翅白色，散布淡褐色鳞片；白色纵纹由基部至端部约 1/3 处，纵向中间掺杂淡褐色鳞片，末端分两叉，前端叉约为后端叉长的 2 倍；外横线黄褐色，前端 1/3 处外弯成锐角；亚外缘线白色，淡褐色镶边，前端 2/5 处外弯；外缘深褐色，近臀角处有 3 枚黑色斑点。后翅淡褐色，外缘深褐色。

分布：宁夏、北京、天津、河北、黑龙江、辽宁、山西、山东、江苏、浙江、湖南、四川、青海；蒙古，韩国，日本，俄罗斯，欧洲，中亚。

（七）卷蛾科 Tortricidae

前翅略呈长方形。有些种类休息时呈吊钟状。与细卷叶蛾科的区别是前翅 Cu_{1b} 从中室末端 1/4 之前分出，Cu_2 极少消失，后翅 M_1 不与 Rs 共柄。

1. 黄褐卷蛾 *Pandemis chlorograpta* Meyrick，1921

翅展 18.5~24.5mm。前翅阔圆，翅前缘中部之前隆起，其后平直；顶角近直角；外缘略斜直。前翅底色灰褐色，斑纹暗褐色，翅端部有或横或斜的短纹；基斑大；中带后半部略宽于前部；亚端纹小；顶角和外缘缘毛端部锈褐色，其余灰褐色。后翅暗灰色，顶角略带黄白色，缘毛同底色。腹部背面暗褐色，腹面灰白色。雌性顶角更突出，前翅底色较雄性浅。

分布：宁夏、北京、黑龙江、浙江、福建、江西、河南、四川、陕西、甘肃；日本。

2. 松褐卷蛾 *Pandemis cinnamomeana* (Treitschke，1830)

翅展 17.5~22.5mm。前翅宽阔，前缘 1/3 隆起，其后平直；顶角近直角；外缘略斜直。前翅底色灰褐色，斑纹暗褐色，翅端部有横或斜的短纹；基斑大；中带后半部略宽于前部；亚端纹小；顶角和外缘缘毛端部锈褐色，其余灰褐色。后翅暗灰色，顶角略带黄白色，缘毛同底色。腹部背面暗褐色，腹面灰白色。

分布：宁夏、河南、天津、河北、黑龙江、浙江、江西、湖北、湖南、四川、重庆、云南、陕西；韩国，日本，俄罗斯（远东地区），欧洲各国。

3. 分光卷蛾 *Aphelia disjuncta* (Filipjev，1924)

雄性翅展 18.5~21.5mm。前翅宽，前缘较平直，顶角较尖锐，外缘斜直，臀角宽圆；底色黄白色，斑纹土黄色且不规则，集中分布在翅基半部、前缘中后部和端部；缘毛灰白色。后翅及缘毛灰白色，顶角略带黄白色。足黄白色，前足及中足跗节被暗褐色鳞片。腹部背面灰色，腹面黄白色。

分布：宁夏、河北、新疆、青海；蒙古，中亚，俄罗斯（远东），中欧。

4. 棉花双斜卷蛾 *Clepsis pallidana* (Fabricius，1776)

翅展 15.5~21.5mm。前翅前缘基部 1/3 隆起，其后较平直；顶角略突出；外缘斜直。雄性前缘褶短，中部宽，两侧窄，伸达中带前缘。前翅底色黄色，翅后缘近基部有 1 小斑，斑纹红褐色：第 1 条从前缘近基部伸达后缘近中部，第 2 条从前缘近中部伸达臀角；亚端纹小，呈倒三角形或与第 2 条斜纹相连；缘毛灰白色。后翅及缘毛灰白色。腹部背面黄白色，腹面灰白色。

分布：宁夏、北京、天津、河北、内蒙古、吉林、黑龙江、山东、四川、陕西、青海、新疆；韩国，日本，中欧各国。

5. 拟多斑双纹卷蛾 *Aethes subcitreoflava* Sun et Li，2013 宁夏新纪录

翅展 8.0~20.0mm。前翅前缘略弯，外缘倾斜。前翅底色黄色，具浅黄褐色网状纹；基斑位于翅基部 1/7，黄褐色杂褐色；中带自前缘中部内斜至后缘基部 1/3 处，前端 1/3 浅黄褐色，断裂，后端 2/3 褐色杂黑褐色；亚臀斑位于翅后缘端部 1/4 处，为 1 条与中带平行的黄褐色短带，约为中带长的 2/5，后缘处黑褐色；缘毛黄色，略杂黄褐色鳞片。后翅灰色；缘毛灰白色，基部灰色，沿翅外缘形成 1 条灰色线。

分布：宁夏、山西、内蒙古、吉林、甘肃。

6. 灰短纹卷蛾 *Falseuncaria degreyana* (McLachlan，1869) 宁夏新纪录

翅展 15.0~16.0mm。前翅前缘平直，顶角凸出，外缘斜直；雄性前翅前缘褶约占前缘长的 1/2, 赭色略杂黑褐色, 基部 1/3 较宽。前翅底色黄白色; 中带与外缘近平行, 近前缘中部内斜至后缘基部 2/5 处, 前端 1/3 浅赭色, 后端 2/3 赭褐色; 亚端带约与中带等宽, 自前缘端部沿外缘斜至外缘臀角上方, 灰色略杂黑褐色; 中带与亚端带间前端 1/2 密杂粉色鳞片; 亚臀斑极小, 为 1 枚黑褐色小斑点; 缘毛黄褐色略杂赭色。后翅及缘毛浅灰色。

分布: 宁夏、新疆; 蒙古, 俄罗斯, 欧洲。

7. 金翅单纹卷蛾 *Eupoecilia citrinana* Razowski, 1960 宁夏新纪录

翅展 10.0~14.0mm。前翅前缘平直, 外缘略倾斜。前翅底色亮黄色; 斑纹黑褐色, 杂赭色: 前缘中带内侧具一条带; 中带自前缘基部 2/5~1/2 内斜至后缘基部 1/4~2/5; 外缘带自顶角延伸至臀角, 约与中带等宽; 翅室外缘中部具 1 枚黑色小斑点; 缘毛黑褐色。后翅及缘毛灰褐色。前、中足黑褐色略杂黄白色; 后足浅黄白色。腹部黑褐色。

分布: 宁夏、北京、天津、河北、吉林、黑龙江、河南、湖南、陕西; 韩国, 日本, 俄罗斯。

8. 双带窄纹卷蛾 *Cochylimorpha hedemanniana* (Snellen, 1883) 宁夏新纪录

翅展 10.0~18.0mm。前翅前缘近平直, 外缘倾斜。前翅底色浅黄白色; 前缘基部 1/5 黄褐色, 杂黑褐色, 形成 1 条带; 前缘近顶角处具 1 枚黄褐色小斑点; 基部 1/5 后缘上方具 1 条黄褐色短带; 中带自前缘近中部延伸至后缘基部 2/5 处, 黄褐色略杂黑褐色; 亚端带自前缘端部 1/4 处延伸至臀角, 中部略膨大, 后端窄, 黄褐色; 近亚端带内缘中部具 1 枚黑色小斑点; 后缘端部 2/5 处具 1 枚浅黄褐色斑; 顶角及外缘具黄褐色小斑点; 缘毛黑褐色杂黄褐色; 后翅及缘毛灰色。

分布: 宁夏、北京、天津、河北、山西、辽宁、黑龙江、江苏、安徽、山东、河南、湖北、陕西、云南; 韩国, 日本, 俄罗斯。

9. 尖突窄纹卷蛾 *Cochylimorpha cuspidata* (Ge, 1992) 宁夏新纪录

翅展 11.5~18.0mm。前翅前缘近平直, 外缘倾斜。前翅底色浅黄白色; 前缘中带内侧形成 1 条黄褐色窄带, 略杂黑褐色; 有 1 条短带自后缘基部斜向上延伸至翅室基部 1/3 处, 黄褐色略杂黑褐色; 中带自前缘中部内斜至后缘基部 2/5 处, 黄褐色杂黑褐色, 前端 1/3 处几乎断裂, 后端 2/3 略内弯; 亚端带自前缘端部 1/4 处外斜至臀角, 较中带宽, 黄褐色杂黑褐色。前端 2/5 处断裂; 近亚端带内缘中部具 1 枚黑色小斑点; 后缘端部 2/5 处具 1 枚黄褐色斑, 略杂黑褐色; 顶角、外缘及缘毛黑褐色。后翅及缘毛灰色。

分布: 宁夏、北京、天津、河北、山西、内蒙古、辽宁、黑龙江、安徽、河南、湖北、陕西、甘肃、新疆; 韩国。

10. 胡麻短纹卷蛾 *Falseuncaria kaszabi* Razowski, 1966

翅展 11.0~15.0mm。前翅前缘平直, 顶角凸出, 外缘直斜。前翅底色黄色至赭褐色, 端部 1/3 赭黄色至赭色; 前缘基半部杂黑褐色鳞片; 中带与外缘近平行, 自中室后缘端部 1/3 内斜至翅后缘基部 1/3, 近前缘部分消失, 黄褐色至赭色, 杂黑褐色; 亚臀斑消失; 后缘具黑褐色小斑点; 缘毛浅黄褐色至赭色。后翅及缘毛灰色。

分布: 宁夏、陕西、甘肃、内蒙古、青海; 蒙古。

11. 灰花小卷蛾 *Eucosma cana*（Haworth，[1811]）

翅展 14.0~23.0mm。前翅褐色；前缘基半部钩状纹不明显，端半部具 5 对灰色钩状纹；基斑从前缘 1/4 处伸达后缘 1/3，外侧中部凸出；中带窄，黄褐色，伸向肛上纹；肛上纹近平行四边形，内有 3 条褐色短带；缘毛灰褐色。后翅褐色，缘毛灰色。

分布：宁夏、浙江、福建、河南、广东、云南、陕西、甘肃、新疆；日本，中亚，俄罗斯，哈萨克斯坦，欧洲。

12. 缘花小卷蛾 *Eucosma agnatana*（Christoph，1872）宁夏新纪录

翅展 16.0~18.0mm。头顶灰白色，额白色。胸部及翅基片灰白色。前翅狭长，底色灰黄色；前缘端半部具 4 对灰白色钩状纹，其余钩状纹不明显；基斑退化，基部 1/3 色略深；肛上纹近三角形，内有 2 条平行的褐色短带；缘毛灰褐色。后翅及缘毛灰色。足灰白色，胫节和跗节具褐色鳞片。

分布：宁夏、河北、山西、内蒙古、陕西、青海；蒙古国，俄罗斯，哈萨克斯坦，欧洲。

13. 白头花小卷蛾 *Eucosma niveicaput*（Walsingham，1900）宁夏新纪录

翅展 14.0mm。头灰白色。胸部褐色；翅基片基半部褐色，端半部白色。前翅白色，前缘褐色；前缘具 7 对白色钩状纹，基部 2 对不明显；后缘 1/4 处到中部有 1 不规则褐斑；肛上纹白色，近外端有 3~4 条褐带；肛上纹内侧具 1 长三角形褐斑；缘毛褐色，臀角处灰色。后翅及缘毛灰色。前足褐色；中、后足灰色，跗节有褐色鳞片。

分布：宁夏、陕西、甘肃；日本，俄罗斯。

14. 异花小卷蛾 *Eucosma abacana*（Erschoff，1877）宁夏新纪录

翅展 14.0~18.0mm。头灰白色。触角灰褐色。下唇须第 2 节长，末节隐藏在第 2 节的长鳞片中。前翅底色浅铅色，具橙色斑；基斑和中带之间铅色；肛上纹圆形，内有 3 排黑色小点；缘毛灰色。后翅及缘毛灰色。

分布：宁夏、河北、内蒙古、吉林、黑龙江、甘肃、青海；蒙古，日本，俄罗斯，哈萨克斯坦。

15. 短斑花小卷蛾 *Eucosma brachysticta* Meyrick，1935

翅展 13.0~14.5mm。头白色。胸部和翅基片白色，夹杂少许褐色。前翅底色白色，前缘褐色；从顶角到前缘 1/3 处有 7 对白色钩状纹；基斑前半部退化，仅在后缘形成 1 不规则褐斑；肛上纹圆形，内有褐点，其内侧褐色；缘毛灰色。后翅及缘毛灰色。前、中足灰色，后足灰白色，跗节有褐色鳞片。

分布：宁夏、天津、江苏、四川、甘肃。

16. 柠条支小卷蛾 *Fulctifera luteiceps* Kuznetsov，1962 宁夏新纪录

翅展 12.0~18.0mm。前翅浅黑褐色，基部 1/3 灰黄褐色，端部 1、3 处混有淡黄赭色鳞片；中带深褐色，出自前缘中部，在翅中不呈钝角弯曲达后缘，在后缘附近约与背斑等宽；前缘钩状纹黄褐色，端部第 3 对钩状纹发出 1 条铅色暗纹，在中部略弯，达外缘；第 5 对钩状纹间的铅色暗纹和肛上纹的内缘线愈合；背斑淡黄白色，明显，伸达翅中部，其外缘和内缘近乎平行；肛上纹内缘线和外缘线均具金属光泽，内有 5 条黑色短横线；缘毛黄褐色。后翅浅灰褐色，缘毛灰白色；雄性内缘有香磷褶。

分布：宁夏、天津、四川、甘肃；蒙古，俄罗斯（西伯利亚）。

17. 草小卷蛾 *Celypha flavipalpana* (Herrich-Schäffer, 1851)

翅展 12.0~17.0mm。前翅窄，顶角钝或略尖；前缘微弓钩状纹白色，下方的暗纹浅铅色；基斑与亚基斑连接，黑褐色，杂有白色斑块及赭色；第 3、第 4 对钩状纹及暗纹显著，宽，近直，达翅后缘 1/3 处；中带窄，前端深褐色杂有赭色，后端浅黄色杂有深褐色，并覆有赭色，内缘近直；第 5、第 6 对钩状纹及暗纹沿中带外缘向后延伸，二者之间有 1 长三角形斑，深褐色，覆有赭色；后中带褐色，覆有赭色；第 7 至第 9 对钩状纹及暗纹斜向延伸至翅外缘 M_1 脉末端，杂有赭色；端纹小点状，褐色覆有赭色。

分布：宁夏、北京、天津、河北、内蒙古、吉林、黑龙江、浙江、安徽、山东、河南、湖北、湖南、四川、贵州、青海、新疆；韩国，日本，俄罗斯；欧洲。

18. 梨小食心虫 *Grapholita molesta* (Busck, 1916)

翅展 9.5~14.0mm。前翅褐色，混杂黄色；前缘钩状纹黄色，9 对，每对钩状纹有 2 个短斑组成，各有铅色暗纹延伸，前 4 对位于前缘基部到 Rs 脉与前缘汇合处，第 5 对发出的暗纹达中室上角，第 6 对发出的暗纹末端向上弯曲达第 7 对钩状纹，端部 3 对分别位于 R_1—R_2、R_2—R_3 及 R_3—R_4 脉间，第 8、第 9 对钩状纹似由 1 个短斑组成，发出的暗纹愈合达外缘 R_5 和 M_1 脉间，第 4、5 对钩状纹间有 1 条褐色短线达中室端部上角，第 6、第 7 对间发出 1 条黑褐色线达臀斑上端，第 8、第 9 对间有 1 条褐色线达臀角外缘；肛上纹内、外缘线铅色，具金属光泽，内有 5~6 条黑色短横线，散布黄白色鳞片，沿外缘线具黄白色鳞片。后翅黄棕色。

分布：宁夏、天津、河北、辽宁、吉林、江苏、江西、山东、广西、云南、新疆；韩国，日本，北美，南美，澳大利亚，新西兰；欧洲，南非。

（八）木蠹蛾科 Cossidae

中到大型，喙退化；下唇须小或消失。触角双栉形。前翅常有副室，中脉在中室内发达，CuP 脉存在，臀脉 2 条。后翅 Sc 脉游离，臀脉 3 条。足胫节退化。

1. 芳香木蠹蛾东方亚种 *Cossus cossus orientalis* Gaede, 1929

前翅长 34.5~41.5mm，体粗壮，雌雄大小差异明显。触角栉齿状，灰黑色，胸部褐色混杂黄褐色鳞毛。前翅灰褐色，密布黑褐色短横纹，有时连成黑线，前翅前缘色较深，臀角至前缘 1/3 处有 1 明显的黑色横纹。后翅灰褐色，密布黑色短纹。翅腹面有褐色条纹。

分布：宁夏、北京、天津、河北、山西、内蒙古、辽宁、河南、山东、陕西、甘肃、青海；韩国，日本，俄罗斯。

2. 沙棘木蠹蛾 *Holcocerus hippophaecolus* (Hua et Chou)

前翅长 18.5~20.0mm。触角丝状，伸至前翅中央。领片浅褐色，胸中央灰白色，两侧及后缘、翅基片暗褐色。前翅窄小，外缘圆斜，臀角抹圆，底色暗，有许多暗色鳞片，前缘有一列小黑点，整个翅面无明显条纹，仅端部翅脉间有模糊短纵纹；缘毛格纹明显，其基部有一白线纹。后翅浅褐色，无任何条纹。腹部灰白色，末节暗黑色。

分布：宁夏、山西、陕西。

（九）枯叶蛾科 Lasiocmpidae

后翅前缘基部极度变宽，并通常有 2 或多条粗肩脉从 Sc 和 R_1 脉基部之间的亚缘室伸出。喙退化，无单眼，触角双栉状。

北李褐枯叶蛾 *Gastropacha quercifolia cerridifolia* Felder et Felder，1862

雄性前翅长 18.0~33.5mm，雌性前翅长 28.0~42.5mm。体色变化大，黄褐色到黑褐色。前翅中部有 3 条波状横线，外线模糊，内线弯曲，中室端具 1 黑色斑，外缘线锯齿状；翅后缘较短，缘毛蓝褐色。后翅有 2 条黑褐色斑纹，基部黄褐色。

分布：宁夏、北京、河北、山西、内蒙古、辽宁、吉林、黑龙江、山东、河南、湖北、云南、陕西、甘肃、青海、新疆；韩国，日本，俄罗斯，欧洲。

（十）尺蛾科 Geometridae

后翅 Sc+R_1 脉在近基部与 Rs 脉靠近或愈合，造成 1 小基室，在中室外远离 Rs 脉；鼓膜听器在第 1 节腹板两侧。体细，翅阔，常有细波纹，在少数种类中雌虫的翅退化或消失。

1. 双斜线尺蛾 *Conchia mundataria*（Cramer，1777）

前翅长约 18.5mm；体粉白色。前翅前缘 2/3 淡褐色，有两条淡褐色粗斜纹，一条位于基半部与翅前缘平行，另一条从近顶角处伸达翅后缘 2/3 处。后翅斜纹较细，从近顶角处伸出，达后缘 3/4 处。

分布：宁夏、北京、河北、内蒙古、辽宁、黑龙江、江苏、陕西、甘肃；朝鲜，日本，俄罗斯。

2. 葎草洲尺蛾 *Epirrhoe supergressa albigressa*（Prout，1938）

前翅长 12.0~14.5mm；头、胸部暗褐色，混杂灰白色。前翅灰白色，中线和外线间为深褐色中带，中带上宽下窄，中室后角处伸出大齿突状；中点黑色；翅前缘近顶角处具黑斑；缘线为 1 列褐色点。后翅灰色，外线灰白色。

分布：宁夏、北京、河北、内蒙古、吉林、黑龙江、山东、甘肃、青海；韩国，俄罗斯。

3. 四川淡网尺蛾 *Laciniodes denigrata abiens* Prout，1938

前翅长 12.0~17.0mm；额上部及头顶黄白色。翅黄白色，斑纹褐色，略带红褐色；外线和顶角下的斜线及亚缘线白点周围均不带黑褐色。前、后翅外线呈网格状。

分布：宁夏、北京、内蒙古、山西、四川、云南、西藏、甘肃、青海。

4. 紫袍秀尺蛾 *Idaea muricata*（Hufnagel，1767）　宁夏新纪录

前翅长约 6.0mm；胸部背面紫红色有黄斑；腹部黄色，各节背面有红斑。翅黄色，周缘及中横线均为紫红色，有时几乎全部紫色，仅具几个黄斑，亚缘线蓝黑色，缘毛黄色。

分布：宁夏、北京、辽宁、吉林、陕西、甘肃；日本，韩国，俄罗斯，欧洲。

5. 南山黄四斑尺蛾 *Stamnodes danilovi djakonovi* Alpheraky，1916

前翅长 15.0~17.0mm；前、后翅面鲜黄色，斑纹黑褐色。前翅前缘基部、中部具黑斑，中室末端具一椭圆形黑斑；顶角及端线具弧形黑纹。后翅散布黑斑。

分布：宁夏、四川、西藏、甘肃、青海；俄罗斯，欧洲。

6. 北方甜黑点尺蛾 *Xenortholitha propinguata suavata*（Christoph，1881）

前翅长 12.0~17.0mm；前翅浅褐色，略带红褐色；亚基线略弯曲，外侧有白色镶边；中线弧形，内侧有白色镶边；外线外缘为条白线；翅端部色浅，顶角处有 2 个三角形小黑斑。后翅中点小，外线呈">"形。

分布：宁夏、北京、河北、内蒙古、吉林、黑龙江、甘肃；日本，韩国，俄罗斯。

（十一）天蛾科 Sphingidae

体中至大型，纺锤形，两端尖削。前翅窄长，外缘极斜。触角中部或向端部略加粗，末端钩状。后翅 Sc+R$_1$ 脉与 Rs 脉之间在中室中部有一横脉相连。喙极长，有时等于或长于体长。

1. 黄脉天蛾 *Amorpha amurensis* Staudinger，1892

前翅长 38.5~42.0mm，体灰褐色，翅面斑纹不明显。前翅内、外横线由两条黑棕色波状纹组成，外缘自顶角到中部有棕色斑；翅脉黄褐色，明显。后翅较前翅色暗，横脉黄褐色。

分布：宁夏、华北、东北、华西、陕西、甘肃、新疆；俄罗斯，日本。

2. 榆绿天蛾 *Callambulyx tatarinovi*（Bremer *et* Grey，1853）

前翅长 34.0~42.0mm，体绿色或黄绿色。胸部背面黑绿色。前翅前缘顶角具 1 大的深绿色斑，中线、外线间连片成 1 深绿色斑，外线为两条弯曲的浅色纹；翅腹面近基部后缘淡红色；缘毛灰黄色。后翅红色，外缘浅绿色，臀角处具墨绿色斑；翅腹面黄绿色。腹部背面浅绿色，各节后缘具黄白色横纹。

分布：宁夏、河北、山西、辽宁、吉林、黑龙江、山东、河南；朝鲜，日本，俄罗斯。

3. 黑长喙天蛾 *Macroglossum pyrrhosticta*（Butler，1875）

前翅长 21.5~25.5mm，体及翅黑褐色。头及胸部有黑色背线。前翅内线呈黑色宽带，近后缘向基部弯曲；后翅中央有较宽的橙黄色横带，基部与外缘黑褐色。腹部第2~3 节两侧有橙黄色斑，第 4~5 节有黑色斑。

分布：宁夏、北京、辽宁、吉林、黑龙江、广东、海南、四川、贵州；日本，越南，印度。

4. 小豆长喙天蛾 *Macroglossum stellatarum*（Linnaeus，1758）

前翅长 20.5~24.5mm，暗灰褐色。胸部灰褐色，腹面白色。前翅内线和中线棕褐色，弯曲；中室末端上部有 1 黑色小斑；缘毛棕黄色。后翅橙黄色，基部及外缘暗褐色；翅的腹面暗褐色。腹部暗灰色，两侧有白色及黑色斑。

分布：宁夏、河北、山西、内蒙古、辽宁、吉林、江苏、山东、河南、湖北、湖南、广东、海南、四川、甘肃、青海、新疆；朝鲜，日本，印度，欧洲。

5. 枣桃六点天蛾 *Marumba gaschkewitschi gaschkewitschi* Bremer *et* Grey，1853

前翅长 38.0~56.0mm；触角土黄色。胸部灰色，夹杂暗灰色和白色鳞片。前翅灰黄褐色；内线、外线及中线棕褐色，边缘色深；端线棕黑色，端线与亚端线之间有棕色区，臀角有两块棕黑色斑。后翅橘红色，臀角有黑色和黄白色大斑。前翅腹面基部至中室粉红色，外线与亚端线黄褐色。后翅腹面灰色，各线棕褐，臀角色较深。

分布：宁夏、河北、山西、山东、河南。

6. 白环红天蛾 Pergesa askoldensis（Oberthür，1879）

前翅长 21.5~23.5mm；体红褐色。腹部两侧橙黄色，各节间有白色环纹。前翅狭长，橙红色，中线较宽，棕绿色，顶角有 1 条向外倾斜的棕绿色斑，外缘锯齿形。后翅基部及外缘棕褐色，中间具较宽的橙黄色纵带，后角向外突出。

分布：宁夏、黑龙江；朝鲜，日本，俄罗斯

7. 蓝目天蛾 Smerithus planus planus Walker，1856

前翅长 38.5~42.5mm；体翅灰黄至淡褐色。触角淡黄色。胸部背面中央有 1 个深褐色大斑。前翅顶角及臀角至中央有三角形浓浓相交暗色云状纹。后翅淡黄褐色，中央紫红色，有 1 个深蓝色的大圆眼状斑，斑外有一个黑色圈，最外围蓝黑色，蓝目斑上方为粉红色。

分布：宁夏、河北、山西、内蒙古、辽宁、吉林、黑龙江、江苏、浙江、安徽、江西、山东、河南、陕西、甘肃；朝鲜，日本，俄罗斯。

（十二）毒蛾科 Lymantridae

无单眼，喙退化或无；后翅 Sc+R_1 脉在中室前缘 1/3 处与中室接触或接触后又分开，形成 1 大基室，M_1 与 Rs 脉在中室以外大多短距离愈合。雄性触角双栉状。雌虫腹末常有大毛丛，产卵时用以覆盖卵块。腹部第 4 节腹板通常有 1 对具细褶的窝。

1. 黄斑草毒蛾 Gynaephora alpherakii（Grum-Grschimailo，1891）

前翅长 13.5~16.5mm；触角栉齿状，短。前翅赭黄色具黑褐色鳞片；内线为黑褐色宽带；横脉纹黑褐色；内线与横脉纹间有一赭黄色斑；外线和亚端线黑褐色，其间赭黄色。后翅赭黄色，外缘与后缘基部黑褐色。

分布：宁夏、内蒙古、四川、西藏、甘肃、青海。

2. 榆黄足毒蛾 Ivela ochropoda（Eversmann，1847）

雄性前翅长 11.5~13.5mm，雌性 15.0~19.0mm。体和翅白色；下唇须黄色；胸部黄白色；翅基部略带黄色。前足腿节端半部、胫节和跗节鲜黄色，中足和后足胫节端半部和跗节鲜黄色。

分布：宁夏、河北、山西、内蒙古、辽宁、吉林、黑龙江、山东、河南、陕西；朝鲜，日本，俄罗斯。

3. 雪毒蛾 Leucoma salicis（Linnaeus，1858）

雄性前翅长 16.0~21.5mm，雌性 21.5~26.0mm。头部白色，略带黄白色；复眼外侧黑色；触角白色，栉齿灰褐色；下唇须黑褐色。前翅白色，基部略呈黄色。足白色，胫节和跗节有黑环。后翅白色。

分布：宁夏、河北、山西、内蒙古、辽宁、吉林、黑龙江、西藏、陕西、青海、甘肃、新疆；蒙古，朝鲜，日本，俄罗斯，欧洲，北美洲。

（十三）灯蛾科 Arctiidae

色彩鲜艳，多有单眼，喙退化；前翅 Cu 脉 4 分支，后翅 Sc+R_1 与 Rs 脉愈合至中室中央或中央以外。

1. 红缘灯蛾 *Aloa lactinea*（Cramer，1777）

前翅长 22.5~31.5mm，体白色。头顶、颈板端部红色；下唇须红色，末端黑色。前翅前缘具红带，中室上角具 1 小黑点，翅脉黄白色。后翅横脉纹为为新月形黑斑，M 脉、Cu 脉和 A 脉端部具 3 个黑斑。腹部背面基节橙黄色，其余黄色，腹面白色，背面具黑带，侧面具黑色纵带，亚侧面具黑点。

分布：宁夏、河北、山西、辽宁、安徽、江苏、浙江、福建、江西、山东、河南、湖北、湖南、广东、广西、海南、四川、云南、西藏、陕西、我国台湾；朝鲜，日本，尼泊尔，缅甸，印度，越南。

2. 排点灯蛾 *Diacrisia sannio*（Linnaeus，1758）

前翅长 17.5~20.5mm；雄性头暗褐色，触角红色。前翅前缘暗褐色，顶角红色，后缘具红带，中室端具红和暗褐色斑。后翅浅黄色，基部暗褐色，横脉纹暗褐色，亚端线为一列黑斑。雌性前翅橙黄褐色，后翅基半部黑色，中室端具黑斑，亚端线为一列黑斑。

分布：宁夏、河北、山西、内蒙古、辽宁、吉林、黑龙江、新疆、甘肃、四川；日本，韩国，俄罗斯，欧洲。

3. 亚麻篱灯蛾 *Phragmatobia fuliginosa*（Linnaeus，1758）

前翅长 13.5~18.0mm；头、胸部暗红色。前翅褐红色，中室端部具 2 黑点。后翅粉红色，有暗褐色斑点，中室端部具 2 黑点，亚缘线为黑色带。腹部背面红色，背面及侧面各有 1 列黑点。

分布：宁夏、河北、山西、内蒙古、辽宁、吉林、黑龙江、四川、陕西、甘肃、新疆、青海；日本，欧洲，北美。

4. 浑黄灯蛾 *Rhyparioides nebulosa*（Butler，1877）

翅展 45.0~52.0mm。雄性触角锯齿状；头、胸部暗褐黄色；下唇须下方红色，腹部红色。前翅褐黄色，中线为黑色大斑组成，中部弯折；亚外缘线为 1 列黑斑。后翅红色，横脉纹为黑色大斑，中带黑色，亚端线黑斑，中间断裂。前翅腹面红色，中室中部具一黑点，横脉纹为大黑斑，中带黑色。

分布：宁夏、内蒙古、辽宁、吉林、黑龙江；日本

5. 石南线灯蛾 *Spiris striata*（Linnaeus，1758）

前翅长 13.5~15.5mm；头、胸和触角黑色；颈板、翅基片黑色具黄白色边。前翅橙黄色，前缘黑色，翅脉间隙、中室边及横脉纹黑色，端线黑色；缘毛黄色。后翅橙黄色，前缘基半部黄色，前缘区、横脉纹及端区黑色，沿中室分布 2 个大黄斑，后缘散布黑纹；缘毛黄色。腹部橙黄色、背面及侧面有黑带。

分布：宁夏、山西、黑龙江、青海、新疆；叙利亚，俄罗斯，欧洲。

（十四）舟蛾科 Notodontidae

前翅 M_2 脉从中室末端横脉中央或靠近 M_1 脉处伸出，肘脉似 3 叉式，后缘亚基部经常有后伸鳞簇；后翅 $Sc+R_1$ 与 Rs 脉靠近但不接触，或由 1 短横脉相连。听器位于后胸

的凹陷内，膜向下伸。跗爪基部有 1 钝齿。

1. 角翅舟蛾 *Gonoclostera timoniorum*（Bremer，1861）

前翅长 13.0~14.5mm；头部和胸部背面暗褐色。前翅褐黄色略具紫色；内、外线之间有 1 暗褐色三角形斑，斑尖几乎达翅后缘，斑内颜色从内向外逐渐变浅；内横线前半段不清晰，后半段可见，灰白色外衬暗褐边；外横线灰白色，波浪形弯曲；亚端线模糊，暗褐色，锯齿形；外线与亚端线之间的前缘处有 1 暗褐色影状楔形斑。后翅灰褐色，有 1 模糊的灰白色外线。

分布：宁夏、北京、河北、辽宁、吉林、黑龙江、上海、江苏、浙江、安徽、江西、山东、湖北、湖南、陕西、甘肃；韩国，日本，俄罗斯。

2. 杨小舟蛾 *Micromelalopha troglodyta*（Graeser，1890）

前翅长 11.5~17.5mm；体色变化较多，有黄褐、红褐和暗褐等色。前翅有 3 条具暗边的灰白色横线，内横线似 1 对小括号"（ ）"，中横线像"八"字形，外横线呈倒"八"字的波浪形，横脉为 1 小黑点。后翅臀角有 1 褐色或红褐色小斑。

分布：宁夏、北京、河北、辽宁、吉林、黑龙江、山东、河南、上海，江苏、浙江、安徽、江西、山东、湖北、湖南、陕西；日本，韩国，俄罗斯。

3. 榆白边舟蛾 *Nerice davidi* Oberthür，1881

雄性前翅长 15.5~20.5mm，雌性 18.0~22.0mm。前翅前半部暗灰褐带棕色，其后方边缘黑色，沿中室下缘纵伸在 Cu_2 脉中央稍下方呈一大型齿；后半部灰褐具有灰白色，与前半部分界处白色显著；前缘外半部有一灰白色纺锤形影状斑；中室中央下方具一近圆形的斑点；前缘近翅顶处有 2~3 个黑色小斜点；端线细，暗褐色。后翅灰褐色。

分布：宁夏、北京、河北、山西、内蒙古、吉林、黑龙江、江苏、江西、山东、陕西；朝鲜，日本，俄罗斯。

（十五）夜蛾科 Noctuidae

体多粗壮，前翅略窄而后宽；下颚须退化，下唇须通常长，触角不膨大。前翅 M_2 脉基部近 M_3 脉而远离 M_1 脉，肘脉似 4 叉式；后翅 Sc 和 Rs 脉在基部分离，但在近基部接触一点而又分开，造成一小基室。

1. 塞剑纹夜蛾 *Acronicta psi* Linnaeus，1758 宁夏新纪录

前翅长 16.5~19.5mm；头部及胸部灰白色。前翅灰白色，密布黑褐色细点；基线在前缘呈双线黑色；内线双线黑色呈波浪形；剑纹黑色，基剑纹中部有短分支，端剑纹达翅外缘；环纹斜，肾纹具黑边；外线黑色，双线；亚端线灰白色；端线黑色。后翅白色。

分布：宁夏、黑龙江、新疆；日本，叙利亚，俄罗斯，土耳其，欧洲。

2. 皱地夜蛾 *Agrotis clavis*（Hüfnagel，1766）

前翅长 19.0~21.0mm；头部及胸部黄褐色；颈板中部有 1 黑横线。前翅淡黄褐色，前缘区暗灰色；基线双线黑色；内线双线黑色波浪形；剑纹细长，黑色；环纹具黑边；肾纹大，黑褐色，黑边；中线模糊；外线灰褐色，锯齿形，双线；亚端线灰白色，内侧有 1 列黑褐尖齿状纹；端线黑色。后翅灰褐色。

分布：宁夏、河北、黑龙江、青海、四川；日本，印度，中亚地区，欧洲，非洲。

3. 灰褐地夜蛾 *Agrotis ignara* (Staudinger，1896)

前翅长 17.0~18.0mm；头部及胸部淡黄褐色，下唇须第1、第2节外侧黑色。前翅灰褐色，有黑色鳞片；基线双线黑色；内线双线黑色波浪形；中线黑色，前半部粗，锯齿形；外线黑色，锯齿形；亚端线黑色；端线为一列黑点。后翅污褐色。

分布：宁夏、北京、河北、山西、内蒙古、甘肃、黑龙江、新疆；日本，叙利亚，俄罗斯，土耳其，欧洲。

4. 小地老虎 *Agrotis ipsilon* (Hüfnagel，1776)

前翅长 23.0~25.0mm；头部及胸部黄褐色，头顶有黑斑。前翅淡黄褐色，前缘区较黑，基线、双线和内线均为黑色波浪形；剑纹小，具黑边；环纹小，圆形，具黑边；肾纹黑边；楔形纹伸至外线，黑色；中线黑褐色波浪形；外线双线锯齿形，黑色；亚端线微白，锯齿形；端线为1列黑点。后翅白色，翅脉褐色，前缘、顶角及端线褐色。

分布：宁夏等全国各地；世界性分布。

5. 黄地老虎 *Agrotis segetum* (Denis *et* Schiffermüller，1775)

前翅长 14.5~20.0mm；雄性触角双栉形。前翅灰褐色，基线、内线均双线褐色，后者波浪形；剑纹小，黑褐边；环纹中央具1黑褐点；肾纹黑褐色；中线褐色，端半部明显；外线褐色锯齿形。后翅灰白色半透明，前后缘及端区色暗。

分布：宁夏、华北、东北、华中、华东、西南、西北；朝鲜，日本，印度，欧洲，非洲。

6. 三叉地夜蛾 *Agrotis trifurca* Eversmann，1837

前翅长 19.5~21.5mm；头部及胸部褐色。前翅灰褐色，翅脉黑色，两侧衬以淡灰褐色，翅面中部具1纵向淡色纹，末端分3叉；基线、内线均双线黑色；剑纹窄，具黑边；环纹扁，具黑边；肾纹褐色，具黑边；中线褐色，端半部明显；外线褐色锯齿形。后翅褐黄色，端部及翅脉褐色。

分布：宁夏、黑龙江、青海、新疆；俄罗斯。

7. 麦奂夜蛾 *Amphipoea fucosa* (Freyer，1830)

前翅长 14.5~17.5mm；头部黄褐色，下唇须外侧褐色。前翅黄褐色，被暗褐色细点；基线褐色；内线双线褐色，波浪形；剑纹小，红褐色，具褐边；环纹黄色具锈红色，具褐边；肾纹黄色；中线褐色，后半部内斜；外线双线褐色，锯齿形。后翅浅黄色，略具褐色。

分布：宁夏、河北、山西、内蒙古、黑龙江、河南、湖北、湖南、云南、青海、新疆；日本，欧洲。

8. 蔷薇扁身夜蛾 *Amphipyra perflua* (Fabricius，1787)

前翅长 22.0~23.5mm；头部及胸部黑棕色，足黑棕色。前翅大部分黑棕色，外线和亚端线间淡褐色；外线淡褐色，锯齿形，外侧有一列黑棕色尖齿状纹。后翅褐色。

分布：宁夏、河北、黑龙江、新疆；俄罗斯，欧洲。

9. 条窄眼夜蛾 *Anarta colletti* (Sparre-Schneider，1876) 宁夏新纪录

前翅长约 11.5mm；头部灰黄色；胸部灰黄色杂黑色。前翅灰黄色；内线隐约可见

黑色，较粗，在中室后略外弯；肾纹大，黑色，其前方具一黑褐斑；中带绿褐色；外线不明显；亚端线为一绿褐色宽带，锯齿形；后翅黄白色，基部有黑色，横脉纹大，黑色。

分布：宁夏；蒙古，俄罗斯，德国，波兰。

10. 荒秀夜蛾 *Apamea lateritia*（Hüfnagel，1766）

前翅长约 23.5mm；头部、胸部及前翅褐色带紫灰色。前翅基线灰色，两侧略黑；内线、外线黑色锯齿形；环纹斜；肾纹黑褐色，外缘白色，外线齿尖有黑白点。后翅褐色。

分布：宁夏、内蒙古、黑龙江、青海、新疆；日本，欧洲，北美洲。

11. 负秀夜蛾 *Apamea veterina*（Lederer，1853）宁夏新纪录

前翅长 21.5~22.5mm；头部及胸部黄褐色；翅基片外侧有黑灰色纹。前翅黄褐色，翅前缘具块状黑斑；基线仅端部可见；内线双线黑色，波浪形；剑纹褐色，环纹黄褐色；中线黑色；外线双线黑色，波浪形。后翅淡褐色带黑色。

分布：宁夏、河北、黑龙江、甘肃、新疆；俄罗斯。

12. 楔斑启夜蛾 *Caenurgia fortalitium*（Tauscher，1809）

前翅长 15.5~16.5mm；头部及胸部灰色杂褐色。前翅浅灰色，中室后有一褐斑，呈楔形，其后缘伸达中部，均衬黑色及白色边，中室下角有一黑点，其外侧具一白斜纹；外线内侧暗褐色，为不清晰宽带，亚端线白色，端线黑褐色。后翅赭白色，外线粗，大锯齿形。

分布：宁夏、内蒙古、山西；俄罗斯，中亚地区。

13. 壶夜蛾 *Calyptra capucina*（Esper，1789）

前翅长 21.5~22.5mm；头部及胸部褐色，颈板有暗褐色横纹。前翅褐色，具粉红色细纹；基线、内线棕色内斜，中线棕色略弯曲，肾纹暗棕色，1 黑棕色线自顶角内斜至后缘中部，其外侧粉红色。后翅褐色，端区色暗。

分布：宁夏、北京、河北、山西、内蒙古、辽宁、吉林、黑龙江、浙江、四川、新疆；韩国，日本，俄罗斯，欧洲。

14. 裳夜蛾 *Catocala nupta*（Linnaeus，1767）

前翅长 35.0~37.0mm；头、胸部黑灰色，颈板中部具一黑横线。前翅黑灰色；基线黑色达中室后缘；内线双线黑色，波浪形；肾纹黑边，中有黑纹；外线黑色，锯齿形；亚端线灰白色，外侧黑褐色，锯齿形。后翅红色，中带黑色弯曲，达亚中褶，端带黑色，内缘弯曲，顶角处具一白斑。

分布：宁夏、河北、辽宁、黑龙江、福建、四川、西藏、新疆；日本，朝鲜，欧洲。

15. 珀光裳夜蛾 *Catocala helena* Eversmann，1856 宁夏新纪录

前翅长 31.0~32.0mm；头、胸部灰色，颈板中部具一黑横线。前翅灰色带褐色；基线黑色达中室后缘；内线双线黑棕色，波浪形；肾纹黑边，中有黑纹；外线黑色，锯齿形；亚端线灰白色，外侧黑褐色，锯齿形。后翅金黄色，中带、端带黑色而弯曲。

分布：宁夏、黑龙江、江苏、内蒙古、河北；蒙古。

16. 光裳夜蛾 *Catocala fulminea* (Scopoli, 1763)

前翅长 24.5~25.0mm；头、胸部紫灰色，颈板黑色。前翅紫灰色带棕色；内线黑色外斜，后半部略弯曲，内侧大片深棕色；肾纹灰色，外侧有几个黑尖齿；外线黑色，锯齿形；亚端线灰色锯齿形。后翅黄色，中带黑色外弯，端带黑色，亚中褶有一黑棕条达中带。

分布：宁夏、黑龙江、浙江。

17. 鹿裳夜蛾 *Catocala proxeneta* Alpheraky, 1895

前翅长 16.5~18.0mm；头、胸部灰白色。前翅灰褐色，密布黑色细点；内线以内色较黑，亚中褶处似一黑纵条，基线黑色，达亚中褶；内线黑色，外线黑色，在中室端部形成二尖齿。后翅黄色，中带黑色外弯，端带黑色，亚中褶有一黑纵条伸达中带。

分布：宁夏、黑龙江；蒙古。

18. 碧银冬夜蛾 *Cucullia argentea* (Hüfnagel, 1766)

前翅长 17.5~18.5mm；头褐色，胸部灰白色。前翅银白色，前、后缘各有一条绿色纵纹，各横线为灰绿色宽条，在翅面形成不规则的白斑，其中中下部白斑最大。后翅白色，端区灰褐色。

分布：宁夏、河北、内蒙古、黑龙江、西藏、新疆；日本，欧洲。

19. 银冬夜蛾 *Cucullia argentina* (Fabricius, 1787)

前翅长 15.0~17.5mm；头、胸部灰白色。前翅底色淡黄色，有 1 银白斑占据中室并扩展至前缘脉基部及亚中褶，其后缘衬棕色，银斑外的翅脉黑褐色；端线为 1 列黑点。后翅灰白色，翅脉褐色。

分布：宁夏、新疆；欧洲，伊朗，土耳其，俄罗斯。

20. 黑纹冬夜蛾 *Cucullia asteris* (Denis et Schiffermüller, 1775)

前翅长约 24.0mm；头部暗褐色；胸部及前翅紫灰色带褐色。前翅亚中褶为一黑线；内线双线黑色，环纹、肾纹中凹；外线仅后段可见，内方一黑纹内伸；亚端区中部及上部各有一黑纹。后翅黄白色，翅脉与端区黑色。

分布：宁夏；俄罗斯，欧洲。

21. 黄条冬夜蛾 *Cucullia biornata* Fishche de Waldheim, 1840

前翅长 21.0~22.5mm；头部黄褐色；胸部灰白色。前翅褐黄白色，翅脉黑棕色，亚中褶及中室外半部明显淡黄色，亚中褶基部有 1 黑纵线；端区各脉间有褐色细纵线。后翅灰白色，端区色暗。

分布：宁夏、河北、内蒙古、辽宁、新疆；俄罗斯，德国，波兰。

22. 显冬夜蛾 *Cucullia distinguenda* Staudinger, 1892

前翅长 13.5mm；头、胸部灰褐色，混杂暗褐色。前翅暗褐色，亚中褶基部有 1 黑纵线；内线双线暗褐色，锯齿形；环纹及肾纹大；外线黑色锯齿形；端线为 1 列黑点。后翅淡褐色，端区色深。

分布：宁夏；俄罗斯，欧洲。

23. 长冬夜蛾 *Cucullia elongata* (Butler, 1880)

前翅长约 20.0mm；头、胸部灰色，混杂暗褐色。前翅黄褐色，翅脉黑色，亚中褶基部有 1 黑纵线；内线双线暗褐色，锯齿形；环纹及肾纹大；外线黑色锯齿形；端线为 1 列黑点。后翅淡褐色，端区色深。

分布：宁夏、辽宁、黑龙江、青海、新疆；日本，印度。

24. 蒿冬夜蛾 *Cucullia fraudatrix* Eversmann，1837

前翅长 13.5~14.0mm；头、胸部灰褐色。前翅灰色，亚中褶基部具一黑纵纹；内线，外斜至亚中褶，之后再形成一齿；环纹灰色，斜方形；肾纹大，灰色；近外缘中部及其下方各具一条黑色短线。后翅黄白色，外半带褐色。

分布：宁夏、辽宁、吉林、浙江；日本，欧洲。

25. 富冬夜蛾 *Cucullia fuchsiana* Eversmann，1842 宁夏新纪录

前翅长 9.5~11.0mm；头、胸部白色。前翅白色带褐色，亚中褶基部白色，有一黑纵纹；剑纹黑褐色，成齿形，外方一白斑；环纹、肾纹白色黑边，中间有褐圈；肾纹后外侧有黑短纹；顶角内半有几条黑纵纹。后翅黄白色，端区色深。

分布：宁夏、河北、内蒙古、黑龙江、青海、新疆；蒙古，俄罗斯。

26. 斑冬夜蛾 *Cucullia maculosa* Staudinger，1888

前翅长 21.0~22.5mm；头、胸部灰白色。前翅灰白色，基线仅在中室前明显；内线黑色，锯齿形，内侧亚中褶有 1 黑纵线；环纹黄白色，具黑边；剑纹小，外方有 1 明显黑斑；肾纹灰色，具黑边；亚端区有 1 列暗褐纵纹；端线黑色，在各脉末端处间断。后翅黄白色，端区色较深。

分布：宁夏、河北、黑龙江；日本，韩国，俄罗斯，欧洲。

27. 修冬夜蛾 *Cucullia santonici*（Hübner，1813）

前翅长 19.0~21.5mm；头、胸部灰褐色。前翅灰褐色，混杂白色；亚中褶有 1 黑纵线；内线棕色；剑纹白色，具黑边；环纹及肾纹白色，具黑边；外线黑色，锯齿形；顶角至肾纹的各脉间有黑色纵纹；端线黑色。后翅灰色，翅脉及端区带有褐色。

分布：宁夏、青海；俄罗斯，欧洲。

28. 内冬夜蛾 *Cucullia scopariae* Dorfmeister，1853

前翅长约 17.0mm；头、胸部灰色，颈板有白横条。前翅褐色，前缘区基部带白色；基线、内线黑褐色，内线双线波浪形；环纹、肾纹褐色有白环和黑边；中线黑色波浪形；外线黑褐色，波浪形；亚端线灰白，前段内侧具一黑纹。后翅黄白色。

分布：宁夏、黑龙江；俄罗斯，欧洲。

29. 银装冬夜蛾 *Cucullia splendida*（Stoll，1782）

前翅长 14.5~17.5mm。头、胸部黄白色，颈板基部及端部暗灰色。前翅银蓝色，后缘中部土黄色；缘毛白色。后翅白色，端区暗褐灰色。

分布：宁夏、内蒙古、甘肃、青海、新疆；蒙古，俄罗斯。

30. 缪狼夜蛾 *Dichagyris musiva*（Hübner，1803）

前翅长 18.0~19.5mm；头、胸部灰褐色，颈板端半部黑棕色。前翅褐色带紫色，外线以内的前缘区灰黄色，中室基部后方有一黑棕色三角形斑，环纹灰黄色"V"形，肾纹黑灰色；内线以外中室黑棕色；外线双线暗褐色。后翅淡褐色，基部较白。

分布：宁夏、河北、内蒙古、黑龙江、西藏、陕西、青海、新疆；俄罗斯，土耳

其，欧洲。

31. 旋岐夜蛾 *Discestra trifolii* (Hüfnagel，1766)

前翅长 14.0~16.5mm；头、胸部灰褐色，颈板中部有 1 黑横线。前翅灰褐色，基线、内线均为波浪形，黑色；剑纹短小；环纹圆形，灰黄色，具黑边；肾纹大，具黑边；亚端线土黄色；在 M-Cu 脉间形成大锯齿；端线为 1 列黑点。后翅灰白色，翅脉及端区暗褐色。

分布：宁夏、河北、西藏、甘肃、青海、新疆；印度，亚洲西部，欧洲，非洲北部。

32. 塞妃夜蛾 *Drasteria catocalis* (Staudinger，1882)

前翅长 17.0~19.5mm；头部黄白色，胸部暗灰色。前翅灰色，密布黑色细点；基线双线黑棕色，波浪形达亚中褶；内线双线，黑色波浪形；中线细，暗褐色；肾纹黄灰色，具黑边外线黑棕色，锯齿形；亚端线灰黄色，有几个黑齿纹；端线黑色。后翅黄白色，具几个不规则黑带。

分布：宁夏、甘肃、新疆；俄罗斯，欧洲。

33. 谐夜蛾 *Emmelia trabealis* (Scopoli，1763)

前翅长 8.0~10.0mm；头、胸部暗褐色。前翅黄色，前缘有 5 个黑斑；中室后及翅后缘各有 1 黑纵条伸至外线；外线黑色，粗；环纹、肾纹为黑点；缘毛黑白相间。后翅烟褐色。腹部背面黄白色，具暗灰色带。

分布：宁夏、河北、内蒙古、黑龙江、江苏、广东、新疆；朝鲜，日本，亚洲西北，欧洲，非洲。

34. 白线缓夜蛾 *Eremobia decipiens* (Alphéraky，1895) 宁夏新纪录

前翅长 18.5~19.0mm；头部黑褐色，胸部褐色。前翅灰褐色，翅基部具一斜的短白斑，近中部具 2 横白斑，肾纹明显白色；亚端纹白色，端线为一列黑点。后翅淡褐色，端区色暗。

分布：宁夏、黑龙江、青海、新疆；蒙古，俄罗斯。

35. 厉切夜蛾 *Euxoa lidia* (Gramer，1782)

前翅长 15.0~17.0mm；头、胸部暗棕色。前翅棕褐色，前缘具黑斑，基线灰白色；环纹、肾纹灰白色，很大，具黑边；剑纹黑色；亚端纹黑色。后翅灰褐色，端区色暗。

分布：宁夏、内蒙古、黑龙江、甘肃；印度，欧洲。

36. 白边切夜蛾 *Euxoa oberthuri* (Leech，1900)

前翅长 18.5~19.0mm；头部及胸部褐色，颈板中部具一黑线。前翅褐色带紫色，前缘区淡褐白色，基线黑色间断；环纹、肾纹间及环纹内侧均黑色，亚端线淡褐色，呈不规则锯齿形，前端及中段内侧有齿形黑纹，端线黑色。后翅淡褐色，端区色暗。

分布：宁夏、河北、山西、辽宁、吉林、黑龙江、浙江、江西、山东、河南、四川、云南、贵州、西藏、陕西、甘肃、青海；朝鲜，日本，蒙古，欧洲。

37. 岛切夜蛾 *Euxoa ochrogaster islandica* (Staudinger，1857)

前翅长 18.5~19.0mm；头部及胸部褐色带黑色；颈板基部及端部褐黄色，中部具一黑线。前翅褐色，基线双线黑色，内线双线黑色，亚中褶有一黑斑连接基线、内线；

剑纹具黑边，环纹灰黑色边，肾纹灰色，外线双线黑色，锯齿形。后翅淡褐色，端区色暗。

分布：宁夏、黑龙江、青海；蒙古，欧洲。

38. 锯灰夜蛾 *Lacanobia w-latinum*（Hüfnagel，1766）

前翅长 19.5~20.5mm；头部及胸部灰色杂紫褐色，颈板中部具一黑线。前翅灰白色带暗褐色，亚中褶有一黑纵纹；内线双线黑色，剑纹较大具黑边；环纹灰色，斜圆形；肾纹黄褐色，具黑边；外线双线黑色，亚端线白色。后翅褐色。

分布：宁夏、辽宁、黑龙江、新疆；俄罗斯，欧洲。

39. 黏夜蛾 *Leucania comma*（Linnaeus，1761）

前翅长 17.5mm；头、胸部灰色，混杂少量黄褐色鳞毛。前翅前缘区白色，散布黑点；翅面中部伸出 1 长黑纹；中室后缘具 1 白色长纹；翅端部脉纹灰白色；缘毛暗灰色。后翅灰黑色，端区色深。

分布：宁夏、内蒙古、吉林、甘肃；俄罗斯，欧洲。

40. 白钩黏夜蛾 *Leucania proxima* Leech，1900

前翅长 13.5~15.0mm；头、胸部褐色，混杂少量灰色，颈板有三条黑横线。前翅赭褐色，亚中褶基部具一黑纵纹，其上有一白点，中脉端部为一白短纹，在横脉处向前钩出；外线黑色锯齿形。后翅淡褐色，端区色暗。

分布：宁夏、河北、河南、四川、云南、西藏。

41. 绒黏夜蛾 *Leucania velutina*（Eversmann，1846）

前翅长 22.0mm；头、胸部灰褐色。前翅淡灰褐色，翅脉灰白色，除前缘区外，各脉间黑褐色；亚中褶基部具 1 黑纵纹；横脉纹周围黑色；外线为 1 列锯齿形斑，不明显；亚端线外侧有 1 列锯齿形黑斑；端线黑色。后翅褐色，端区色暗。

分布：宁夏、河北、内蒙古、黑龙江、新疆；蒙古，俄罗斯。

42. 亭俚夜蛾 *Lithacodia gracilior* Draudt，1950

前翅长 11.0~12.0mm；头、胸部淡绿白色。前翅淡灰褐色，翅脉灰白色，除前缘区外，各脉间黑褐色；亚中褶基部具 1 黑纵纹；横脉纹周围黑色；外线为 1 列锯齿形斑，不明显；亚端线外侧有 1 列锯齿形黑斑；端线黑色。后翅褐色，端区色暗。

分布：宁夏、河北、陕西。

43. 白肾俚夜蛾 *Lithacodia martjanovi*（Tschetverikov，1904）

前翅长 9.5~10.5mm；头、胸部褐黑色。前翅大部黑褐色，外线后半部外方白色，基线、内线黑色波浪形，衬灰白色；环纹、肾纹灰白色具黑边，外线双线黑色，亚端线白色，端线为一列新月形黑点。

分布：宁夏、黑龙江、内蒙古；俄罗斯。

44. 平影夜蛾 *Lygephila lubrica*（Freyer，1846）

前翅长 20.0~22.0mm；头部及颈板黑色，胸部黄褐色。前翅黄褐色，密布黑色短细纹，翅前缘具黑褐色斑；外线外方暗褐色；内线黑褐色；肾纹黑色；亚端线灰色；外缘具 1 列黑点。后翅黄褐色，端区黑褐色，缘毛黄色。

分布：宁夏、河北、山西、内蒙古、陕西、新疆；蒙古，俄罗斯。

45. 巨影夜蛾 *Lygephila maxima* (Bremer, 1861)

前翅长 21.0~22.0mm；头部紫棕色，颈板紫棕色，胸部背面褐色带灰色。前翅棕色，基线弱，黑棕色，自前缘脉至亚中褶，内侧衬灰色；内线黑棕色，自前缘脉外斜至中室前缘，折角近呈直斜外斜；肾纹约呈三角形，内半后端为一近圆形黑斑；中线模糊；外线、亚端线浅褐色，两线间暗褐色；翅外缘一列黑点。后翅褐棕色，端区暗褐色。

分布：宁夏、黑龙江、福建、山东；日本，朝鲜，韩国，俄罗斯等。

46. 蚕豆影夜蛾 *Lygephila viciae* (Hübner, 1822)

前翅长 15.0~26.0mm；头顶及颈板黑褐色。前翅灰褐色，被褐色细纹；内线褐色外弯，前端为黑褐色斑；肾纹褐色，围以黑点；亚端线灰色。后翅淡褐棕色。

分布：宁夏、河北、山西、内蒙古、黑龙江、浙江、山东、云南、陕西、新疆；欧洲。

47. 甘蓝夜蛾 *Mamestra brassicae* (Linnaeus, 1758)

前翅长 19.5~23.0mm；头、胸部暗褐色。前翅灰褐色；基线、内线均为双线，黑色，波浪形；剑纹短；环纹斜圆，具淡褐色黑边；肾纹白色，中部有黑圈；外线黑色，锯齿形；亚端线黄白色，在 M_2-M_3 脉间呈锯齿形；端线为 1 列黑点。后翅淡褐色。

分布：宁夏、北京、河北、内蒙古、辽宁、吉林、黑龙江、湖北、四川、西藏；日本，俄罗斯，印度，欧洲。

48. 角线研夜蛾 *Mythimna conigera* (Denis et Schiffermüller, 1775)

前翅长 14.0~15.5mm；头部及胸部黄色，混杂红褐色。前翅土黄色，翅脉灰黑色；内线红棕色，斜直伸达亚中槽，并向内斜伸；环纹不清晰；肾纹白色，中部有 1 黄斑；亚端线黑棕色；端线红棕色。后翅土黄色，端区黄褐色。

分布：宁夏、河北、山西、内蒙古、黑龙江；欧洲。

49. 黏虫 *Mythimna separata* (Walker, 1865)

前翅长 16.0~19.0mm；头、胸部灰褐色。前翅黄褐色；内线为几个黑点；环纹、肾纹褐黄色，界限不明显；外线为 1 列黑点；亚端线自顶角内斜至 M 脉；端线为 1 列黑点。后翅暗褐色。

分布：宁夏及除新疆的全国各地；古北区东部，东南亚。

50. 离布冬夜蛾 *Hada extrita* (Staudinger, 1888)

前翅长 14.0~15.0mm；头、胸部灰色。前翅灰色，被黑色细点；环形纹白色，中间黑色；肾纹灰白色，中间具暗灰色曲纹；外线黑色，锯齿形，外衬灰白色；亚端线灰白色，波浪形，端线为 1 列黑点。后翅灰褐色，端区色暗。

分布：宁夏、河北、内蒙古、甘肃、青海、新疆；朝鲜，日本，亚洲西北，欧洲，非洲。

51. 花实夜蛾 *Heliothis ononis* (Denis et Schiffermüller, 1775)

前翅长 10.0~11.5mm。前翅霉绿色带褐色；基部色暗，环纹黑大；肾纹大，霉绿色，具粗黑边；一褐带自肾纹内斜至后缘；外线和亚端线间霉绿色成一宽带，端区中段黑褐色。后翅黄白色，横脉纹粗大，黑色，斜方形，后缘区黑色，端区具一黑色宽带，翅外缘中部具一黄斑。

分布：宁夏、内蒙古、黑龙江、湖南、湖北、四川、青海；欧洲，美洲。

52. 苜蓿实夜蛾 *Heliothis viriplaca*（Hufnagel，1766）

前翅长 12.0～13.5mm。前翅淡灰褐色带霉绿色；中室端部具大黑褐色斑；外线近翅前缘具黑斑，其余不明显；端线为 1 列小黑斑。后翅淡褐黄色，横脉纹粗大，成黑色斑，端区具一黑色宽带，翅外缘中部具一黄斑。

分布：宁夏、内蒙古、黑龙江、湖南、湖北、四川、青海；欧洲，美洲。

53. 苇实夜蛾 *Heliothis maritima* Graslin，1855 宁夏新纪录

前翅长约 12.0mm；头部及胸部褐色带霉绿色。前翅霉灰色，内线黑色锯齿形；环纹由三个黑点组成，三角形；肾纹黑棕色，后端伸出中室；外线锯齿形，黑色；亚端线为一列黑点；后翅赭黄色，前、后缘区及亚中褶内半黑色，横纹脉巨大，端带黑色。

分布：宁夏、沈阳、吉林、黑龙江；欧洲。

54. 后甘夜蛾 *Hypobarathra icterias*（Eversmann，1843）宁夏新纪录

前翅长 15.0～16.5mm；头部及胸部黄褐色。前翅黄色，具赤褐点，前缘具几块褐色斑；基线、内线均为双线，褐色，波浪形；剑纹具褐边；环纹黄色，具褐边，中间为一褐点；肾纹白色，具黑边；外线黑棕色，间断，锯齿形。后翅淡赭黄色，端区褐色。

分布：宁夏、河北、黑龙江、甘肃；日本，韩国，俄罗斯。

55. 狼夜蛾 *Ochropleura plecta*（Linnaeus，1761）

前翅长 14.5～16.5mm；头部及颈板淡褐色。前翅紫棕色，前缘区内 2/3 灰白色；中室基部后方有一黑纵纹；环纹、肾纹暗灰色，边缘淡褐灰色，两纹间及环纹内侧的中室黑色，外缘一列黑点。后翅白色，前缘及顶角暗褐色。

分布：宁夏、黑龙江、西藏、青海；韩国，日本，欧洲。

56. 霉裙剑夜蛾 *Polyphaenis oberthuri* Staudinger，1892

前翅长 17.5～18.5mm；头部及胸部霉绿色带黑色。前翅霉绿色，被黑色细点；基线双线褐色，波浪形，外斜；剑纹长，具黑边；环纹褐色，具黑边；肾纹褐色，内缘明显黑色；中线黑色，前半外斜，后半波浪形；端线为一列黑点。后翅杏黄色，基部黑褐色，后缘具一黑褐色窄条，端区为一黑褐色宽带，其内缘不规则弯曲。

分布：宁夏、黑龙江、福建、河南、湖北、四川、云南、陕西、新疆；朝鲜，俄罗斯。

57. 冬麦异夜蛾 *Protexarnis confinis*（Staudinger，1881）

前翅长 22.0～24.0mm；头部及胸部灰褐色，夹杂褐色鳞片。前翅淡黄褐色；基线短，黑色；内线黑色，在中室为 2 内凸齿；环纹、肾纹不明显，具黑边；中线隐约可见；外线黑色，锯齿形；亚端线不明显。后翅淡褐色，外缘色深，缘毛黄白色，横脉纹为 1 黑斑。

分布：宁夏、河北、陕西、甘肃、青海、新疆；中亚地区，伊朗。

58. 宽胫夜蛾 *Protoschinia scutosa*（Denis et Schiffermüller，1775）

前翅长 13.5～15.0mm。前翅淡黄褐色；翅基部至内线褐色，内线黑色弯曲；环纹圆环状，具细褐边；肾纹大，黑色；中线褐色，前缘宽；外线黑色，宽，前半部弯曲，

后半稍内弯；亚端线褐色，前端内侧带黑色，约呈三角形，其前缘有 11 个白点，端线为 1 列新月形黑褐点。后翅土黄色，横脉纹黑褐色，端区为黑褐色宽带，端线为 1 列褐点。

分布：宁夏、河北、内蒙古、山东；朝鲜，日本，印度，亚洲中部，欧洲，美洲北部。

59. 黑卡夜蛾 *Pseudohermonassa melancholica* (Lederer, 1853)

前翅长约 17.5mm；头部及胸部黑棕色杂灰色。前翅紫棕色带灰色；基线黑色，外侧衬灰色；内线黑色，两侧衬灰色；亚中褶黑色，剑纹黑色；环纹灰色斜向；肾纹暗紫灰色，黑边。后翅黄白色，外线及端区褐色。

分布：宁夏、黑龙江、新疆、青海；日本，俄罗斯，欧洲。

60. 棘翅夜蛾 *Scoliopteryx libatrix* (Linnaeus, 1758)

前翅长约 16.5mm；头部及胸部褐色。前翅灰褐色，翅基部、中室端部及中室后橘黄色；内线白色，前半部略外弯，后半部直线外斜；环纹为一白点，肾纹为二黑点；外线双线，白色，略弯曲；亚端线白色，不规则弯曲。后翅暗褐色。

分布：宁夏、辽宁、黑龙江、河南、云南、陕西；朝鲜，日本，欧洲。

61. 克袭夜蛾 *Sidemia spilogramma* (Rambur, 1871) 宁夏新纪录

前翅长约 21.5mm；头部及胸部灰色。前翅灰褐色；基线双线，黑色，波浪形；剑纹淡褐色，具黑边；环纹灰黑色，有白圈；内、外边线黑色；肾纹灰黑色，外围具白色圈；中线黑色，后半与外线平行；外线双线，黑色，锯齿形。后翅白色，翅脉及端区灰褐色。

分布：宁夏、河北、黑龙江；日本、韩国、俄罗斯。

62. 刀夜蛾 *Simyra nervosa* (Dennis et Schiffermüller, 1775) 宁夏新纪录

前翅长约 18.5mm；头部、胸部及腹部白色。前翅白色，端区略带褐黄色，翅脉前、后侧均衬褐灰色，散布黑色细点。后翅白色，端区带褐黄色。

分布：宁夏、辽宁、新疆；俄罗斯，欧洲。

63. 干纹夜蛾 *Staurophora celsia* (Linnaeus, 1758)

前翅长约 18.5mm；头部及胸部粉绿色。前翅粉绿色，中部有一树干形棕褐色斑纹，翅基部有一棕褐色斑，顶角、中褶端部及臀角各具 1 三角形褐斑。后翅棕褐色。

分布：宁夏、河北、内蒙古、黑龙江、山东、新疆；欧洲。

64. 朝光夜蛾 *Stibina koreana* Draudt, 1934 宁夏新纪录

前翅长约 15.5mm；头部及胸部淡黄色。前翅淡黄色，有光泽；前缘基部有一黑点；内线黑色，由一串大小不等的斑点组成，后端不明显；环纹黑色，肾纹有黑色新月形圈；外线由一列黑点组成。后翅淡黄色，有光泽。

分布：宁夏、河北、辽宁；韩国。

65. 东风夜蛾 *Eurois occulta* (Linnaeus, 1758)

前翅长 26.0~29.0mm；头、胸部灰色。前翅底色灰白，密布黑色细点，翅基部有 1 黑斑横纹；基线双线，黑色；内线双线，黑色，波浪形；剑纹白色黑边；环纹不明显；肾纹灰白色，中部有黑斑，边缘黑色；外线双线，锯齿形；亚端线灰白色，内侧有

1 楔形黑纹；端线黑色。后翅黄褐色，缘毛灰白色。

分布：宁夏、甘肃、黑龙江；朝鲜，欧洲，北美洲。

66. 劳鲁夜蛾 *Xestia baja*（Denis *et* Schiffermüller，1775）宁夏新纪录

前翅长 16.5~17.0mm；头部及胸部褐色。前翅黄褐色带紫灰色；基线、内线及外线均双线黑色，后者锯齿形；外一线在翅脉上为双黑点；环纹、肾纹大；亚端线浅灰色或浅黄色。后翅赭黄色。

分布：宁夏、辽宁、内蒙古、山西、新疆；欧洲。

67. 八字地老虎 *Xestia c-nigrum*（Linnaeus，1758）

前翅长 13.5~17.0mm；头部及胸部褐色。前翅紫灰色，翅前缘灰褐色，前缘区2/3淡褐色，中室后色较深；环纹淡褐色，宽"V"形；肾纹较窄，中间深褐圈，具黑边；中室除基部外均黑色；亚中褶为一黑斑。后翅淡褐黄色，端区较暗。

分布：宁夏等全国各地；朝鲜，日本，印度，欧洲，美洲。

68. 大三角鲁夜蛾 *Xestia kollari plumbata*（Butler，1881）

前翅长 22.0~24.0mm；头部灰色，混杂黑色鳞片；胸部灰色，杂棕褐色鳞片。前翅紫灰色，翅前缘灰白色；基线黑色，外侧衬白色；内线双线，黑色，线间白色；剑纹小，褐色黑边；环纹斜圆，前端开放，灰色；肾纹褐色，边缘灰色；中室在内线以外黑色；中线模糊；外线双线锯齿形，黑色；外线至亚端线间灰白；端线为1列黑点。后翅灰白色，顶角及外缘色暗。

分布：宁夏、河北、内蒙古、黑龙江、江西、湖南、云南、新疆；日本，韩国，俄罗斯。

69. 三角鲁夜蛾 *Xestia triangulum*（Hüfnagel，1766）

前翅长 17.5~18.5mm；头部及胸部棕褐色杂黑色。前翅棕褐色；基线黄色，两侧衬黑色，后端外侧黑；内线双线黑色，外斜；剑纹黑色，环纹斜，肾纹灰褐色；中室黑色；外线双线，黑色，锯齿形；端线为一列黑点。后翅赭黄色。

分布：宁夏、黑龙江；俄罗斯，欧洲。

70. 珂冬夜蛾 *Xylena solidaginis*（Hübner，1803）宁夏新纪录

前翅长约 20.0mm；头部及胸部暗褐色。前翅暗灰色，翅脉黑色，中室基部及亚中褶基部各有一黑纵线；内线双线黑色，锯齿形；环纹为 2 个斜列的灰色圆斑，后一个大，接近肾纹；肾纹白色，具黑边；亚端线白色，锯齿形。后翅白色带褐色，端区色暗。

分布：宁夏、黑龙江、新疆；日本，俄罗斯，欧洲。

71. 满丫纹夜蛾 *Autographa mandarina*（Freyer，1845）

前翅长 19.0~21.0mm；头部及胸部红棕色。前翅棕色，基线、内线银色；环纹棕色具银边，后方有一弯"Y"形银纹；肾纹棕色具银边；外线双线棕色波浪线。后翅灰褐色，端部区域黑褐色。

分布：宁夏、河北、辽宁、黑龙江、甘肃；日本，俄罗斯，欧洲。

72. 金瓶夜蛾 *Autographa bractea*（Denis *et* Schiffermüller，1775）宁夏新纪录

前翅长 19.0~21.0mm；头部棕红色。前翅黄褐色，基横线褐色，前中线褐色；中

室下方有 1 花瓶状的金色斑纹；环状纹褐色，靠近 R 主干处边缘银色；肾状纹褐色，后中线褐色；亚端线褐色，波状，端线褐色。后翅黄褐色，缘毛黄褐色。

分布：宁夏、河北、山西、湖北、陕西、甘肃、新疆；伊朗、俄罗斯、土耳其、欧洲。

73. 金翅夜蛾 *Diachrysia chrysitis* (Linnaeus, 1758)

前翅长近 16.0mm；头部棕黄色，胸部黄褐色。前翅灰褐色，有 3 个褐色斑纹，1 个在内横线以内，1 个在中室下中横线与外横线间，另 1 个在 1A+2A 以下中横线与外横线间，其余部分为金黄色，强金属闪光。后翅灰褐色，缘毛黄褐色。

分布：宁夏、黑龙江、陕西、甘肃；欧洲。

74. 紫金翅夜蛾 *Diachrysia chryson* (Esper, 1789)

前翅长约 20.0mm；头部棕黄色，胸部灰褐色。前翅灰褐色，基横线褐色；内横线褐色，较直；环形纹及肾形纹缺失；中横线褐色，波状；中区暗灰褐色，R_5 与 CuA_1 间，中室后方至亚缘线处围成 1 梯形金绿色斑纹。后翅黄褐色带黑色，外缘线褐色。

分布：宁夏、天津、河北、吉林、黑龙江、浙江、安徽、江西、河南、湖南、云南、甘肃、新疆；朝鲜，日本，欧洲。

75. 黄裳银钩夜蛾 *Panchrysia dives* (Eversmann, 1844) 宁夏新纪录

前翅长约 13.0mm；头部黄褐色，下唇须黄褐色。前翅黑褐色，基横线双线，银色；内横线银色；环形纹银色，金属闪光；肾形纹银色，内部填充黑色；楔形纹由两个分离较远的椭圆形银斑形成，金属闪光；外横线褐色，波状；亚缘线银白色，后半段 2A+3A 上方及臀角近基部有银色斑纹，有金属闪光。后翅基部黑色，中部橙黄色，外缘有 1 黑褐色宽带。

分布：宁夏、河北、山西、青海；蒙古，俄罗斯，波兰，德国。

（十六）波纹蛾科 Thyatiridae

具单眼，下唇须小，喙发达；触角通常为扁柱形或扁棱柱形；前翅中室后缘翅脉三叉式；后翅 Sc+R_1 脉与中室前缘平行，在中室末端与 Rs 脉接近或接触，其基部与中室分离。

1. 金波纹蛾 *Plusinia aurea* Gaede，1930

前翅长 17.0~19.0mm。头部黄棕色，具白色斑；颈板红褐色；胸部黄棕色。前翅内区基部橄榄绿色，其余部分为灰色，微带黄红褐色；亚基线为 1 条由白色竖鳞组成的短斜纹；内线为 1 条白色宽带，该带始于翅前缘，止于翅后缘端部 2/3 处，向外倾斜，内线外侧有 3~4 条清晰的白色斜线；亚缘线为 1 条白色散开的宽带，从翅前缘顶角到臀角向内呈微弓形弯曲，在带前端渐渐加宽；在内线和亚缘线之间的区域其底色为红褐色。环斑和臀斑红褐色，周围具白色边，臀斑中央有 1 条白色短纹；缘线由 1 列新月形白色纹组成；缘毛黄白色与黄棕色相间。后翅暗褐色，缘毛黄白色。

分布：宁夏、湖北、湖南、广西、四川、云南、西藏、陕西、甘肃；缅甸。

2. 小太波纹蛾 *Tethea or* (Schiffermüller et Dennis, 1766)

前翅长 16.0~20.0mm。头部、胸部和前翅黑银灰色，腹部银灰色。前翅各横线浅黑色；内线双线，呈弓形弯曲，在臀角处向内弯折；外线双线，在中脉和臀脉处向内弯折；肾纹"8"字形，白色具黑边；亚端线为一列白点，白点外侧具黑色纹，近顶角具一黑色斜纹。后翅淡褐灰色。

分布：宁夏、河北、山西、内蒙古、辽宁、吉林、黑龙江、陕西、甘肃、青海、新疆。

（十七）凤蝶科 Papilionidae

体大型，色彩艳丽，底色多黑、黄或白，有蓝、绿、红等彩色斑纹。下唇须小；喙管及触角发达；前足正常，胫节有一个小而下垂的距，前跗节的爪间突和爪垫退化。前翅 R 脉 5 条，R_4 脉和 R_5 脉共柄，A 脉 2 条；后翅 A 脉 1 条，肩角有 1 条钩状的肩脉。

金凤蝶 *Papilio machaon* Linnaeus，1758

前翅长 34.0~50.0mm，体翅金黄色。前翅外缘黑色宽带内有 8 个椭圆斑；后翅外缘黑色宽带内具 6 个新月形斑；臀角有 1 个红褐色斑。

分布：宁夏等全国分布。

（十八）粉蝶科 Pieridae

多数白色或黄色，少数种类红色或橙色。下唇须发达；雌雄蝶前足均发达，有步行作用，有一对分叉的爪。前翅三角形，有的顶角尖出或圆形，R 脉 3~4 条，极少 5 条，基部多合并；A 脉 1 条；后翅卵圆形，外缘光滑，无尾突；无肩室；A 脉 2 条；臀区发达；前后翅中室均为闭式。寄主植物主要为十字花科、豆科、白花菜科和蔷薇科植物。广布于世界各地。

1. 斑缘豆粉蝶 *Colias erate*（Esper，1805）

前翅长 17.0~26.0mm，雌雄异色，雄性翅黄色，雌性翅白色。前翅外缘宽阔的黑色区有黄色纹，中室端有 1 个黑点。后翅外缘的黑纹多相连成列，中室的圆点在正面为橙黄色，反面为银白色外有褐色圈。

分布：宁夏、新疆；欧洲。

2. 橙黄豆粉蝶 *Colias fieldii* Ménétriès，1855

前翅长 26.0~32.0mm，密被橙黄色鳞毛。翅橙黄色，雌性在翅端黑色宽带中具有黄色斑纹，雄性翅端黑色宽带中无任何斑纹。前翅中部有黑色斑点 1 个，中心白点，外部下方有黑斑纹 3 个。后翅中部具黄色斑 1 块。翅反面橙黄色，后翅中部有大小不同白色斑纹 1~2 个，周缘套橙色圈。

分布：宁夏、河北、山西、内蒙古、黑龙江、山东、河南、湖北、湖南、广东、广西、四川、贵州、云南、西藏、陕西、甘肃、青海；印度，锡金，不丹，尼泊尔，巴基斯坦，缅甸，泰国。

3. 东方菜粉蝶 *Pieris canidia*（Sparrman，1768）

前翅长 22.0~25.0mm，前翅中部外侧的两个黑斑和后翅前缘中部的 1 个黑斑，均比菜粉蝶大而圆，顶角同外缘呈齿状。后翅外缘脉端有三角形黑斑。翅反面除前翅中部 2 个黑斑清晰外，其余斑均模糊。

分布：宁夏、全国广布；朝鲜，日本，中南半岛，印度，土耳其，帕米尔高原。

4. 菜粉蝶 *Pieris rapae*（Linnaeus，1758）

前翅长 22.0~24.0mm；体黑色，头、胸部有白色绒毛。翅面和脉纹白色；翅基部和前翅前缘色较暗，雌性特别明显。前翅顶角和中央有 2 黑色斑纹。后翅前缘有 1 黑斑。

分布：宁夏、全国广布；世界广布。

5. 云粉蝶 *Pontia daplidice*（Linnaeus，1758）

前翅长 21.0~27.0mm；翅白色。前翅中室端部黑色，顶角有 7 个成组的黑色斑点。后翅外缘有同样成组的黑斑。翅反面斑纹墨绿色，前翅图案同正面；后翅则在中室周围有连续的斑组成圈环，中央黄色，中室外有 6 斑组成半圆形，外缘有 4 个楔形斑。

分布：宁夏、辽宁、吉林、黑龙江、浙江、江西、山东、河南、广东、广西、四川、贵州、云南、西藏、陕西、新疆；朝鲜，日本，俄罗斯，西亚，中亚，欧洲，北非，埃塞俄比亚。

（十九）蛱蝶科 Nymphalidae

前足退化，没有步行作用，无爪。前翅 R 脉 4~5 条，A 脉 1~2 条；后翅 A 脉 2 条。

1. 荨麻蛱蝶 *Aglais urticae*（Linnaeus，1758）

翅展 45.0~55.0mm。翅面橘红色，斑纹黑或黑褐色，前翅外缘齿状。前翅前缘黄色，有 3 块黑斑，外缘有一黑褐色宽带，顶角内侧有一白斑，后缘中部有 1 个大黑斑，中域有 1 个较小的黑斑。后翅褐色，基半部黑色。前后翅外缘黑褐色宽带内有 7~8 个青蓝色斑。翅反面黑褐色，翅中部有一个浅色宽带，密布黑色细线。

分布：宁夏、河北、山西、辽宁、吉林、黑龙江、福建、江西、广东、广西、四川、云南、西藏、陕西、甘肃、青海、新疆；朝鲜，日本，中亚，中欧。

2. 老豹蛱蝶 *Argyronome laodice*（Pallas，1771）

翅展 64.0~70.0mm。翅橙黄色，斑纹黑色，外缘波曲状。前翅外缘有 1 列三角形黑斑，内侧具 2 列黑斑，大小不一。后翅外缘区具 3 列斑纹。前翅腹面淡黄褐色，顶角色淡。后翅腹面基半部黄绿色，近中部有一褐色宽横线，横线内侧有一银白色带纹。

分布：宁夏、河北、山西、辽宁、黑龙江、江苏、浙江、福建、江西、河南、湖北、湖南、四川、贵州、云南、西藏、陕西、甘肃、青海、新疆、我国台湾；朝鲜，日本，印度，中南半岛，欧洲。

3. 灿福蛱蝶 *Fabriciana adippe*（Denis et Schiffermüller，1776）

翅展 65.0~70.0mm；翅橙黄色，雌性色较暗且斑纹重。雄性在前翅 Cu_1 和 Cu_2 脉上有 2 条线状性标，中室内有 4 条弯曲的线纹；亚缘区有 6 个黑圆斑。后翅亚外缘黑斑列在 m_1 和 m_3 室各有 1 个小黑点；后翅反面绿褐色，外缘平列半圆形银白色斑 1 列，其内侧有红褐色斑 1 列；翅基部有十多个银白色斑，大小与分布不规则，翅中部有银白色斑 1 列 7 个，中间 1 个很小。

分布：宁夏、河北、辽宁、吉林、黑龙江、江苏、浙江、山东、河南、湖北、四川、云南、西藏、陕西；朝鲜，日本，俄罗斯，中亚。

4. 大网蛱蝶 *Melitaea scotosia* Butler，1873

翅展 47.0~60.0mm。翅橙黄褐色，翅面的黑色横列与黑色脉将翅面分割成黄褐色小方块。后翅腹面基部、中部和外缘有很宽的黄白色区域。

分布：宁夏、河北、山西、辽宁、吉林、黑龙江、山东、河南、陕西、甘肃、新疆；蒙古，朝鲜，日本。

5. 小红蛱蝶 Vanessa cardui（Linnaeus，1758）

翅展 47.0~65.0mm；黑褐色，顶角附近有几个小白斑。前翅中央有红黄色不规则的横带。后翅基部与前缘暗褐色，其余部分红黄色，沿外缘有 3 列黑色点，内侧 1 列最大。前翅反面和正面相似，但顶角为青褐色，中部的横带为鲜红色。后翅反面多灰白色线，围有不同浓度不规则密布的褐色纹，外缘有 1 淡紫色带，其内侧有 4~5 个中心青色的眼状纹。

分布：宁夏、河北、内蒙古、辽宁、吉林、黑龙江、浙江、福建、河南、湖北、湖南、广东、四川、贵州、云南、西藏、陕西、甘肃、新疆；世界广布。

6. 大红蛱蝶 Vanessa indica（Herbst，1794）

翅展 55.0~65.0mm；翅黑色，外缘波状，近顶角有几个小型的白斑。前翅中央有 1 宽而不规则的红色横带。后翅暗褐色，外缘为红色，包有 4 个小黑斑，臀角黑色，上有青蓝色鳞片。前翅反面同正面，仅顶角为茶褐色，中室端部的黑斑中有青蓝色鳞。后翅反面茶褐色，呈复杂的网纹，外缘有 4~5 个不明显的眼状斑。

分布：宁夏等全国各地；亚洲东部，欧洲，非洲西北部。

（二十）眼蝶科 Satyridae

小型或中型种类，常为灰褐、黑褐或黄褐，少数红色或白色。前翅呈圆三角形；中室为闭式，前翅 Sc 脉基部常膨大，部分种类的 Cu 脉及 A 脉的基部膨大；R_3 至 R_5 共柄；M_1 与 R 脉不共柄。后翅近圆形，中室为闭式，肩区具较发达的肩横脉，内缘臀区较发达。两翅反面近亚外缘常具多数较醒目的眼状的环形斑纹。前足退化，毛刷状，无爪。

1. 贝眼蝶 Boeberia parmenio（Böber，1809）

前翅长 28.0~32.0mm，浅褐色。前翅正面亚缘至中域具橘黄色圆斑列，内有 4~5 个黑眼，眼中有白点；顶角有 2 个眼斑连接，眼中有白点。前翅反面中后部棕红色；后翅亚内缘有 5 个眼斑，中域有齿状横列线 2 条，脉纹网状，白色。

分布：宁夏、辽宁、黑龙江、内蒙古；俄罗斯，蒙古。

2. 牧女珍眼蝶 Coenonympha amaryllis（Cramer，1782）

前翅长 14.0~17.0mm，棕黄色。前翅亚外缘有 3~4 个模糊黑斑，外缘褐色。前翅反面亚外缘有 4~5 个眼斑。后翅反面基半部青灰色，有 6 个眼斑，内侧有云状白斑块列。

分布：宁夏、河北、内蒙古、辽宁、吉林、黑龙江、浙江、福建、河南、陕西、甘肃、新疆；土耳其，朝鲜。

3. 仁眼蝶 Eumenis autonoe（Esper，1784）

前翅长 26.0~30.0mm，棕褐色。前翅亚缘至中域有宽黄斑带，由后翅向外渐失。前翅黄斑域内有 2 个黑色斑，斑内有白点。后翅反面有中域线带，线内色较深，近臀角有 1 个小黑色眼斑。

分布：宁夏、山西、内蒙古、黑龙江、陕西、甘肃、新疆；俄罗斯。

4. 斗毛眼蝶 *Lasiommata deidamia* (Eversmann，1851)

前翅长 25.0~29.0mm，翅黑褐色，缘毛白色。前翅近端部处有 2 条白色的斜带，近顶角有 1 黑色眼状纹，具暗黄色的边环和白心。后翅正面有 2~3 个眼斑。前翅反面比正面色稍淡，外缘有 2 条细线。后翅有 6 个眼斑，基外侧有淡色的弧形线，其内侧亚外缘有白色宽带。

分布：宁夏、河北、山西、辽宁、吉林、黑龙江、福建、山东、河南、湖北、四川、陕西、甘肃、青海；朝鲜，日本。

5. 白眼蝶 *Melanargia halimede* (Ménétriès，1859)

前翅长 23.0~30.0mm，翅白色。前翅近顶角及中部有 2 条黑褐色不规则的斜带，后缘黑褐色。后翅亚缘有中断的黑褐带。反面近顶角有 2 个黑褐色圆斑，中室端有 2 个相连的近长方形的黑褐色斑。后翅中室端脉上有小环斑，下有细横线。

分布：宁夏、河北、山西、内蒙古、辽宁、吉林、黑龙江、江苏、浙江、福建、江西、山东、湖北、湖南、四川、贵州、陕西、甘肃、青海、新疆；蒙古，朝鲜，俄罗斯。

6. 蛇眼蝶 *Minois dryas* (Scopoli，1763)

前翅长 28.0~36.0mm，黑褐色。前翅有 2 个黑色眼状纹，纹的中心青白色，后翅近臀角有 1 个同样的眼状纹，但较小，翅缘齿状。翅反面色较淡，前翅的眼状纹有暗黄色边环，后翅多细的波状纹错综排列，近外缘有暗色带，其内侧有灰白色波状带 1 条，前后翅眼状斑同正面。

分布：宁夏、河北、山西、辽宁、吉林、黑龙江、江苏、浙江、安徽、福建、山东、河南、湖北、湖南、四川、贵州、陕西、甘肃、青海、新疆；朝鲜，日本，俄罗斯。

7. 玄裳眼蝶 *Satyrus ferula* (Fabricius，1793)

前翅长 25.0~30.0mm，雄性翅暗褐色，雌性色较浅，翅反面具灰白色宽带。前翅具 2~4 个小眼斑，反面斑大，且上面的斑大于下面的斑，斑内具白点。后翅正反面斑都较小。

分布：宁夏、新疆、甘肃；俄罗斯。

（二十一）灰蝶科 Lycaenidae

小型。复眼基部相距近；触角短，多有白色环；雌蝶前足正常，雄蝶前足退化，爪发达。前翅 R 脉多 3~4 条，A 脉 1 条；后翅 A 脉 2 条；前后翅中室闭式，很少开式。

1. 中华爱灰蝶 *Aricia mandschurica* Staudinger，1892

翅展 20.0~32.0mm；翅面黑褐色。前后翅亚外缘具一列橙红色斑。前翅反面灰褐色，中室末端有黑点，亚外缘橙红色横带，两侧伴有黑色斑点，内侧斑为新月形，外侧斑为圆形。后翅反面中横带斑列排列不整齐，基部具 3~4 个黑斑点。

分布：宁夏、北京、黑龙江、吉林、陕西、甘肃、河南、青海。

2. 红珠灰蝶 *Lycaeides argyrognomon* (Bergstrasser，1779)

翅展 30.0~35.0mm；雌雄异型。雄性翅正面深蓝紫色，后翅外缘具黑色斑点。雌性翅正面黑褐色，后翅外缘黑点大而明显，内侧为深红色的新月斑。翅反面灰褐色，中室末端具一黑色新月斑，外侧具 3 列黑斑，外 2 列相互靠近，中间夹有橙红色带纹。

分布：宁夏、河北、山西、辽宁、吉林、黑龙江、山东、河南、四川、西藏、陕西、甘肃、青海、新疆；朝鲜，日本。

3. 大斑霾灰蝶 *Maculinea arionides*（Staudinger，1887）

前翅长 5.0~7.0mm；浅蓝色，外缘带深黑色，中域黑斑带大，块状。前翅中室端斑大，反面灰白色，基部浅蓝色，亚缘有 2 列黑斑。前翅中域横斑列斑块大，顶角的 2 个内移，中室内具 2 个大黑斑。后翅黑斑小，近圆形，端半部有 3 列黑斑，中室后部和后翅基部有 5 个黑点。

分布：宁夏、山西、辽宁、吉林、黑龙江、河南、四川、甘肃；朝鲜，日本，俄罗斯。

4. 多眼灰蝶 *Polyommatus eros* Ochsenheimer，1892

前翅长 12.0~14.0mm；雌雄异色，雄性深天蓝色，亚缘无其他斑。雌性褐色，亚缘有橘黄色月牙斑列，前中室端有 1 黑斑。反面灰白色，前中室域后部有 2 个黑斑；其他各中室端斑显见，中域横列斑排列规律。

分布：宁夏、河北、内蒙古、辽宁、吉林、黑龙江、福建、山东、河南、四川、西藏、陕西、甘肃、青海；日本，韩国，俄罗斯，欧洲。

（二十二）弄蝶科 Hesperiidae

小型或中型种类，体粗壮，色彩黯淡，多黑色、褐色或棕色等，少数为黄色或白色。触角短，基部相互远离，端部尖出并弯曲成钩状；前足发达。前翅三角形，顶角尖；R 脉 5 条，A 脉 2 条，离开基部后合并；后翅近圆形，A 脉 3 条。

1. 小赭弄蝶 *Ochlodes venata*（Bremer *et* Grey，1853）

翅展 28.0~35.0mm；翅面赭褐色；翅斑为金黄色不透明斑。前翅有黄白色连续的中横带。后翅有 1 列黄白色弧形横带。翅反面赭黄色；前翅基部 1/2 黑褐色，斑纹色浅同正面。

分布：宁夏、河北、辽宁、吉林、黑龙江、浙江、福建、河南；日本，朝鲜。

2. 直纹稻弄蝶 *Parnara guttata*（Bremer *et* Grey，1852）

翅展 25.0~34.0mm；翅面黑褐色。前翅有 7~8 个半透明的白色斑纹，排成半环形，其中顶角斑 2~3 个，中域斑 3 个，中室 2 个；后翅中域 4 个透明斑。

分布：宁夏、全国广泛分布；日本，朝鲜，马来西亚，越南，老挝，缅甸，印度，俄罗斯。

3. 北方花弄蝶 *Pyrgus alveus*（Hübner，1805）

翅展 28.0~32.0mm；体黑褐色，翅面有黄白斑。胸、腹部背面黑色。前翅黑褐色，基部 2/5 内杂灰黄色鳞，中区至外区约具多个黄白至灰白色斑纹，缘线白色，缘毛灰黄色，翅脉端棕黑色。后翅、前翅同色，约有 8 个白斑，中部 2 个较大，外缘 6 个较小。翅反面色彩较鲜艳，前翅顶角具 1 锈红色大斑。

分布：宁夏、黑龙江、山西、四川、甘肃；俄罗斯。

十四、双翅目 Diptera

体小到大型；前翅膜质，后翅特化为平衡棒。口器刺吸式或舐吸式。触角3节或6节以上，类型包括环毛状、线状、牛角状等。完全变态；幼虫无足型、蛆型或蠕虫型；蛹多为围蛹、裸蛹。生殖方式包括两性生殖、孤雌生殖、幼体生殖、卵生和卵胎生等。食性复杂，包括菌食性、植食性、腐食性或粪食性、捕食性、寄生性。常见类群包括蚊类、蝇类、虻类、蠓类、蚋类等。

（一）长足虻科 Dolichopodidae

体小到大型，一般金绿色，鬃发达。头半球形，稍宽于胸部，后头竖直面较平；胸背较平，腹部细长，雄性腹端外生殖器不同程度向腹面钩弯；翅盘室与第2基室愈合；足细长，有发达的鬃。

1. 青河长足虻 Dolichopus qinghensis Zhang, Yang et Grootaert, 2004 宁夏新纪录

雄性体长3.5~4.3mm，翅长3.1~4.4mm。头部金绿色，有灰白粉。颜窄于触角第3节。毛和鬃黑色，中下眼后鬃黄色。触角黄色，第1节及第2节窄的背面暗褐色；第3节黑褐色，明显延长，长为宽的2.5倍，端尖；触角芒黑色，有短细毛，基节长为端节的0.6倍。喙黑色，有黑毛；须黄色，有黄毛。

胸部金绿色，有灰白粉。毛和鬃黑色。6根强背中鬃，9~10对短毛状中鬃；小盾片有2对鬃（基对鬃短而弱）和一些短的黄色端缘毛。前胸侧板下部有1根黑鬃。足黄色；前足基节黄色，中后足基节黑色；前足第4、第5跗节黑色，中足跗节自基跗节末端往外黑色，后足胫节端部1/3及后足跗节黑色。翅浅灰色，脉黑色；前缘脉粗长；M无退化的M_2，CuAx值0.4。腋瓣黄色，有黑毛。平衡棒黄色。

雄性外生殖器：第9背板长大于宽；外侧叶有1根刺状端鬃，内侧叶宽大；尾须近方形，有明显指突及缘鬃；下生殖板端截形，阳茎细长。

雌性未知。

分布：宁夏、新疆。

2. 粗脉寡长足虻 Hercostomus crassivena Stackelberg, 1934

雄性体长3.0~4.9mm，翅长3.0~5.6mm。

头部金绿色，有灰白粉。颜有灰褐粉，明显窄于触角第3节。毛和鬃黑色；中下眼后鬃及后腹毛黄色。触角黑色；第3节长为宽的1.4倍，端有些尖；触角芒黑色，有细短毛，基节长为端节的0.3倍。喙褐色，有黑毛；须黑色，有黑毛和1根黑端鬃。

胸部金绿色，有灰白粉。毛和鬃黑色；6根强背中鬃；4~5对不规则的短毛状中鬃，2行中鬃之间的间距很窄；小盾片有1对强鬃（基鬃短毛状）和几根浅黄色短缘毛。前胸侧板有浅黄毛，下部有1根黑鬃。足黄色；前足基节黄色，中后足基节黑色；前中足跗节自基跗节端往外浅褐色至褐色，后足跗节黑色。前足基跗节有1根腹鬃。翅白色透明，带浅灰色；脉褐色，R_{2+3}和R_{4+5}基部2/3加粗；R_{4+5}和M端部弱的汇聚；CuAx值0.6。腋瓣黄色，有黑毛。平衡棒黄色。

雄性外生殖器：第9背板长大于宽，外侧叶短粗，端钝，内侧叶不明显；尾须有些三角形，有明显指状缘突和鬃；下生殖板窄。

雌性未知。

分布：宁夏、西藏。

3. 内蒙寡长足虻 *Hercostomus neimengensis* Yang，1997　宁夏新纪录

雄性体长 2.4~2.8mm，翅长 2.5~2.6mm。

头部金绿色，有灰白粉。毛黄色，鬃黑色；眼后鬃黄色。触角黄色；第3节端部浅黑色，近卵圆形，长为宽的 1.1 倍；触角芒黑色，有明显细毛，基节长为端节的 0.25 倍。喙暗黄色，有淡黄色毛；须黄色，有淡黄色毛。

胸部金绿色，下侧片部分黄色，有灰白粉，第 1~2 背板除第 2 背板后缘外黄色。毛和鬃黑色；6 根强背中鬃，中鬃 5~6 根，短毛状；小盾片有几根缘毛。足黄色；基节黄色；跗节自基跗节末端往外褐色至暗褐色。翅白色透明，脉褐色；R_{4+5} 与 M 汇聚，CuAx 值 0.45。腋瓣黄色，有黑毛。平衡棒黄色。

雄性外生殖器：第九背板端有些尖，侧叶长；尾须带状，有一些缘齿；下生殖板短，侧臂细而弯；阳茎端稍弯。

雌性体长 2.7~3.3mm，翅长 2.7~2.9mm。与雄近似，但腹部第 3 背板侧面黄色；腹部毛黑色。

分布：宁夏、内蒙古、甘肃。

（二）舞虻科 Empididae

体小至中型，细长，褐色至黑色或黄色有黑斑，一般有明显的鬃。头部较小而圆；雌雄复眼分开，或在颜区（或额区）相接。触角鞭节基部 1 节较粗，末端生有 1~2 节的端刺或芒。喙一般比较长，较坚硬。胸部背面隆起。前缘脉有时环绕整个翅缘；Sc 端部多游离，有时也完全终止于前缘脉；R_{4+5} 多分叉，R_5 一般终止于翅端；臀室短，离翅缘较远处关闭，盘室有时不存在。翅基部较窄，腋瓣一般不发达。

1. 云南显颊舞虻 *Crossopalpus yunnanensis* Yang，Gaimari *et* Grootaert，2004 宁夏新纪录

雄性体长 2.6~3.0mm，前翅长 2.5~2.7mm。

头部黑色，有灰白粉。毛淡黄色，鬃浅黑色。复眼在颜面很窄地分开，向头顶变宽。复眼发达，黑色，其下有明显宽的亮黑色颊。单眼瘤明显，单眼黄棕色，有 2 根鬃和 2 根后毛。头顶鬃 1 根，稍长于单眼鬃。触角黑色；第二节有 1 圈端鬃（1 根腹鬃很长）；第三节短锥状，长为宽的 1.2 倍，有短黑毛；触角芒很细长，长为触角第三节的 6.2 倍，黑色，有短黑毛。喙黑色，明显短于头高，有黑毛；须浅褐色，有淡黄毛和 1 根长端鬃。

胸部黑色，有密的灰粉，第 3~4 腹板有一小的中后凹缺，毛和鬃短而稀少，多淡色。胸侧亮黑色。毛淡黄色，鬃浅黑色。中胸背板有许多短毛。无明显肩鬃。足黑色；基节黑色；腿节末端暗黄色；胫节和跗节暗黄色，但跗节端部暗褐色。足毛浅褐色，鬃黑色。后足胫节有浅褐色的腹鬃，末端有 2 根黑色的刺状前鬃。后足基跗节明显较短。翅白色透明，脉暗褐色；R_{4+5} 和 M_{1+2} 端部分叉。腋瓣暗黄色，有淡色毛。平衡棒暗黄色，但基部褐色。

雄性外生殖器：第九背板左背片，较窄，几乎与有背片分开；其背侧突大而端圆，基部较窄；右背片较大，有短粗的侧突，其背侧突短锥状；单一的尾须斜，呈指状。

雌性体长 2.2~2.6mm，翅长 2.6~2.7mm。类似雄性，但腹部第 4~5 背板不特化。

分布：宁夏（云雾山）、河南、北京、云南。

2. 淡腹平须舞虻 *Platypalpus pallidiventris*（Meigen，1822）中国新纪录

雄性体长 2.7~3.7mm，翅长 2.7~2.8mm。

头部黑色，密被浅灰色粉。复眼窄的分开；颜稍比额窄。头部的毛和鬃淡黄色。触角黑色，但基部二节黄色，第 3 节最基部通常暗黄色或黄色；第三节长锥形，长为宽的 2.1~2.2 倍，有短白毛；触角芒长为第 3 节的 2.1~2.2 倍，有很短的白毛。喙黑色；下颚须长明显大于宽，末端钝，黄色，有淡黄毛和 2 个淡黄端鬃。

胸部黑色，末端黑色，密被灰白粉。胸部的毛和鬃淡黄色；中鬃两列。足黄色，各跗节有黑色端环。前足腿节为后足腿节的 1.8 倍，中足腿节为后足腿节的 2.5 倍。前足腿节有一排淡黄色的前腹鬃和后腹鬃；中足腿节端部有 2 根浅黑色的前鬃，有 2 排黑色短腹刺，以及黄色短的前腹鬃和长的后腹鬃各一排；后足腿节有一排短的前腹鬃。前足胫节有 4~5 根前背鬃，中足胫节端距长而尖；后足胫节有 2~3 根前背鬃。翅白色透明，R_{4+5} 和 M 端部会聚。

分布：宁夏（云雾山）；欧洲。

（三）大蚊科 Tipulidae

体小至大型，细长且少毛，灰褐色至黑色和黄色，有黑斑。头前部延伸成喙状，一般有鼻突。复眼大，位于头两侧，无单眼。触角 13 节，长丝状，有时锯齿状或栉状。下颚须 4 节，末节长，比其余各节之和还长。前胸背板明显，中胸背板有 "V" 形横沟。足细长，胫节有或无距。翅狭长，基部窄；Sc 终止于 R_1 上，A 脉 2 条，都伸达翅缘。

1. 短柄大蚊 *Nephrotoma* sp.

喙短，约为头长的一半；额中等宽，有隆起的瘤突；雄虫触角可达头胸长之和，而雌虫约为头长的两倍，鞭节形状从近圆柱形到肾形，有软毛和触角毛轮。胸部多黄色，且中胸前盾片具 3 条亮黑色纵斑。翅一般透明无杂色斑；翅痣颜色从勉强可见到黑色；Sc_2 在 Rs 起源处进入 R_1，Rs 很短，直而斜，m_1 室无柄或仅有短柄，CuA_1 在 M 的分叉前进入 M。腹部细长。雄虫第九背板不与第九腹板完全愈合。生殖叶常肉质，或多或少平的叶状。雌虫产卵器尾须长。产卵瓣比尾须短。

分布：宁夏（云雾山）。

2. 细头尖大蚊 *Tipula*（*Acutipula*）*cockerelliana* Alexander，1925

雄虫体长 20.0~31.0mm；前翅长 19.0~24.0mm。头部灰褐色，头顶具一深褐色中纵纹。触角鞭节灰黄色且各节基部褐色。胸部棕色，中胸前盾片灰褐色，前缘及侧缘深红褐色，盘区具四条深褐色纵斑；胸侧黄色。足黄色，胫节、跗节黄褐色至黑褐色；胫节距式 1-2-2。翅灰黄色，沿翅弦具白色横斑，中室端部及肘室中部各具一浅灰褐色斑。腹部第 1~5 节背板暗黄色，具褐色侧纵斑，腹板黄色；余节黑褐色。第 8 腹板后缘中部具一近方形延伸，沿腹板中线具黄色长毛缨；第 9 背板中突较窄，末端细长；生殖叶宽大瓣状，近三角形；抱握器喙短锥状，外基叶宽大，背缘深凹呈直角状，前部呈

反"F"形、近背侧具刚毛丛，后部长、末端钝圆且具刚毛丛。

分布：宁夏、吉林、北京、河北、山西、河南、陕西、甘肃、四川；俄罗斯。

（四）缟蝇科 Lauxaniidae

体小至中型，较粗壮。体色浅黄至黑色，多具斑。翅白色透明至褐色，多为黄色，有或无黑斑。头部1~2对侧额鬃，单眼后鬃汇聚；无口髭。翅前缘无缺刻，亚前缘脉完整，臀脉短1~2条、不达翅缘。足多黄色，部分种类黑色或具斑，胫节有端前背鬃。

1. 双鬃缟蝇 *Sapromyza*（*Sapromyza*）*speciosa* Remm et Elberg, 1980 中国新纪录

体黄色，触角鞭节端半部黑色，须端半部黑色。胸部中鬃4~6排。雌雄后足胫节具3~4个弯曲的强端腹鬃和多排小刺。

分布：宁夏；蒙古。

2. 六斑双鬃缟蝇 *Sapromyza*（*Sapromyza*）*sexpunctata* Meigen, 1826

体黄色，腹部四至六节背板各有1对不规则黑斑，偶有少数标本第四节或第六节的黑斑消失。

分布：宁夏、湖北、浙江；朝鲜，奥地利，比利时，英国，捷克斯洛伐克，丹麦，芬兰，德国，法国，匈牙利，挪威，波兰，罗马尼亚，瑞典，瑞士，荷兰，俄罗斯，拉脱维亚，立陶宛，乌克兰。

3. 同脉缟蝇 *Homoneura*（*Homoneura*）*pictipennis* Czerny, 1932

体淡黄色。触角端半部黑色。中胸背板具1对中带和1对侧带。翅斑特殊：亚缘室褐色；R_{4+5}和M_1的基部有一个长椭圆形或长带状的褐斑，有时伸达r-m；R_{2+3}的端前斑和R_{4+5}的中斑融合或分离，R_{4+5}的端斑和M_1的端斑分离或微微融合，r-m和dm-cu各有一个褐斑。

分布：宁夏、黑龙江。

（五）蚜蝇科 Syrphidae

体小型到大型，体宽或纤细，光滑或具毛，体色由暗色到具黄、橙、灰白色斑。头部半圆形，一般与胸部等宽。触角一般位于头中部之上，由3节组成，一般较短，下垂，基部2节短小，第3节圆形、卵形或多少带有长卵形，有时近方形，基部背侧具触角芒，或位于触角第3节末端，芒长羽状、短羽状、或仅具短毛或无毛。前、后胸退化，中胸发达，具柔软细毛。前翅R_{4+5}与M_{1+2}脉之间具伪脉，后翅退化为平衡棒。腹部至少可见4节，一般5~6节。

1. 短腹管蚜蝇 *Eristalis arbustorum*（Linnaeus, 1758）

体长11.0~13.0mm；体粗壮。小盾片黄棕色。腹部短锥形，基部宽，端部狭圆；第1背板黑色；第2背板黄色，中央具"I"形宽黑斑，前宽后狭，不达背板侧缘和后缘；第3背板黑色，前缘及两侧角黄色，后缘具黄白色狭边，中央具亮黄色横带；第4背板黑色，后缘黄白色；腹末黑色。雌性第2背板两侧具黄斑，其后角伸达背板后缘。

分布：宁夏、河北、山西、内蒙古、辽宁、吉林、黑龙江、浙江、福建、山东、河南、湖北、四川、云南、西藏、陕西、甘肃、青海、新疆；前苏联，印度，伊朗，叙利亚，阿富汗，欧洲，北美，北非。

2. 灰带管蚜蝇 *Eristalis cerealis* Fabricius，1805

体长 12.0~13.0mm；体粗壮。小盾片黄色。腹部短锥形，基部宽，端部狭圆；第 1 背板黑色；第 2 背板黄色，中央具"I"形宽黑斑，侧缘凹入深，后端两侧几达背板侧缘，后缘不达背板后缘；第 3 背板黄色，具倒"T"形黑斑，其前端呈箭头状，几达背板前缘；第 4 背板黑色，前、后缘黄白色；腹末黑色。雌性第 2 背板黑斑较大，第 3、第 4 节背板大部分黑色。

分布：宁夏、河北、内蒙古、辽宁、黑龙江、江苏、浙江、安徽、福建、江西、山东、河南、湖北、湖南、广东、四川、云南、西藏、陕西、甘肃、青海、新疆、我国台湾；苏联，朝鲜，日本，东洋区。

3. 长尾管蚜蝇 *Eristalis tenax* (Linnaeus，1758)

体长 12.0~15.0mm；小盾片黄色。腹部锥形，基部宽于胸，端部狭圆。第 1 背板暗黑色；第 2、第 3 节背板柠檬黄色，第 2 节背板中部具"I"形黑斑，黑斑前部宽，与背板前缘相连，后端不达背板后缘，两侧不达背板侧缘；第 3 背板后端具倒"T"形黑斑，其前端呈箭头状，几达背板前缘，后缘两侧不达背板侧缘；第 4、第 5 背板黑色。雌性第 2 背板黑斑较大，第 3、第 4 节背板前后缘具窄黄边。

分布：宁夏、河北、山西、内蒙古、辽宁、吉林、黑龙江、江苏、浙江、安徽、福建、江西、山东、河南、湖北、湖南、广东、广西、海南、四川、贵州、云南、西藏、陕西、甘肃、青海、新疆、我国台湾。

4. 羽毛宽盾蚜蝇 *Phytomia zonata* (Fabricius，1787)

体长 12.0~15.0mm；小盾片横宽，黑色。腹部短卵形；第 1 背板黑亮，两侧黄色；第 2 背板大部分红黄色，端部 1/4~1/3 棕黑色，有时正中具暗中条纹；第 3、第 4 背板黑色，近前缘各具 1 对棕黄色狭斑，第 5 背板及尾端黑褐色。

分布：宁夏、河北、辽宁、吉林、黑龙江、山东、河南、江苏、浙江、湖南、湖北、福建、广东、广西、海南、四川、云南、陕西、甘肃；东南亚，俄罗斯，韩国，日本。

（六）寄蝇科 Tachinidae

成虫的中胸后小盾片发达，一龄幼虫口钩与口咽骨愈合这两个共有衍征，区别于其他有瓣蝇类，成为一单系群。一般体长 2.0~20.0mm，体型和颜色多样。

1. 黑角阿克寄蝇 *Actia crassicornis* (Meigen，1824)

体长约 4.0mm；黑色，覆盖白色粉被。触角第 3 节为第 2 节长的 4.5 倍。r_1 脉腹面裸；肘脉上的小鬃达中肘横脉，背中鬃 3+4。小盾片除端部黄色外，大部黑色。背板后缘具黑色横带，下腋瓣淡黄色。腹部覆黑色毛。

分布：宁夏、北京、山西、吉林、海南；日本，欧洲，哈萨克斯坦，蒙古，俄罗斯，外高加索。

2. 黑须卷蛾寄蝇 *Blondelia nigripes* (Fallén，1810)

体长 6.0~10.0mm；黑色，覆盖白色粉被。触角黑色，第 3 节基部红黄色，其长度为第 2 节长的 2 倍。小盾片全黑色。翅淡黄褐色透明；下腋瓣淡白色。腹部黑色，腹面基部被黑毛，第 1+2 背板背面具 1 个黑纵条，第 3~5 背板基半部被灰白色粉被，端半部黑色，第 3、第 4 背板各具 1 对中心鬃，两侧具不明显的红黄色斑。

分布：宁夏、北京、河北、内蒙古、吉林、黑龙江、四川、云南、西藏、青海、新疆；日本，蒙古，俄罗斯，欧洲。

3. 迷追寄蝇 *Exorista mimula*（Meigen，1824）

体长约 10.0mm；底色黑，覆黄色粉被。额鬃每侧 7 根。触角黑色，第 3 节长为第 2 节长的 2 倍。胸部中胸盾片具 5 个黑纵条。小盾片暗黄色，基缘黑。上下腋瓣金黄色。第 5 腹板两侧中部各具一深陷的缺刻。

分布：宁夏、北京、河北、内蒙古、辽宁、吉林、黑龙江、福建、四川、云南、陕西、甘肃、青海、新疆；朝鲜，日本，蒙古，俄罗斯，外高加索，欧洲。

4. 蓝黑栉寄蝇 *Pales pavida*（Meigen，1824）

体长约 9.0mm；蓝黑色，覆盖白色粉被。颊黑色，侧颜红棕色。触角黑色，第 3 节长为第 2 节的 4.5 倍。小盾片淡黄色，基部 1/3 黑色。胸部黑色，密被灰白色粉被，背面具 4 个窄纵纹，中间 2 条清晰。翅淡色透明。腹部蓝黑色，长卵圆形，被灰白色粉被。

分布：宁夏、北京、河北、黑龙江、浙江、福建、湖南、四川、云南、西藏、陕西；日本，蒙古，以色列，欧洲，俄罗斯，中东。

5. 普通怯寄蝇 *Phryxe vulgaris*（Fallén，1810）

体长 7.0~9.0mm；复眼被淡黄色密毛；间额红棕色，侧额黑色，被灰白色粉被。触角黑色，第 3 节长为第 2 节的 4.5 倍。胸部黑色，被灰白色粉被，背面具 5 个黑纵条。小盾片基部黑色，端部淡黄色。翅淡色透明。腹部黑色，背面具黑纵条，第 1+第 2 背板基部中央凹陷达后缘。

分布：宁夏、河北、内蒙古、吉林、黑龙江、云南、陕西、青海、新疆；日本，蒙古，以色列，俄罗斯，德国，法国，爱尔兰，英国，瑞士，瑞典，奥地利。

十五、膜翅目 Hymenoptera

体微小至大型；口器咀嚼式或嚼吸式。触角形状多样，丝状、肘状、棍棒状、锯齿状或栉齿状、锤状等。膜质翅两对，前后翅以翅钩连锁；前翅前缘常有翅痣。多数具并胸腹节及腹柄。雌性有发达的产卵器。常见类群的成虫有访花习性，取食花蜜、花粉或花管内的露水，有的成虫还捕食猎物或寄主，或取食寄主伤口处渗出的体液，有的还取食植物种子或真菌等。多数种类为全变态，少数复变态。生殖方式有两性生殖、孤雌生殖、多胚生殖等。常见类群包括叶蜂类、寄生蜂类、蚁类、胡蜂类和蜜蜂类。

（一）三节叶蜂科 Argidae

体长 5.0~15.0mm。头部横宽，上颚不发达，具额唇基缝。触角 3 节，第 3 节长棒状或音叉状。前后翅均无 2r 脉，Cu-a 脉位于 M 室中部附近，臀室中部收缩柄很长，或基臀室开放。后翅具 5~6 个闭室，通常具两个封闭中室，臀室有时端部开放。前胸侧板腹侧尖，不接触；中胸小盾片发达，无附片；后胸淡膜区发达，淡膜区间距狭窄；中后胸后上侧片显著鼓凸，侧腹板沟显著，无胸腹侧片；后胸侧板小，与腹部第 1 背板愈合，具明显的愈合线。前足胫节具1对简单的端距，各足胫节无端前距或中后足具1个端前距，基跗节较发达；爪通常简单，无内齿和爪基片。腹部不扁平，无侧缘脊；第1背板与后胸后侧片愈合；产卵器短，有时很宽大。成虫行动迟缓。

1. 榆红胸三节叶蜂 *Arge captiva* (Smith, 1874)

体长雌虫 10.0~11.0mm，雄虫 7.0~8.0mm。体和足黑色，具较弱但明显的蓝色金属光泽，前中胸部背板和中胸侧板上半部红褐色。翅烟褐色，翅脉和翅痣黑色，痣下具小型烟色斑块。体毛银褐色，触角、锯鞘和翅面细毛黑褐色。头部前侧和背侧前部具细小刻点，虫体其余部分无刻点。颚眼距约等于单眼直径；颜面强烈隆起，无中纵脊；中窝宽长，后端封闭；侧脊较锐利，向下几乎不收敛；单眼后沟显著；背面观后头两侧明显膨大。触角等长于胸部，第3节亚端部显著膨大。前翅2Rs室长于1Rs室，下缘微长于上缘。

分布：宁夏、吉林、辽宁、内蒙古、甘肃、陕西、北京、河北、山西、山东、河南、湖北、上海、浙江、福建、湖南、重庆、贵州、广东；南朝鲜；日本。

2. 科氏黄腹三节叶蜂 *Arge kozlovi* Gussakovskij, 1935

体长 8.0~9.0mm。体、足和触角黑色，后足胫跗节部分白色或浅褐色；翅烟灰色透明，无明显烟斑，翅脉暗褐色，前缘脉浅褐色。体光滑，无显著刻点和刻纹。雌虫颜面具钝中纵脊，雄虫颜面中纵脊较明显；额区明显下沉，低于较钝的额脊。触角细长，端部不明显膨大。中后足胫节具1个亚端距；锯鞘短宽，锯鞘各叶宽大于长，端部不突出，锯腹片无叶状粗刺，具细短节缝刺毛，锯刃倾斜；阳茎瓣头叶宽大，端部具很短小的三角形侧突，无长形顶突和尾突。

分布：宁夏、河北、内蒙古、甘肃。

（二） 叶蜂科 Tenthredinidae

触角通常9节，着生于颜面下部，触角窝-唇基距小于触角窝距。前后翅臀室存在，但前翅臀室基部和后翅臀室端部有时开放；前翅R1室通常封闭。前胸背板中部狭窄，侧叶发达，前胸腹板游离；中胸背板小盾片具发达附片，胸部腹面无胸-腹板沟；后胸侧板不与腹部第1背板愈合。腹部第1背板常具中缝，各节背板无侧缘脊。雄性外生殖器扭转，副阳茎发达；雌虫锯腹片具发达锯刃。

1. 东方壮并叶蜂 *Jermakia sibirica* (Kriechbaumer, 1869)

体长 13.0~15.0mm。体黑色，唇基两侧、上颚基部、前胸背板前外角和后缘、翅基片、后胸前侧片大部、腹部第1、第5背板后侧2/3和第9背板侧缘亮黄色，小盾片和腹部第6节有时具淡斑。触角基半部暗褐色。足黑色，前中足腿节前侧部分、各足胫节前腹侧、各足跗节浅褐色。前翅烟色纵斑从基部伸至端部，前缘脉和翅痣浅褐色。头部背侧刻点密集，中胸背板刻点细小，小盾片刻点间隙光滑，胸部侧板刻点粗糙致密，无光泽；腹部第1背板光滑，无刻点和细毛，第2背板具微弱刻纹和浅弱稀疏刻点，其余背板具显著微细刻纹和浅弱刻点，被毛均匀。后翅臀室无柄式。

分布：宁夏、黑龙江、辽宁、内蒙古、新疆、山西、河北、北京、山东、河南、湖北、四川、上海、浙江；朝鲜，日本，蒙古，西伯利亚。

2. 蒙古棒角叶蜂 *Tenthredo mongolica*（Jakovlev，1891）宁夏新纪录

体长 9.0~12.0mm。体黑色，唇基、上唇大部、上颚基部、触角基部、前胸背板后缘、翅基片大部或全部、小盾片斑、后胸前侧片、腹部 1、4 背板后缘、3 和 5~6 背板侧板、8~10 背板中部斑白色。足黑色，转节部分或全部黄褐色，后足胫跗节红褐色。翅透明，无烟斑，翅痣浅褐色。唇基缺口显著，颚眼距等长于单眼直径；单眼后区宽长比等于 2，后缘脊锐利。触角窝上突平坦；触角粗短，亚端部显著膨大，鞭节短于头部宽，第 3 节 2 倍于第 4 节长。小盾片圆钝隆起，无纵脊；头部背侧具弱刻纹，侧板刻点致密；后翅臀室具柄式。

分布：宁夏、内蒙古、黑龙江、陕西、河北、北京、四川、浙江；朝鲜，西伯利亚，蒙古。

3. 拟蜂棒角叶蜂 *Tenthredo vespa* Retzius，1783 宁夏新纪录

体长 13.0~14.0mm。体黑色，唇基、前胸背板后缘宽斑、翅基片、中胸后侧片大部、腹部第 1 背板大部、第 4~8 背板后缘、第 10 背板大部、第 2 和第 5~7 腹板后缘黄白色，上颚大部和触角第 1 节黄褐色。足黄褐色，各足基节大部、前中足腿节腹侧、后足腿节中端部黑色，后足基节端部白色。翅透明，前缘脉和翅痣浅褐色，1M 室至前翅端部具纵向烟斑。头胸部具粗糙密集刻点，唇基光滑；腹部第 1 背板大部刻纹微弱，其余背板刻纹细密。单眼后区具缘脊。触角粗短，亚端部显著膨大，鞭节约等长于头宽，第 3 节显著长于第 4 节。中胸侧板中部显著鼓起。爪内齿短于外齿，后翅臀室无柄式。

分布：宁夏、内蒙古、新疆、河北；东西伯利亚，欧洲。

4. 方顶高突叶蜂 *Tenthredo yingdangi* Wei，2002 宁夏新纪录

体长 12.0~13.0mm。体黑色，唇基和上颚大部、上唇和下唇、触角窝上突前端、翅基片、前胸背板后缘、中胸小盾片前坡、腹部腹板和背板缘折、锯鞘基、前中足腿节至跗节前侧黄绿色。翅基半部透明，端半部烟灰色；翅痣和翅脉黑色。触角窝上突强烈隆起，高大于宽，向后分歧，后端陡峭；单眼后区宽稍大于长，侧沟向后明显分歧；头部背侧具密集刻点和刻纹。触角稍短于头胸部之和，第 3、第 4 节比长为 3：2。小盾片显著隆起，顶部钝；中胸前侧片表面刻纹粗密，中部钝角状隆起；后翅臀室无柄式。腹部背板具细密横向刻纹。

分布：宁夏、甘肃、河北、河南、湖北。

5. 黄股棒角叶蜂 *Tenthredo erasina* Malaise，1945　宁夏新纪录

体长 11.0~12.0mm。体和触角黑色，唇基、上唇、上颚大部、触角基部 2 节、前胸背板大部、翅基片、小盾片、中胸侧板后下角"V"形小斑、后胸前侧片、腹部第 1 背板大部、第 4~5 背板后缘、第 6 背板侧缘条斑、第 8 背板中部、第 10 背板大部、第 4~6 腹板后缘黄色。足黄色，各足基节基部、胫节端部和跗节黑色。翅透明，无烟斑，前缘脉和翅痣浅褐色。头胸部刻点发散，刻点间隙光滑，唇基、上唇、小盾片大部、后胸前侧片和腹部第 1 背板大部光滑，腹部其余背板具细弱刻纹。体毛银色。单眼后区具缘脊；触角粗短棒状，亚端部显著膨大，第 3 节几乎 2 倍于第 4 节长。后翅臀室具柄式，爪内齿短于外齿。

分布：宁夏、黑龙江、内蒙古、新疆、甘肃、河北。

6. 无距短角叶蜂 *Tenthredo exigua* (Malaise, 1934) 宁夏新纪录

体长 6.0~7.0mm。体和足黑色，口器、唇基和唇基上区大部、内眶和后眶中下部条斑、前胸背板前角和后角、翅基片前部、中胸侧板中部宽横斑和后缘狭边、后胸前侧片、腹部第 4 背板全部、第 1~9 背板缘折、第 10 背板后缘和各节腹板全部黄白色。各足基节大部、转节大部、前中足腿节至跗节腹侧黄白色。翅透明，翅痣和翅脉黑褐色，无翅斑。体毛银色。头胸部背侧具细小、稍密集的刻点，刻点间隙光滑；胸部侧板上部刻点极细弱，腹侧刻点少明显。腹部第 1 背板刻纹不明显，其余背板具明显细刻纹。后头短小，单眼后区宽长比约等于 2，后缘脊显著。触角几乎不长于头宽，亚端部不膨大，第 3 节显著长于第 4 节；小盾片平坦；后翅臀室具柄式。

分布：宁夏、吉林、内蒙古、青海、甘肃、河北、四川。

7. 黑鳞绅元叶蜂 *Taxoblenus* sp.

体长 7.0mm。体黑色，上唇、前胸背板后缘狭边白色，腹部 2~5 节全部红褐色，锯鞘大部褐色；足桔褐色，各足基节和转节全部、前中足股节基端黑色，后足跗节黑褐色。翅透明，前缘脉和翅痣基部 2/5 浅褐色，翅痣端部 3/5 和其余翅脉大部黑褐色。额区和内眶大部具粗密刻纹，无刻点，单眼后区和上眶光滑；中胸背板大部光滑，小盾片具十分稀疏的浅弱细小刻点；中胸前侧片上半部具粗密刻点，下半部光滑；腹部背板刻纹微弱。颚眼距 1.3 倍于前单眼直径，复眼间距 1.65 倍于复眼长径；唇基前缘缺口深于唇基一半长，上唇宽大；背面观后头两侧微弱收缩；触角第 3 节稍短于第 4 节；后翅臀室无柄式；爪具基片，内齿稍短于外齿；锯腹片锯刃明显突出。

分布：宁夏。

8. 亮翅拟栉叶蜂 *Priophorus hyalopterus* Jakovlev, 1891 宁夏新纪录

体长 6.0mm。体亮黑色，翅基片外缘狭边黄褐色；足黄褐色，各足基节、转节、前中足股节基半部、后足股节基部 2/3 黑色，后足第 2 转节部分褐色。体毛银色，触角毛黑色，锯鞘毛银褐色。翅基部 2/3 浓烟褐色，端部 1/3 渐透明，翅痣和前缘脉浅黄色，其余翅脉大部黑褐色。体大部光滑，具强光泽。颚眼距 0.5 倍于触角窝间距，等宽于侧单眼直径；复眼较小，内缘向下相互平行，间距 1.5 倍于复眼高；单眼后区微弱隆起，宽长比等于 2；触角第 3 节细长，不弯曲，基部无侧突；前足基跗节等长于其后 2 个跗分节之和；爪细长，无基片，内齿微小。

分布：宁夏、内蒙古、新疆、青海；俄罗斯（西伯利亚）。

9. 平板叶蜂 *Pachynematus* sp.

体长 10.0~11.0mm。体和足黄褐色，单眼后区前缘、触角、中胸背板前叶大部、小盾片和附片、中胸前侧片背缘横斑和腹侧大斑、后胸侧板局部、腹部第 1 背板大部、2~3 背板中部、锯鞘端黑色。体毛黄褐色。翅透明，前缘脉大部和翅痣浅褐色。头胸部光滑，无明显刻点或刻纹，腹部背板和锯鞘端具微细刻纹。唇基短，前缘缺口三角形；颚眼距等长于单眼直径；额脊低钝、明显，中窝较深；单眼后区宽 0.6 倍于长，侧沟浅弱；触角细长，第 1、第 2 节宽大于长，第 3 节微短于第 4 节；爪无基片，内齿短小，远离端齿；后翅臀室柄 1.3 倍于 cu-a 脉长；背面观和侧面观锯鞘端均三角形，端部较尖，背面观尾须稍伸出锯鞘端部，鞘毛短直，伸向后侧。

分布：宁夏、北京、天津、河北、山东、河南。

10. 条斑槌缘叶蜂 *Pristiphora* sp.

体长 5.0~6.0mm。体黑色，口器、唇基、颚眼距腹缘、前胸背板和翅基片大部、第 8~9 背板两侧和第 10 背板、尾须、第 7 腹板和锯鞘基黄褐色；足黄褐色，各足基节基缘、股节腹缘条斑黑色。体毛银褐色。翅透明，前缘脉和翅痣亮浅褐色。体无刻点，头部背侧具不规则刻纹；胸部光滑，前胸背板和后胸侧板具微细刻纹；腹部背板刻纹细密。唇基短，前缘缺口浅弧形；颚眼距等长于单眼直径，稍短于触角窝间距；中窝明显，额脊模糊；单眼后区宽长比大于 2，侧沟短小；爪无基片，内齿微小，远离端齿；前翅 cu-a 脉交于 1M 室内侧 0.4，后翅臀室柄长 1.3 倍于 cu-a 脉；尾须细长，锯鞘具翼状短侧突，背面观锯鞘两侧近似平行，端部弱 W 型。

分布：宁夏（云雾山）、河北。

11. 白斑曲叶蜂 *Emphytus* sp.

体长 7.0~8.0mm。体黑色，翅基片全部、腹部第 1 背板后缘狭边、第 5 背板大部白色；足黑色，前中足第 2 转节、后足转节大部白色，前中足股节端部、各足胫节大部和基跗节基部浅褐色。体毛银色。翅近透明，前缘脉大部和翅痣基部 2/5 浅褐色，翅痣端部 3/5 黑褐色。头部背侧、中后胸几乎光滑，唇基具粗浅刻点，小盾片后缘具小刻点，附片刻纹密集，腹部背板无明显刻纹。唇基隆起，前缘缺口圆弧形，深约等于唇基 1/2 长，颚眼距 0.9 倍于前单眼直径，单眼后区宽稍大于长，侧沟细浅；背面观后头几乎不短于复眼，侧缘近似平行；触角第 3 节微长于第 4 节；爪具基片，内齿显著短于端齿；后翅臀室具短柄。

分布：宁夏、甘肃。

12. 玄参方颜叶蜂 *Pachyprotasis rapae*（Linnaeus，1767）宁夏新纪录

体长 7.0~8.0mm。体黑色；中窝以下颜面、内眶及相连的上眶斑、后眶底大半部、触角腹侧全长、前胸背板前缘和后缘、翅基片基半部、中胸前盾片两侧 "V" 形斑、盾片中部小斑、小盾片除两侧、附片及后小盾片中部、中胸前侧片除边缘及一纵型黑条斑外其余部分、后侧片后部、后胸前侧片除前下部一黑斑、后侧片后部、中胸腹板除腹板沟及两侧宽的近横形黑条斑外其余部分、腹部第 1 节背板中部后缘三形斑、各节背板宽的侧缘、各节腹板后缘及锯鞘基外缘黄白色。足黄白色，前、中足后背侧全长、后足基节至股节内、外侧各具黑条斑、后足胫节黑色。翅透明，翅痣及翅脉黑褐色。

分布：宁夏、黑龙江、吉林、辽宁、甘肃、青海、湖北、四川；蒙古，朝鲜，日本，东北亚，西伯利亚，库页岛，欧洲，北美洲。

（三）蚁科 Formicidae

体小型，黑色、褐色、黄色或红色，体光滑或具毛。触角膝状，4~13 节，柄节长，端 2~3 节膨大。腹部第 1 或第 1、第 2 节结节状。具翅或无翅，翅脉简单，仅具 1~2 亚缘室和盘室；转节 1 节，胫节发达，前足胫节端距大，梳状，为静角器，跗节 5 节。为多态型社会昆虫，1 个穴内通常有不同的品级。

1. 丝光蚁 *Formica fusca* Linnaeus，1758

工蚁体长 6.93~8.96mm。体黑褐色，上颚、触角和足红褐色。触角 12 节，柄节约

1/3 超出后头缘。额区暗，多柔毛。唇基中脊明显。上颚 8 齿，端齿尖长。后胸沟深凹。并胸腹节基面、斜面等长，圆形交接。腹柄节鳞片状。上颚具细纵刻纹和细刻点。并腹胸和后腹部具细刻点。并腹胸背板、腹柄节无立毛。后腹部立毛稀疏，各节背板后缘具一排淡黄色长立毛。体柔毛被密集。后腹部柔毛密集至几不见毛间空隙。

分布：宁夏、北京、河北、内蒙古、辽宁、吉林、黑龙江、浙江、上海、湖南、山东、我国台湾、香港、江西、四川、云南、陕西、甘肃、青海、新疆；欧洲，古北区。

2. 光亮黑蚁 _Formica candida_ Smith, 1878

工蚁体长 6.33~7.06mm。体黑褐色至黑色，足、上颚、触角红褐色或褐色。触角 12 节，柄节约 1/2 超出后头缘。额区几无柔毛，光亮。唇基中脊明显。上颚具 8 齿，端齿尖长。侧面观后胸沟深凹。后胸气孔椭圆形突出，位于斜面与侧面交界处。腹柄节鳞片状。体具细密刻点。体立毛稀疏。并胸腹节无立毛。后腹部每节背板后缘具一排淡黄色短立毛。头、并胸腹柔毛稀疏；后腹部柔毛被毛间距为毛长的 2 倍，并具强烈光泽。

分布：宁夏、北京、河北、山西、内蒙古、吉林、黑龙江、湖北、四川、陕西、甘肃、青海、新疆；亚洲，欧洲。

3. 亮腹黑褐蚁 _Formica gagatoides_ Ruzsky，1905

工蚁体长 5.57~6.60mm。体黑色至黑褐色，触角柄节、足胫节红褐色。触角 12 节，柄节约 2/3 超过后头缘。额区暗，多柔毛。唇基具中脊。上颚 8 齿，端齿尖长。侧面观后胸沟凹陷。结节直立厚鳞片状。体有弱细密刻点。体立毛稀疏，并胸腹节和腹柄节无立毛；后腹部每节背板后缘具一排立毛。头、并腹胸柔毛较密集，无显著光泽；后腹部柔毛间距与毛长约相等，具强烈光泽。

分布：宁夏、湖北、四川、青海、甘肃、新疆；日本及前苏联。

4. 凹唇蚁 _Formica sanguinea_ Latreille，1798

工蚁体长 5.22~7.29mm。体血红色。头额脊间、后半部黑色。唇基、上颚、两颊深红褐色。后腹部暗褐色至黑色，基部泛红。触角 12 节，柄节 1/4 超出后头缘。额脊中间具 1 条纵刻痕。额区暗。唇基前缘中央具半圆形缺刻。上颚具 8 齿。侧面观后胸沟凹。并胸腹节基面与斜面等长，圆形交接。腹柄节鳞片状。体具细密刻点。上颚具细纵刻纹和粗糙刻点。体立毛稀疏，后腹部每节背板后缘具一排立毛。体柔毛被密集。

分布：宁夏、河北、山西、内蒙古、辽宁、吉林、黑龙江、浙江、西藏、陕西、甘肃、青海、新疆；遍布欧亚大陆。

5. 玉米毛蚁 _Lasius alienus_ (Foerster, 1850)

工蚁体长 2.87~3.60mm。体红褐色，触角、足胫节、跗节黄褐色。触角 12 节，柄节约 1/4 超出后头缘。额脊间中央有一条纵长的细刻痕。侧面观后胸沟浅凹陷。并胸腹节基面短；斜面长，约 2 倍长于基面，1/3 高处逐渐与基面过渡。腹柄节鳞片状。体具细密刻点。体具柔毛被。唇基表面具数根立毛。体具稀疏立毛，触角柄节、足胫节无立毛或具立毛 2~12 根，但不超过 20 根；具倾斜柔毛被。

分布：宁夏、北京、山西、内蒙古、吉林、辽宁、黑龙江、浙江、山东、河南、湖南、湖北、四川、云南、陕西、甘肃、青海、新疆；亚洲，欧洲，非洲，北美洲。

6. 黄毛蚁 *Lasius flavus*（Fabricius，1782）

工蚁体长 3.50~4.89mm。体黄色，头、后腹部黄褐色。触角 12 节，柄节略超过后头缘。唇基具中脊。上颚 7~8 齿。侧面观后胸沟深凹。并胸腹节基面短；斜面长为基面 3 倍；两者圆形过渡。腹柄节鳞片状。后腹部卵球形，悬覆于腹柄节之上。体具细密网状刻纹。体具较丰富的黄色直立毛。后头缘具短立毛数根。头颊、触角、足腿节、胫节无立毛。体具倾斜黄白色柔毛被。后腹部柔毛被丰富。

分布：宁夏、北京、山西、辽宁、吉林、黑龙江、浙江、河南、广西、海南、云南、陕西、甘肃、内蒙古、新疆；东亚。

7. 弯角红蚁 *Myrmica lobicornis* Nylander，1846

工蚁体长 4.93~5.11 mm。体红褐色，头、后腹部黑色。触角 12 节，鞭节棒 3 节；柄节略超过后头缘，基部呈直角弯曲，弯曲处叶突大半圆形。并胸腹节刺直长，长于刺间距。体具密集立毛。头背面刻纹为粗的纵刻纹。头后半部及两侧刻纹呈网状。并腹胸背板刻纹呈具网状，粗糙。并腹胸侧板、结节具粗糙纵刻纹。上颚、唇基、额区、后腹部光亮。

分布：宁夏、北京、山西、内蒙古、青海、辽宁、吉林、黑龙江、河南、四川、陕西；北欧，前苏联西伯利亚地区。

8. 小红蚁 *Myrmica rubra*（Linnaeus，1758）

工蚁体长 3.52~4.63mm。头、后腹部黑褐色，上颚、触角、足、并腹胸红褐色。触角柄节不达头后缘；柄节近基部处平滑弯曲，弯曲处无突起；鞭节棒 3 节。额脊向外弯曲与围绕触角窝的皱纹合并。并胸腹节刺粗短。头背面具细纵刻纹，头后部接近后头区和头两侧（复眼后面）具网状刻纹。额区无刻纹。触角窝内具弱的环形刻纹。并腹胸具纵刻纹；中胸背板刻纹在后部联结成横刻纹。

分布：宁夏、山西、陕西、甘肃、青海、新疆；日本，俄罗斯，欧洲。

9. 纵沟红蚁 *Myrmica sulcinodis* Nylander，1846

工蚁体长 5.02~6.10mm。头背面、后腹部黑褐色；头腹面、附肢、结节红褐色；并腹胸、下颚须、下唇须红黄色。触角柄节刚达后头缘；柄节基部近直角弯曲，弯曲处无脊；鞭节棒 3 节。唇基前缘中央具半圆形缺刻。并胸腹节刺刺长大于刺间距，向内弯。后腹部第一腹板占腹部的 2/3。头背面具纵刻纹，头两侧、后半部、腹面刻纹呈网状。并腹胸背板和侧板具十分粗糙的纵刻纹。体立毛丰富。

分布：宁夏、内蒙古；朝鲜、北欧。

10. 那萨特原蚁 *Proformica nasuta* Nylander，1856

工蚁体长 4.03~4.54mm。体黑色，光泽强烈；触角、上颚、足腿节端部、胫节、跗节褐红色、腿节、后足胫节红褐色。额脊间中央具纵沟。触角 12 节，柄节约 1/5 超过后头缘。上颚 5 钝齿。腹柄节薄鳞片状。体具细密刻点和刻纹。体几无柔毛，并胸腹节两侧具稀疏柔毛，毛长小于或等于毛间距。柄节、足胫节具短柔毛。体立毛少，后腹部背板具十分稀疏后倾斜毛，后缘短立毛 1 排，毛间距大于毛长。

分布：宁夏；中亚，俄罗斯。

11. 吉氏酸臭蚁 *Tapinoma geei* Wheeier，1927

工蚁体长 2.72~3.10mm。体浅黄色或褐色。头黑褐色，表面光亮，触角和上颚褐色或红褐色。足胫节、跗节黄褐色。体较光亮。缺单眼。触角 12 节，柄节略超过后头缘。背面观前胸背板宽大于长。并胸腹节基面为斜面长的 1/3。腹柄节小，椭圆形。后腹部背面观可见 4 节；第一节向前凸出，悬覆于腹柄节之上。头、并腹胸具细密刻点。并腹胸侧面点刻纹整齐。

分布：宁夏、北京、河北、内蒙古、吉林、四川、湖北、云南、陕西。

12. 铺道蚁 *Tetramorium caespitum*（Linnaeus，1758）

工蚁体长 2.52~2.86mm。体黑褐色至褐色。触角柄节接近但不达后头缘。额脊不达复眼下缘。前-中胸背板缝侧面下半部可见；中-并胸腹节沟浅凹。2 结节。后腹部第一腹节大，占后腹部的 1/2。头背面具纵长刻纹，达到后头缘。并腹胸背面具纵刻纹。中、后胸侧板具纵刻纹，刻纹间具稀疏刻点。结节具细密刻点，背面中央各具 1 块光滑发亮的区域。

分布：宁夏、北京、河北、内蒙古、辽宁、吉林、黑龙江、山东、上海、江苏、浙江、安徽、江西、福建、广西、湖南、湖北、四川、西藏、陕西、甘肃、青海；日本，韩国，欧洲，北美。

13. 蒙古切胸蚁 *Temnothorax mongolicus*（Pisarski，1969）

工蚁体长 2.08mm。头暗红褐色；并胸腹黄色。复眼银白色。上颚、足、触角黄色；触角棒暗红褐色。后腹部暗红褐色；基部背板红褐色，腹板黄褐色。触角 12 节；触角柄节近基部弯曲，柄节不达后头缘；鞭节棒 3 节。上颚 5 齿，2 端齿大。后胸沟浅凹。并胸腹节基面为斜面的 1/2。2 结节。后腹部第一腹节占腹部 2/3。头具细纵刻纹和细密刻点。体具粗糙刻点。并腹胸侧面具细纵刻纹。后腹部具密集细刻点。

分布：宁夏，河北；蒙古，俄罗斯赤塔和阿穆尔地区，朝鲜。

（四）泥蜂科 Sphecidae

上颚窝多为闭式，部分种类或雄性为开式；中足胫节常具 2 个端距，基节常相互靠近；前足有或无耙状构造；前翅常具 3 个亚缘室和 2 条回脉；后翅中脉常在 Cu-a 脉处或之后分叉，少数种类在此略前一点分叉；后翅具第 3 臀脉；腹部腹柄仅由腹板 I 围合而成。

1. 齿爪长足泥蜂齿爪亚种 *Podalonia affinis affinis*（Kirby，1798）

雌性体长 15.0~20.0mm。体黑色。唇基及额被银白色毡毛。头部及中胸盾片长毛黑色，胸部侧板和并胸腹节长毛白色。小盾片及并胸腹节背区具细密横皱，侧区具粗壮斜皱。翅褐色透明。跗爪内缘基部具 1 齿。腹部革状，无长毛和大刻点；腹部第 2~3 节红色；雄虫腹部第 2 节背板具黑斑，第 3 节端缘黑色。

分布：宁夏、北京、河北、山西、黑龙江、四川、云南、陕西、甘肃。

2. 安氏长足泥蜂 *Podalonia andrei*（Morawitz，1889）

体长 16.0mm，黑色；腹部背板第 1~6 节全部和第 5 节基部、腹柄端部、腹板第 2~4 节全部和第 5 节大部分是红黄色；上鄂中部红黄色。翅浅黄色，翅端带黑色，翅脉浅褐色。头和胸部长毛多，白色，头顶、额上部和唇基下部混生黑色长毛；额中下部、唇基中上部、中胸侧板和中、后足基节外侧毡毛发达，颊、后胸侧板和并胸腹节侧区毡毛较稀疏。

分布：宁夏、北京、河北、山西、内蒙古、青海；蒙古。

（五）切叶蜂科 Megachilidae

上唇宽大于长，基部宽，与唇基连接处长缝状；无亚触角区，亚触角缝直指触角窝外缘；唇基与体纵轴平行，端部不下弯；无颜窝；触角第 1 鞭节明显较柄节短；盔节的须前部较须后部短，无毛梳；亚颏 "V" 形；颏向端部变尖；下唇须基 2 节鞘状，长且扁平，第 1 节较第 2 节短；中唇舌细长，端部具唇瓣；中胸侧板中前侧窝前无前侧缝；后胸多数垂直，少数亚水平；中足基节长至少为基节顶端至后翅基部的 1/2 长；翅痔小，具 2 近等大的亚前缘室，其端部尖或窄，稍上弯且与缘脉有一定距离，较室基部更靠近翅顶；后足胫节无胫基板；腹部腹面具整齐的腹毛刷，多数无臀板。

七齿黄斑蜂 *Anthidium septemspinosum* Lepeletier，1841

体长 14.0~18.0mm。黑色，具黄斑，体毛少。触角窝、颊、中胸背板、各腿节及小盾片端缘被灰白色毛；唇基前缘被整齐的黄褐色毛。头顶、各胫节及基跗节内侧被黄毛，胫节外侧被灰白色毛。

分布：宁夏、北京、河北、山西、内蒙古、吉林、黑龙江、上海、江苏、浙江、安徽、福建、江西、湖南、广西、四川、云南、新疆；日本，朝鲜，俄罗斯，中亚。

（六）胡蜂科 Vespidae

大型昆虫，体细，黄色及红黑色，具黑色及褐色斑点及条带。胸部与腹部宽相等。翅狭长，静止时纵折。有母蜂、雄蜂及工蜂等个体，社会结构较简单。

1. 德国黄胡蜂 *Vespula germanica*（Fabricius，1793）

雌蜂体长约 17.0mm。触角窝间黄斑处隆起；复眼内缘凹陷处黄色，额、颅顶黑色，颊黄色，触角黑色；唇基黄色，中间有 3 个黑斑；上颚黄色。前胸背板黑色，沿中胸板处黄色，中胸背板黑色；小盾片黑色，两侧各有 1 块黄斑；后小盾片端部中央突起，颜色似小盾片；并胸腹节及后胸侧板黑色；中胸侧板黑色，上部有 1 块黄斑。翅基片黄色，中央略呈棕色。腹部第 1 节背板前截面黑色，背面黄色，前缘有 2 块黑斑，中央有菱形黑斑，第 2~6 节背板基部黑色，端部为黄色宽带状斑。第 1 节腹板全呈黑色，第 2~5 节腹板黑色，端部有黄色横带，第 6 节腹板黄色。

分布：宁夏、河北、内蒙古、吉林、黑龙江、江苏、河南、甘肃、新疆；亚洲，非洲，大洋洲，欧洲，北美洲。

2. 北方黄胡蜂 *Vespula ruta ruta*（Linnaeus，1758）

雌蜂体长约 14.0mm；头部黑色，触角窝间隆起有 1 块黄斑，两复眼内缘下侧黄色，复眼后缘上部有 1 块黄斑。触角支角突黑色，柄节前缘有 1 块黄斑，其余部和鞭节黑色。前胸背板黑色，靠近中胸背板处黄色。翅基片中央棕色，周缘黄色，均覆黑色毛。腹部第 1 节背板前截面黑色，中央黑色，前缘及端缘有黄斑，腹板黑色；第 2 节背板基部黑色，两侧及端部黄色；第 3~5 节背板黑色，端缘黄色；第 2~5 节腹板黑色，端缘黄色；第 6 节背、腹板黑色，两侧黄色。

分布：宁夏、河北、江苏、浙江、甘肃；欧洲，非洲。

（七）蜜蜂科 Apidae

上唇多数宽大于长；无亚触角区，亚触角缝指向触角窝内缘，多数无颜窝；亚颏多数V形，颏基部宽圆；下唇须第1节长且扁，至少与第2节等长；盔节的须前部短，须后部长。中唇舌细长，多数具唇瓣。胸侧在窝缝下常无前侧缝，窝缝具前侧缝。中足基节长；后足胫节多数具胫基板；雌性多数后足胫节和基跗节具毛刷。

1. 东方蜜蜂 *Apis cerana* Fabricius，1793

体长13.0~16.0mm。体被浅黄色毛；单眼周围及颅顶被灰黄色毛。颜面、触角鞭节及中胸黑色；上唇、上颚顶端、唇基中央三角形斑、触角柄节及小盾片均黄色。头部前端窄小；唇基中央稍隆起；上唇长方形。小盾片稍突起。后足胫节呈三角形，扁平；后足跗节宽且扁平。后翅中脉分叉。足及腹部第3~4节红黄色，第5~6节色较暗，各节上均有黑环带。

分布：宁夏等全国分布。

2. 紫木蜂 *Xylocopa valga* Gerstacker，1872

雌虫体长25.0~26.0mm。黑色，体被黑毛。触角第3~12鞭节黑褐色。上颚2齿；唇基前缘稍凹陷，前缘及上额光滑。小盾片前半部光滑，后半部刻点细；中盾沟及侧盾沟明显；小盾片后缘及腹部第1节背板前缘圆。后足胫节基板大，板上有疣突。翅具紫色光泽。腹部第1~4节背板刻点稀，各节背板两侧刻点较密，第5~6节刻点密。雄虫20.0~21.0mm，除额被少量黑毛外，体上其他部分均被黑褐色毛，翅紫褐色。

分布：宁夏、内蒙古、甘肃、新疆；古北区的中部和南部。

3. 瑞熊蜂 *Bombus richardsi*（Reing，1895）

体长14.0~18.0mm。头顶被黑色长毛；胸部有黑色间带；前胸被深黄色软毛。腹部第1节密被深黄色毛，第2节基部被深黄色毛加杂黑色毛，第2节端部及第3节黑色，第4~5节被红色毛，第6节红黄色毛。

分布：宁夏、云南、四川、西藏；印度。

第二章 蛛形纲 Arachnida

一、蜘蛛目 Araneae

(一) 球蛛科 Theridiidae

体非常小到中型 (2~15mm)，无筛器蜘蛛。背甲的形状不一，侧面观从扁到高；某些属额区有变异，尤其是雄蛛。8眼两列，眼通常围以微褐色的环；异型，前中眼黑色，其余6眼白色，或仅6、4眼，或完全无眼。额非常高。螯肢无侧结节，前面的基端扩展成1个三角形片（少数种类无此三角形片），被额遮住。螯肢前齿堤具1~2齿，少数3~4齿，或无齿；后齿堤无齿，少数1齿或有几个微小的齿。下唇远端不加厚。而皿蛛科和园蛛科的下唇加厚。步足由中等长到很长，刺少或无；腿节胫节和后跗节无刺；跗节通常向末端变细，3爪。第4足跗节腹面有1列锯齿毛组成毛梳，但在较小的种类和雄蛛，毛梳有时退化或难以观察到。腹部卵圆形到圆而高或长形，伸展到纺器之后；有的种类在靠近腹柄处有背发声嵴。书肺两个；气管气孔为1较宽的裂缝，边缘骨化弱。通常无舌状体。或仅在舌状体部有2根刚毛，少数属有明显的舌状体。外雌器通常有明显的陷窝，内有1或2个插入孔；或无陷窝，仅有1或2个插入孔。通常有纳精囊1对，少数2对，如圆腹蛛属 *Dipoena* 和宽腹蛛属 *Euryopis*。雄蛛触肢膝节和胫节无任何突起，副跗舟通常着生在跗舟腔内，或位于跗舟远端的边缘，是1个小钩。

1. 苔齿螯蛛 *Enoplognatha caricis* Fickert, 1876

雌蛛体长5.90mm。背甲棕褐色，边缘黑棕色，头部后半部的颈沟内侧中央有一倒置的三角形褐色斑，并从该斑正中央及两侧各向前生出一条褐色线纹，正中央的一条线纹到两后中眼之间，两侧的线纹分别延伸至左右后侧眼的内侧。颈沟和放射沟褐色。螯肢棕色，前齿堤2齿，后齿堤1齿。颚叶、下唇和胸板皆为黑褐色。腹部长卵形，背面有一大型黑色叶状斑，腹部腹面黑褐色。外雌器黑棕色，中部有一扁圆形陷窝，陷窝后缘有一短的唇形突。

分布：宁夏、山西、吉林、辽宁、内蒙古、河北、山东、河南、陕西、甘肃、青海、新疆、江苏、安徽、浙江、湖北、湖南、四川、贵州、云南。

2. 珍珠齿螯蛛 *Enoplognatha margarita* Yaginuma, 1964

雌蛛体长4.10~5.50mm。背甲黄褐色，从后中眼后至背甲后缘之间有一灰褐色纵带，两侧缘黑褐色，颈沟及放射沟橙黄色。中窝圆形。8眼2列。螯肢黄色，前齿堤有2齿，后齿堤有1齿。颚叶、下唇橙黄色。胸板黄色，两侧有窄的黑棕色边，正中有一不完整的褐色纵条纹。步足黄色。腹部卵圆形，背面有一大型褐色叶状斑、叶状斑中央白色，每侧缘有5个芸豆形黑色斑点，腹、背两侧缘灰白色。腹部腹面淡褐色，两侧有白色条斑。外雌器隆起，中央有一"W"形黑棕色阴影，两端各有一个插入孔。

分布：宁夏、辽宁、山西、内蒙古、陕西、甘肃、新疆。

3. 板隅拟肥腹蛛 *Parasteatoda tabulata* (Levi, 1980)

雌蛛体长4.80mm。背甲黑褐色，头部后半部颈沟内侧的中央有一"V"字形浅黑色斑，颈沟及放射沟黑色。中窝圆形。8眼2列。螯肢黄色，前面内、外侧缘有黑褐色纵条，前齿堤有1齿。后齿堤无齿。颚叶、下唇及胸板黑褐色。步足黄色，有明显的黑褐色环纹。腹部卵圆形。背面前半部黄褐色，有几条由黑色斑点组成的弧形带；后半部前端黄白色，散布小黑点，后半部后端的中央呈黑褐色，两侧为黄白色。腹部腹面黑褐色。外雌器在中部有一椭圆形陷窝。

分布：宁夏、山西、吉林、辽宁、甘肃。

4. 温室拟肥腹蛛 *Parasteatoda tepidariorum* (C. L. Koch, 1841)

雌蛛体长5.10~8.00mm。背甲黄橙色，颈沟及放射沟黄褐色。中窝呈圆形。螯肢黄橙色，前齿堤有2齿，后齿堤无齿。颚叶黄色，下唇及胸板灰褐色。步足黄橙色，有棕色斑纹，多毛。腹部椭圆形，背面高度隆起，但不形成丘突，被有棕色毛。背面白色，由褐色细线纹编织成网状，中部之前的正中央有黑褐色斑，稍后的正中央有一呈三角形的黑褐色斑。腹部腹面白色，正中有一黑褐色弧形斑。外雌器黑棕色，中央有一大陷窝，宽大于长，两侧近边缘各有一黑色管状阴影。

分布：宁夏、北京、天津、山西、河北、山东、辽宁、吉林、河南、福建、江西、浙江、上海、江苏、安徽、湖南、湖北、我国台湾、广东、广西、云南、四川、重庆、贵州、西藏、青海、新疆、甘肃、陕西。

5. 印痕菲娄蛛 *Phylloneta impressa* (L. Koch, 1881)

雌蛛体长2.80~5.20mm。背甲淡黄色，胸部两侧缘黑褐色。前眼列后凹，后眼列稍前凹。螯肢黄色，螯牙小而呈浅棕色，前齿堤1齿，后齿堤无齿。颚叶、下唇黄色。胸板黄色，但有明显的黑色边。步足黄褐色，各节的末端具黄褐色环纹。腹部卵圆形，背面黄白色，中央的两侧各有4个黑色大斑点。腹部腹面黄色。外雌器黄褐色，中央有一馒头形陷窝。

分布：宁夏、西藏。

6. 峨眉罗伯蛛 *Robertus emeishanensis* Zhu, 1998

雌蛛体长4.00mm。背甲黄褐色，头部的后半部橙黄色，胸部近侧缘各有一暗褐色细条纹。中窝椭圆形，纵向。两眼列均后凹。螯肢短粗，黄褐色，前齿堤3齿，后齿堤2齿。颚叶、下唇及胸板橙黄色。步足各膝节、腿节为橙黄色，胫节之后各节呈棕黄色。腹部卵圆形，背面灰绿色，在中部有3对棕色肌痕。腹部侧面和腹面两侧呈灰黄色，中央浅灰黑色。外雌器浅棕色，在近后缘的中央有一小圆形陷窝，其前方清晰可见纳精囊及连接管透出的黑色阴影。

分布：宁夏、四川。

7. 三角肥腹蛛 Steatoda triangulosa (Walckenaer, 1802)

雌蛛体长3.40~7.5mm。背甲橙黄色，具黑棕色边，中窝前有一块黑棕色斑，颈沟和放射沟黑色。中窝横向，半圆形。两眼列均后凹。颚叶、下唇黄色。胸板黑棕色，中部中央有一呈三角形的黄色斑。螯肢黄色，前齿堤1齿，后齿堤无齿。步足黄色，各节均有黄褐色环纹。腹部卵圆形。背面黑棕色，在两侧缘及背中线部位有黄白色斑，腹面黄白色，生殖沟下方的中央有一哑铃状黑棕色斑。

雄蛛2.50~4.70mm。背甲棕色，密布颗粒状大突起，有黑色侧缘齿。中窝圆形，纵向。螯肢及螯爪弱小。触肢的胫节与跗舟等长。各足腿节腹面有颗粒状突。其他特征同雌蛛。

分布：宁夏、山西、河北、四川、西藏。

（二）皿蛛科 Linyphiidae

体非常小到小型（<6mm），无筛器蜘蛛。背甲形状不一。额高，通常超过中眼域的高。背甲的额部常抬起，在微蛛亚科常有变化。8眼两列，前中眼稍暗。螯肢粗壮，齿堤常有壮齿，无侧结节，侧部有发声嵴。下唇前缘加厚。左右颚叶常平行。步足常细长，有刚毛，尤其在胫节和后跗节；跗节常圆柱形，不趋细，3爪。腹部长大于宽；皿蛛亚科的腹部有一定斑纹；微蛛亚科暗或有光泽，无斑纹，某些雄蛛有盾片。2书肺，气管气孔靠近纺器。外雌器形状不一，常简单，有沟或洼窝（微蛛亚科 Erigoninae）或有垂片（皿蛛亚科 Linyphiinae）。雄蛛触肢无胫节突起，副跗舟发达（皿蛛亚科）；有胫节突起，但副跗舟通常小（微蛛亚科）。舌状体小。前后纺器短，圆锥状，遮住中纺器。

1. 膜质毕微蛛 Bishopiana glumacea (Gao, Fei et Zhu, 1992)

雌蛛体长1.67mm。背甲褐色，中窝色稍深，放射沟明显。中窝至后中眼之间有3~5根刚毛。8眼2列，前中眼最小，前侧眼最大，其他4眼等大。螯肢前面有3~5根刚毛，前齿堤6齿，后齿堤3齿。胸板颜色较背甲深，周边颜色更深，心形。步足褐色。腹部浅黑褐色，背面有4个浅色斑点。外雌器坛状，透过外皮受精管明显可见。

分布：宁夏、新疆。

2. 静栖科林蛛 Collinsia inerrans (Cambridge, 1885)

雌蛛长2.30~3.10mm。头胸部黄褐色。胸板黄褐色。腹部暗褐色。外雌器中部淡黄色，并在中线有一纵沟；两侧部各一块红色三角形突起。雄蛛长1.90mm。头胸部无隆起部。

分布：宁夏、河北、新疆、青海、西藏、内蒙古、吉林。

3. 弱小皿蛛 Microlinyphia pusilla (Sundevall, 1830)

雌蛛体长3.30~4.50mm。背甲棕褐色，颈沟可见，中窝明显，头部稍隆起。8眼具眼丘，前眼列稍后曲，后眼列平直。螯肢棕褐色，前齿堤4~5齿，后齿堤4~6齿。下唇黑色。胸板心形，栗褐色。步足黄褐色。腹部短而高，呈灰褐色至黑色，背面美具大型白色鳞斑。外雌器小而不显著。

雄蛛体长3.20mm。头胸部长显著大于宽，螯肢细长。腹部长圆形，在背面1/4处部位明显有1对三角形白斑、触肢胫节长于膝节，其末端稍宽，触肢器的插入器纤细如丝并作360°弯曲。其他形态结构皆同雌蛛。

分布：宁夏、甘肃、新疆、内蒙古、青海。

4. 丽带盖蛛 *Neriene calozonata* Chen et Zhu，1989

雌蛛体长 3.53~4.20mm。暗褐色，中央、两侧缘及后半部色较深。头部稍隆起。8眼中以前中眼为最小，其他 6 眼近于等大。螯肢前齿堤 3~4 齿；后齿堤 3 齿，近等大。胸板为均匀的暗褐色，宽心形。步足不特别长，浅黄褐色。腹部长筒形，背面前约 1/2部位稍向上隆起，背面观椭圆形。腹部背面中央自前端至后端有一条宽度约为腹宽 1/3形似海带的黑色纵带。黑色带前半部较后半部色浅。腹部腹面黑色，两侧的颜色较深，纺器前方有一浅色斑。腹部其余部分为均匀的白色。

分布：宁夏、湖北、陕西。

5. 明显盖蛛 *Neriene emphana*（Walckenaer，1842）

雄蛛 3.70~4.60mm。背甲黄褐色，边缘和中窝色较暗，从后中眼背甲后缘的中线上有一灰色纹。眼区较头部窄。螯肢淡褐色，螯肢前齿堤 3~4 齿，后齿堤 3 齿。步足黄褐色，后跗节和跗节褐色。腹部圆柱形。背、腹两面近乎平行。背中纹米色，在基端2/3 部位带有灰或黑色；纹的外围为白色区。腹部后部有 4 根黑横纹。生殖区显著膨大。

分布：宁夏、福建、安徽、湖南、湖北、四川、贵州、山西、河北、北京、西藏、陕西。

6. 晋胄盖蛛 *Neriene jinjooensis* Paik，1991

雌蛛体长 4.22mm。背甲棕色到深棕色，颈沟、放射沟和中窝色深；头部稍隆起；中窝纵向，其后有一个小凹坑。8 眼 2 列。胸板心形，棕色。螯肢前齿堤 4~5 齿；后齿堤 6 个小齿。步足黄褐色到褐色，腿节近端黑色。腹部浅褐色，前端有一对白色肩斑，中央有 4 个首尾相连的黑斑形成中央纵斑，后端黑色。有些标本难以辨出斑纹的形状。交配腔浅；垂体有指状突；小窝位于指状突顶端。

雄蛛体长 4.41mm。触肢器的副跗舟远端的后突不特别长，基部较宽，似三角形，顶端钝尖，远端的前突较长且顶端聚尖；中突远侧向背侧弯曲；末端吊钩状，钩尖向外侧弯曲；顶板前缘弧形，前缘腹侧有一齿状尖突；顶板侧突较长，远侧弧形弯曲，末端钝圆伸向前方；顶突旋转约 2.5 圈，第 2 圈螺旋较松弛，最后一圈似麻花状扭曲，螺旋末端平截；插入器远侧镰形，末端圆。

分布：宁夏、山西。

7. 花腹盖蛛 *Neriene radiata*（Walckenaer，1842）

雌蛛长 3.60~5.10mm。背甲中部棕褐色，两侧有两条玉色微隆起的纵带，在此带内侧的皮下有白色斑点。头胸部在颈沟前方隆起，中窝后方有一凹坑。8 眼 2 列。螯肢前齿堤 3 齿，后齿堤 2~4 齿（多数为 3 齿）。步足黄色。胸板紫褐色。腹部背面白色，有灰褐色斑纹。外雌器的腹面观为一褐色的圆丘状隆起的后缘向前凹入，围成一个很宽阔的开孔。

分布：宁夏、河北、山西、辽宁、吉林、浙江、河南、江苏、安徽、湖南、湖北、云南、四川、重庆、贵州、我国台湾、陕西、甘肃。

8. 伯氏柴蛛 *Tchatkalophantes bonneti* (Schenkel, 1963)

雌蛛体长 4.10~4.60mm。背甲黄褐色，颈沟和头部棕褐色，中窝明显，放射沟褐色。8 眼 2 列。螯肢棕褐色，前齿堤 3 大齿，后齿堤 5 小齿。下唇黑色。胸板心形，黑褐色。步足细长，棕黄色，具有黑褐色轮纹。腹部呈长卵形，黄褐色，心脏斑黑褐色。腹背后半部有 7 个黑褐色"人"字形斑纹。腹部腹面黄褐色。

分布：宁夏、甘肃、青海、西藏。

（三）肖蛸科 Tetragnathidae

体小到非常大型（2~40mm）。体色淡黄褐色到暗褐，或灰色带银色斑纹，（肖蛸属 *Tetragnatha*），有的有灰色和银色的叶状斑（粗螯肖蛸属 *Pachygnatha*）。背甲长大于宽。8 眼两列，前后侧眼相接或分开。胸板后端尖。螯肢各异，短粗或长而发达，有排成行的大齿和粗壮的距状突出。左右颚叶平行（肖蛸属）或在下唇前方汇合（粗螯肖蛸）。下唇前缘加厚。步足细长，刺有或无；络新妇属 *Nephila* 的某些种在腿节和胫节有醒目的毛簇；后足腿节基半部的前侧面有两列直立的听毛（络新妇亚科 Leucauginae），或在所有足的胫节上有 1 列直立的听毛。腹部形状各异，长而圆柱状，或圆到卵圆形；某些种类后端延伸到纺器之后。生殖沟近乎直，在大多数雄性络新妇有特征性的盾片。纺器无变异，前、后纺器大小相近。两书肺，气管气孔位于生殖沟和纺器之间（肖蛸亚科 Tetragnathinae）。外雌器的生殖板不骨化。雄蛛副跗舟分离而可动，盾片圆形，有盘曲的插入器，末端有引导器；无中突；有插入器与盾片间的膜。

1. 羽斑肖蛸 *Tetragnatha pinicola* L. Koch, 1870

雌蛛体长 6.40~9.50mm。背甲浅黄褐色，颈沟和放射沟明显。8 眼 2 列，两眼列均后凹。螯肢浅黄褐色；无前、后护齿。前齿堤有 5 齿，后齿堤有 6 齿。下唇和胸板黑褐色，胸板中央具一浅黄褐色纵带，呈三角形。颚叶、步足浅黄褐色。腹部长卵形，背面和侧面的上半部银白色，背面中央具一土黄色纵条斑，纵条斑的前半部具 1 对横向和 5 对斜向的分枝。腹部侧面的下半部呈深黄褐色，上半部呈银白色，交界处为黑色。生殖盖梯形，宽为长的 2 倍多，纳精囊 2 对。

雄蛛体长 4.10~8.20mm。背甲、步足的色泽和眼的排列均近似于雌蛛。腹部呈长筒形。背面土黄褐色，中央纵条斑不明显，但具 2 列明显的黑色斑点。腹部腹面中央黑褐色，两侧各具一浅灰褐色纵条斑。螯肢具前、后护齿。前齿堤有 6 齿，后齿堤有 8 齿。触肢器的引导器具褶，顶端膨大，内侧面观呈卵圆形；副跗舟形状一般。

分布：宁夏、山西、吉林、内蒙古、河北、陕西、新疆、湖北、海南、四川、贵州、西藏。

2. 鳞纹肖蛸 *Tetragnatha squamata* Karsch, 1879

雄蛛体长 3.20mm。背甲黄褐色。颈沟和放射沟明显，颜色略深。中窝卵圆形，纵向，没有深色的框边。8 眼 2 列，两眼列均明显后凹。螯肢短粗，黄褐色。螯肢前面近端部有一婚距，具前、后护齿，前护齿小，位置一般，后护齿位于螯肢末端关节之下。前齿堤有 8 齿，后齿堤有 5 齿。螯牙近腹侧基部具一较大的尖突。下唇、颚叶和胸板浅黄褐色。步足黄褐色。腹部筒状。背面前、后部中央各有一鲜艳的长方形浅红色斑，非常醒目。触肢器的引导器和插入器较长，引导器无侧褶，顶部内侧有一小齿状突起，外侧面有一弯钩。

分布：宁夏、甘肃、河北、江苏、安徽、福建、江西、湖北、湖南、广东、广西、海南、四川、重庆、贵州、云南、陕西、我国台湾。

（四）园蛛科 Araneidae

体小到大型（3~30mm），无筛器蜘蛛。许多属的种类两性异形，雄蛛比雌蛛小得多。背甲常扁，头区以斜的凹陷与胸区分开。额低。8 眼两列，侧眼离中眼域远而位于头部边缘。中窝有或无。螯肢强壮，有侧结节，齿堤有 2 列齿。下唇长而宽，端部加厚。步足有壮刺，无毛丛，3 爪。各足除跗节外均有听毛；跗节端部有带锯齿的刚毛。腹部大，但形状各异，常球形，遮住背甲后部；背部常有明显的斑纹模式和隆起，有带锯齿的刚毛。两书肺，气管气孔接近纺器。纺器大小相近，短，聚成 1 簇。有舌状体。外雌器全部或部分骨化，常有 1 垂体，生殖板有横沟。雄蛛触肢复杂，副跗舟常为 1 骨化钩，有中突，生殖球在跗舟内旋转。

1. 类花岗园蛛 *Araneus marmoroides* Schenkel，1953

雌蛛体长 11.50mm。背甲黄褐色，头部中央一"V"形斑和胸部两侧的三角斑呈褐色。颈沟处无深色条纹，头部平低，不隆起。胸甲有一黄斑；螯基、下唇和颚叶基部皆褐色。前齿堤 4 齿，后齿堤 3 齿。螯肢、步足黄褐色，步足上有明显的黑褐色环纹。腹部长卵圆形，肩角稍隆起，前端中央有一锚状黄斑，其后为长的纵斑。外雌器基部半圆形，隆起，两侧凹陷较大，居中下位。垂体细长，起始于基部两凹陷间，有环纹褶皱，但远端渐少。

分布：宁夏、山西、北京、山东、新疆、四川。

2. 大腹园蛛 *Araneus ventricosus* (L. Koch，1878)

雌蛛休长 18.00mm，本种大小、休色深浅多变异，一般呈黑褐色。背甲扁平，颈沟、放射沟均明显。头区前端较宽、平直。所有附肢及胸甲均呈黑褐色，仅螯基上偶见黄褐色条纹，胸甲上有"T"形黄斑。腹部略近三角形，肩角隆起，幼体更甚。心脏斑黄褐色，叶斑大，边缘褐色；书肺板、纺器及其周围黑褐色。外雌器垂体长，近端有环纹，中段较宽，匙状部大，框缘厚。

分布：宁夏、山西、北京、山东、新疆、四川。

3. 六痣蛛 *Araniella displicata* (Hentz，1847)

雌蛛体长 5.00~8.20mm。背甲红褐色，颈沟明显。中窝横向，放射沟清楚。螯肢黄褐色，前齿堤 4 齿，后齿堤 3 齿。步足的腿、膝、胫和后跗节的远端褐色，第 I 步足腿节前端侧面有 3 根长刺。腹部卵圆形，背面黄白色，心脏斑明显，4 对肌痕，体的后半部两侧有 3 对黑痣。外雌器基部椭圆形，垂体中段稍宽，前、后端较狭，有环纹，远端圆钝。

分布：宁夏、河北、黑龙江、吉林、辽宁、内蒙古、新疆、北京、山西、陕西、江苏、湖南、湖北。

4. 小野艾蛛 *Cyclosa onoi* Tanikawa，1992

雌蛛体长 6.60~8.40mm。背甲深褐色，颈沟明显，头区隆起，胸区有两个三角形黄褐色斑。胸甲褐色，有黄褐色斑纹。螯肢、颚叶及下唇黑褐色，前齿堤 4 齿，后齿堤

3齿。步足基节、转节褐色，其余皆黄色有褐色环纹。腹部长筒形，背面黄白色，在背面前端1/3处有1对小的疣状突起，末端有突起4个。外雌器基部侧隆起较丰满，呈梨形或球形，垂体较长，起始于外雌器基部之前中段，向前伸展一段再折回腹侧，匙状部细长如指。

雄蛛4.30mm。体色较暗，胸甲斑纹与雌蛛略有不同。腹部细长，背面及末端的突起非常明显，斑纹和雌蛛相似，稍有变异。触肢器的插入器喙状，顶突基部球形，远端延长成针状，并与插入器伴行。中突细长，远端弯曲，2分叉，中突基叶翼形。

分布：宁夏、吉林、安徽、湖南、广西、贵州。

5. 灌木新园蛛 *Neoscona adianta*（Walckenaer, 1802）

雌蛛体长6.00~9.00mm。背甲黄褐色，中央及两侧有一条暗褐色纵条斑。胸甲黑色，螯肢、触肢黄褐色，前齿堤4齿，后齿堤3齿。颚叶、下唇和步足均为黑褐色。腹部背面黄褐色或黄白色，心脏斑明显，灰黑色。心脏斑的两侧各有一黄白条斑为界。外雌器基部短圆柱形，垂体近似三角形，框缘较窄，背面观，交媾腔长卵圆形，左右之间狭长，前、后几乎等宽。

雄蛛4.00~5.40mm。体色和斑纹与雌蛛相同。触肢器的盾片前缘腹侧两隆起钝圆；顶膜瓣状远端微凹入，较宽；引导器的中段处有一锥状小齿；正面观，中突背齿较细长。

分布：宁夏、河北、内蒙古、辽宁、吉林、黑龙江、四川、我国台湾。

（五）狼蛛科 Lycosidae

体很小到很大（1.8~36mm），无筛器蜘蛛。8眼，全暗色，后列眼强烈后凹，故排成3列（4-2-2）；前中眼小，其余各眼大，第3眼列长于第2眼列。螯肢后齿堤具2~4齿。步足通常强壮，具刺；第4足最长：跗节具3爪，下爪小，无齿，极少具1齿者；转节在远端下方有缺刻。腹部椭圆形，后端常圆形。雄蛛触肢无任何突起。

1. 白纹舞蛛 *Alopecosa albostriata*（Grube, 1861）

雌蛛体长13.95mm。背甲正中斑不甚明显，前部略呈红褐色，中央有一浅褐色纵纹，颈沟处收缩，后部在中窝处明显扩大，放射沟明显。后列眼方形区黑褐色，第3列眼之间呈红褐色，与正中斑前部相接，第3眼列略宽于第2眼列，前眼列几平直，略短于第2眼列。螯肢红褐色，前齿堤3齿，后齿堤2齿。胸板褐色，布褐色短毛。步足黄褐色。腹部背面颜色较浅，心脏斑浅褐色。外雌器垂兜2个，中隔柄部细、短，其后为一近乎椭圆形的片状结构，交配管较粗短，纳精囊呈球状。

分布：宁夏、陕西、山西、河南、河北、北京、甘肃、青海、新疆、山东、内蒙古、吉林、黑龙江。

2. 气舞蛛 *Alopecosa auripilosa*（Schenkel, 1953）

雌蛛体长8.80mm。前眼列微前曲。背甲的正中斑、侧斑赤黄色。胸甲黑褐色。螯肢深褐色，前齿堤3齿，后齿堤2齿。颚叶、下唇褐色。触肢、步足深褐色，有环纹。腹部腹面灰黑色，斑纹灰黄褐色。心脏斑菱形，两侧条斑细而明显。腹面灰褐色，两侧灰黑色。外雌器的中隔倒"T"形，纵板短，基板宽粗，垂兜一个，位于中隔纵板左右侧的交媾沟腹面观半月形。纳精囊球形，远端略微平截，交媾管短与交媾腔直通。

分布：宁夏、辽宁、黑龙江、四川、西藏、新疆、青海、甘肃。

3. 突舞蛛 *Alopecosa prominens* Chen，1997

雌蛛体长 10.67mm。背甲正中斑黄褐色，较明显，呈宽带状，前半部中央有一浅褐色斑，后部侧缘略呈缺刻状，中窝位置靠后，短粗，反射沟明显。前眼列前凹。螯肢红褐色，具褐色短毛和刚毛，前齿堤 3 齿，后齿堤 2 齿。步足黄褐色，有环纹。腹部背面中央有一黄褐色宽纵带，心脏斑浅褐色。外雌器垂兜 2 个，中隔柄部细长，后部扩大，交配管粗短，纳精囊球状。

分布：宁夏、新疆。

4. 阿尔豹蛛 *Pardosa algoides* Schenkel，1963

雌蛛体长 6.89～7.90mm。背甲正中斑 "T" 形，黄褐色，颈沟处明显收缩，后部在中窝处膨大，中窝凹陷，放射沟明显。前眼列微前凹。胸板黑色。步足环纹明显。腹部背面黑色，散布黄褐色小圆点，心脏斑红褐色，腹面褐色。外雌器骨化明显，垂兜 2 个，明显，中隔略宽长，中部有一小的膨大，端部向两侧明显膨大，交配管较短，细，纳精囊略膨大。

分布：宁夏、四川、西藏、甘肃、青海、新疆。

5. 星豹蛛 *Pardosa astrigera* L. Koch，1878

雌蛛体长 8.49mm。背甲褐色，具褐色和白色短毛；正中斑明显，"T" 形，前部隐约有两块褐色小斑，颈沟处有一三尖状褐斑，中窝处略膨大，周缘锯齿状，侧斑明显，断续，放射沟黑褐色，较明显。前眼列平直。胸板黑褐色布白色短毛，前半部中央有一黄色纵纹。触肢腿节具 2 黑色环纹。步足黄褐色，具黑色环纹。腹部背面黑褐色，散布黑色小圆斑，心脏斑红褐色，后接 5～6 个黄褐色横斑。外雌器垂兜一个，中隔中部膨大，后端渐窄，交配孔明显，交配管较细长，纳精囊略膨大。

分布：宁夏、我国台湾、北京、天津、河北、河南、山西、山东、湖南、湖北、内蒙古、辽宁、吉林、黑龙江、甘肃、青海、西藏、新疆、陕西、四川、贵州、广西、云南、上海、江苏、浙江、安徽、江西。

6. 琼华豹蛛 *Pardosa qionghuai* Yin *et al.*，1995

雌蛛体长 6.00～7.50mm。前眼列几乎平直。背甲黑褐色，斑纹赤褐色。正中带前段心形，中段稍窄，侧缘有浅缺刻。中窝、颈沟、放射沟皆明显，背甲边缘、胸甲黑色。螯肢、下唇黑褐色，触肢、颚叶、步足赤褐色，步足具黑褐色环纹。腹部背面灰黄褐色与黑褐色相间。心脏斑宽而短，两侧条斑细。腹部腹面灰黄褐色。外雌器瓶状。中隔前半窄，后宽圆，似长颈烧瓶，亚轴部位左右各有一凹陷。纳精囊倒三角瓶状，交媾管细，近交媾孔处有一扭曲。

雄蛛体长 5.70mm。体色较浓，斑纹与眼的排列和雌蛛相同。触肢器跗舟较细长。中突腹正中观近似帆形，顶端向腹侧弯曲如钩。插入器中等粗，短，末端针状。顶突横向 "U" 形，指向后侧。

分布：宁夏、福建、云南、湖北、四川、陕西。

7. 塔氏豹蛛 *Pardosa taczanowskii* Thorell，1875

雌蛛体长 7.50mm。体色褐色，布短毛。背甲正中斑黄褐色，明显，"T" 形，在颈沟处收缩，在中窝处明显扩大，边缘呈锯齿状。前眼列平直，前中眼略微大于前侧眼，前中眼间距大于前中、侧眼间距。胸板略呈褐色，前半部中央有一不明显的浅色纵纹。步足褐色，具黑色环纹。腹部背面黑褐色，心脏斑所在区域呈褐色，后端有数个褐色横纹。外雌器垂兜 1 个，中隔中央扩大，柄部较短，较宽。

分布：宁夏、陕西、山西、河北、北京、山东、辽宁。

8. 亚东豹蛛 *Pardosa yadongensis* Hu et Li，1987

雌蛛体长 6.21~10.00mm。体被白色、褐色短毛。背甲正中斑略呈"T"形，黄褐色，中窝较短，放射沟明显。前眼列略前凹。胸板黄褐色，中央有一"U"形黑褐色斑纹。步足黄褐色，各节有环纹。腹部背面黑色，散布黄色小点，心脏斑浅褐色；腹面黄白色，散布黑色斑点。外雌器垂兜 1 个，较宽，后缘略向后突出，中隔细长，近端部处有一收缩，交配管细长，纳精囊球状，大。

雄蛛体长 4.65mm。背甲斑不如雌蛛明显。步足颜色深，具黑褐色斑纹，无环纹。腹部腹面密布棘状短毛。触肢褐色。触肢器中突呈一凹片状，近下缘处向腹面发出一指状突起，顶突尖细，腹缘折向背上方。

分布：宁夏、西藏。

9. 细毛小水狼蛛 *Piratula tenuisetaceus*（Chai，1987）

雌蛛体长 7.93mm。背甲正中斑黄褐色，"V"形斑十分明显，放射沟较明显。后列眼方形区黑色，第 3 列眼间呈黄褐色，前眼列平直，略短于第 2 眼列螯肢黄褐色，正面有褐色细纵纹，前、后齿堤各 3 齿。颚叶近似矩形，黄褐色。下唇长大于宽。胸板黄色，周缘及近中部处有黑色斑纹。步足黄褐色，环纹较明显，多刺。腹部背面褐色，前半部中央黄褐色，心脏斑由褐色斑点围出，其后有数个黄褐色横斑。外雌器生殖板每叶包括 3 个纳精囊，外面观不易分清，内面观可见后部二纳精囊小，前部纳精囊细长。

分布：宁夏、福建、江西、浙江、湖南、湖北、陕西、河南、山东。

（六）漏斗蛛科 Agelenidae

体中型（8~12 mm）。无筛器蜘蛛。背甲卵圆形，向前趋窄，在眼区部位长而窄。中窝纵向。8 眼两列，大小相等。螯肢具 3 前堤齿，2~8 后堤齿。下唇长宽相当。两颚叶稍趋向汇合。步足长，稍细，有许多刺；跗节有听毛，愈向末端的听毛愈长；第 1、第 2 足对比明显。腹部窄卵圆形，向后趋窄，有羽状刚毛；背部有斑纹格式。两书肺，一对气孔接近纺器，或在生殖沟紧后方（水蛛 Argyronrta）。两前纺器稍分离或相距远（漏斗蛛亚科 Ageleninae），或相互靠近（并齿蛛亚科 Cybaeinae）；后纺器细长，2 节，末节向端部趋窄（漏斗蛛亚科），或短，端节短或无（并齿蛛亚科）。舌状体成对。外雌器各异。雄蛛触肢的胫节和膝节常有突起。

1. 迷宫漏斗蛛 *Agelena labyrinthica*（Clerck，1757）

雄蛛体长 9.08~11.42 mm。背甲黄色，眼区隆起。中窝纵向颈沟和放射沟明显。两眼列强烈前凹。螯肢褐色，侧结节深黄色，前齿堤 3 齿，后齿堤 3 齿或 4 齿。颚叶和下唇黄褐色。胸板深黄色，前部两侧边缘黄褐色。步足黄色。腹部背面灰黑色，中线两侧有 6 个灰色"人"字形斑纹。腹部腹面灰白色。触肢膝节突 1 个，顶端钝；胫节突 2 个，顶端略尖；插入器棒末端钩状；引导器顶端具 3 个突起，即腹突、顶突和间突，顶突较小，顶端外侧具背突；中突膜状，顶端较尖。

雌蛛体长 8.87mm。前中眼等于前侧眼，后中眼小于后侧眼。体色及斑纹近似于雄蛛。外雌器陷腔位于外雌器前部，陷腔大而深，其中部不完全隔开；插入孔位于中线两侧陷腔内；交媾管前端宽阔，向后渐细；纳精囊头位于交媾管与纳精囊结合部位的内侧，远离中线；具纳精囊突；受精管位于纳精囊内侧。

分布：宁夏、北京、河北、内蒙古、辽宁、吉林、山西、安徽、江苏、山东、河南、福建、浙江、广东、广西、湖南、湖北、贵州、四川、西藏、陕西、甘肃、新疆、青海。

2. 森林漏斗蛛 Agelena silvatica Oliger，1983

雌蛛体长 9.38~18.77mm。背甲黄色，眼区隆起，其后方的中线两侧有 2 条黄褐色纵带。中窝纵向，颈沟和放射沟明显。两眼列强烈前凹。螯肢褐色，侧结节黄色，前齿堤 3 齿，后齿堤 3 齿。颚叶和下唇深黄色。胸板深黄色。步足黄色。腹部背面黑褐色，腹部腹面生殖沟后方灰色。外雌器陷腔位于外雌器中部至前部的中线上，前端宽于后端，其形状在种内个体间有一定的变化；插入孔位于陷腔内后方两侧；交媾管囊状，前端宽阔，向后渐细；纳精囊头位于交媾管后方内侧；纳精囊突位于纳精囊球上靠外侧的部位；受精管位于纳精囊的后方内侧。

分布：宁夏、河南、湖北、湖南、贵州、四川、重庆、云南、陕西、广西、广东、安徽、浙江、江西、上海、山东。

3. 刺瓣拟隙蛛 Pireneitega spinivulva（Simon，1880）

雌蛛体长 11.00~14.00mm。背甲黄色，头区颜色略深。中窝为褐色纵向凹陷。颈沟明显，放射沟不明显。前中眼小于前侧眼，后中眼小于后侧眼。螯肢黄褐色，侧结节橘黄色，前齿堤 3 齿，中齿最大，后齿堤 3 齿。颚叶及下唇暗黄色。胸板黄色，边缘颜色加深。步足黄色，腿节背面、胫节和后跗节多刺。腹部背面灰黑色，腹面浅黄色，具多个不规则的灰黑色斑点。外雌器齿 2 个，细长，位于靠近插入孔的外侧；交媾管囊状；纳精囊位于交媾管外侧，自中部向后方延伸，纳精囊头位于纳精囊的前端。

分布：宁夏、云南、湖南、陕西、山西、河北、北京、新疆、吉林。

（七）猫蛛科 Oxyopidae

体小到大型（5.0~23.0mm），无筛器蜘蛛。体色亮绿、淡黄褐或深褐色不等。背甲长大于宽，前端隆起，向后渐低。额很高，垂直，有醒目的斑纹。体表有疏毛或虹彩鱼鳞片。头窄。8 眼排成亚圆形，即前眼列后凹，后眼列强烈前凹，前中眼小。螯肢长，螯牙短，牙沟无齿或齿不发达。颚叶和下唇非常长。步足长，有黑色长刺，无毛丛，3 爪。腹部卵圆形，向后趋尖。纺器短，大小相近。有一小舌状体。外雌器随属而异。雄蛛触肢常有副跗舟和胫节突。

利氏猫蛛 Oxyopes licenti Schenkel，1953

雌蛛体长 7.50~8.00mm。头胸部橘黄色。头部较高。前眼列强烈后凹，后眼列强烈前凹，因而眼排成 4 列。前中眼（即第 1 列眼）最小，后 3 对眼较大。螯肢前齿堤有 2 齿，后齿堤有 1 齿。胸板上稀疏地生着黑色长毛。步足长，橘黄色，在腿、膝、胫、后跗节上均生有多根黑色长刺，跗节末端 3 爪。腹部正中褐色条纹的中部色淡，仅有少数黑褐色斑点。外雌器的形状在不同个体有变异，但内部结构基本相同。

分布：宁夏、四川、陕西、山西、河北、甘肃、西藏、河南、山东。

（八）光盔蛛科 Liocranidae

体小到中型（3~15mm），无筛器蜘蛛。背甲长宽相当或长大于宽，眼区窄。8眼2列，有的仅4眼。螯肢通常有齿。下唇长不超过颚叶的中线。颚叶中部不变窄。第1、第2步足胫节和后跗节腹面有两列长刺，刺数多，刺的基部明显。有转节缺刻，有羽状毛；腹部卵圆形，在刺足蛛亚科（Phrurolithinae）有背盾。两书肺；气管限于腹部，气孔接近纺器。中、后纺器有圆柱状纺管；雌蛛中纺器侧扁；后纺器末节明显而呈圆锥状。舌状体单个，有刚毛。外雌器各异。雄蛛触肢生殖球通常有中突（在刺足蛛亚科无）；胫节有突起；腿节有变异（刺足蛛亚科）。

蒙古田野蛛 *Agroeca mongolica* Schenkel，1936

雌蛛3.96~6.81mm。背甲黄褐色，头区稍隆起，卵圆形。额高大于前中眼直径。中窝纵向。8眼2列。螯肢黄褐色，前齿堤3齿，后齿堤2齿。颚叶、下唇黄褐色。胸板黄褐色。步足黄褐色。腹部近卵形，灰黑色，被有许多黄褐色的斑块，腹面色较淡。外雌板纵长，前部中央具三角形的中隔，中隔位于中央的凹陷内，后部的凹陷呈花瓶状；插入孔2个，位于外雌板的上方侧缘下面；纳精囊管状，在底部弯曲成环。

雄蛛3.96mm。触肢器胫节突基半部宽，在近端部变细；盾板后部突出于跗舟之外；插入器起源于盾板近端部，宽大且远端分叉，端部位于盾板外侧端部；引导器膜片状；在盾板中央的膜质区有一钩状中突，端部尖锐；腹面观亚盾板可见；盾板的精管走向不明显。

分布：宁夏、内蒙古、辽宁、青海、重庆。

（九）管巢蛛科 Clubionidae

体中型（5~12mm），无筛器蜘蛛。黄白色或微褐色，头区和螯肢常暗褐色；腹部有明显的心形斑，有的有人字纹；纺器周围有环斑。背甲卵圆形，长显著大于宽。中窝浅或无。8眼2列，眼小，大小一致，后眼列稍长于前眼列。螯肢相当长，细或粗壮；前齿堤具2~7齿，后齿堤具2~4个小齿；某些种类，尤其是雄蛛，其螯牙强大。颚叶长大于宽，侧缘中部有斜的凹入，端部钝而有毛丛。下唇长大于宽。步足适度长，前行性；胫节和后跗节在腹面有1、2对或更多的粗刚毛；转节缺刻有或无；2爪，有毛簇和毛丛，足式：4132（管巢蛛属 *Clubiona*）或1423（红螯蛛属 *Cheiracanthium*）。腹部卵圆形，雄蛛有的具小的背盾。前纺器圆锥或圆柱形，并相互靠接；中纺器圆柱形；后纺器2节，末节短。两书肺；气管限于腹部，气孔近纺器。生殖板隆起，有的骨化。雄蛛触肢的后侧突起各异；插入器短；跗舟有的基部有突起，无中突。

漏管巢蛛 *Clubiona neglecta* Cambridge，1862

雌蛛体长6.18mm。背甲卵圆形。中窝纵向。螯肢和颚叶淡黄色，前齿堤4齿，后齿堤4齿。颚叶、下唇淡黄色。胸板色略深。步足细长，淡黄色。腹部卵圆形，背面两侧有细小的羽状纹。腹面色较淡。外雌器后缘具浅的梯形凹陷，插入孔2个，位于外雌板的底部两侧；交配管长；第一纳精囊略呈球形，位于阴门近中部；第二纳精囊球形，位于阴门两侧上角；第1、第2纳精囊之间以一短管相连，类似哑铃形。

雄蛛体长4.00mm。背甲淡红褐色，卵圆形，前端具几根长的黑毛。中窝纵向。螯肢黄褐色，具长白毛。腹部长卵圆形，红褐色。其余特征近似雌蛛。触肢器胫节突具有腹侧分支和背侧分支，其中腹侧分支细弱棒状，近端部有一小突起；插入器细长，横过盾板端部后下行，到盾板基部后回折到插入器基部附近；无引导器。

分布：宁夏、浙江、四川、陕西、河北、青海、西藏。

（十）圆颚蛛科 Corinnidae

体小到中型（3~10mm），无筛器蛛。许多种类外形似蚁。暗色到金属色（纯蛛亚科 Castianeirinae）或暗色到淡黄褐色（圆颚蛛亚科 Corinninae）；大多数管蛛亚科 Trachelinae 的种类的背甲从发亮的红色到红褐色，而腹部灰白色。背甲卵圆形，在模仿蚂蚁的种类背甲长，有的骨质化。8眼2列，互相远离或靠近在一起，或在前端隆起。螯肢坚实，隆起，上缘有弯曲的粗壮刚毛。步足在模拟蚂蚁的种类细长；前足坚实而有刚毛；2爪，有毛簇，毛丛不发达；跗节有听毛。腹部卵圆形，在似蚁的种类长形，有的有盾板或横的带纹或斑点，或白色；有骨化的趋向，特别是在书肺区；体表常有倒伏的羽状毛，常形成条纹或其他图案（纯蛛亚科）。前纺器坚实，相接；两后纺器互相离开较前纺器远；中纺器有3个圆柱状的大纺管，后纺器有2个，雄蛛无。舌状体三角形，骨质化。2书肺；气管限于腹部，气孔靠近纺器。外雌器各异。雄蛛触肢盾片向插入器渐趋窄；精管在盾片的近端部盘成1明显的圈；多数属的种类生殖球无中突。

1. 快乐刺足蛛 Phrurolithus festivus（C. L. Koch, 1835）

雌蛛体长2.45~2.70mm。背甲黄褐色，中央和两侧被有黑褐色斑纹，两侧缘黑色。背甲卵圆形，中窝纵向。额高大于前中眼直径。8眼2列。螯肢黄褐色，前侧面有2根刺，侧结节小，螯牙长，前齿堤2齿，后齿堤2齿。颚叶、下唇灰褐色。胸板近心形，灰褐色。步足褐色。腹部长卵圆形，灰褐色，中央有一黄褐色纵带。插入孔位于外雌板的下端中央；交配管短；第一纳精囊球形，后位；第二纳精囊大而囊状，前位。

分布：宁夏、山西、河北、辽宁。

2. 凹刺足蛛 Phrurolithus foveatus Song, 1990

雄蛛2.50mm。背甲黄褐色，中央有一宽的不连续的黑色纵带，两侧缘黑色。8眼2列。额高大于前中眼直径。螯肢黄褐色，前齿堤2齿，后齿堤4齿。中窝褐色，纵向，细。颚叶、下唇浅黄褐色。胸板近心形，浅黄褐色，末端尖。步足黄褐色。腹部卵圆形，灰黑色，有数条"人"字形斑。触肢器胫节突基部分叉；插入器短，弯钩状；盾板突片状，基部膜质化而端部骨质化；精管粗而短。

分布：宁夏、湖南。

（十一）平腹蛛科 Gnaphosidae

体小到中型（3~17mm），无筛器蜘蛛。背甲卵圆形，较低，颈沟常明显。眼小，成两横列。前中眼圆形，其余眼形状随属而异，后中眼扁形，不规则。螯肢短而粗壮，从基部向端部趋窄，前面多毛；前齿堤齿有或无，或有一嵴；后齿堤有齿1或多个，或有一嵴，或一圆形叶，或皆无。颚叶腹面有斜凹，端部有微齿（serrula）。胸板平，卵圆形，前端截平，后端尖。步足前行性，常短粗，多毛。第1足有稠密的毛丛，第2足常有毛丛，第3、第4足有的有。跗节少数有毛簇，大刚毛短而疏；2爪，具齿。狂蛛类（Zelotine）第4足后跗节有清理梳（preening comb）。第3足最短，第4足最长。腹部长形，略呈圆柱形，常单色，但在某些属有黑、白或橙色图案；成熟雄蛛的腹部常有背盾；腹部前端常有直立的弯曲刚毛；某些雄蛛有背盾。纺器单节；前纺器平行，大而圆柱形，左右相互远离；前纺器上梨状腺的纺管增大，开口裂缝状。

1. 耳状掠蛛 *Drassodes auritus* Schenkel, 1963

雌蛛体长7.58mm。背甲长卵圆形，黄褐色。头区微隆起，颈沟和放射纹可见。中窝纵向，黑色短棒状。8眼2列。螯肢深褐色，前齿堤3齿，后齿堤具1微齿。颚叶、下唇浅褐色。胸板深褐色，被有黑色长刚毛。步足淡褐色，转节腹面有深的缺刻。腹部卵圆形，淡黄褐色，心脏斑部位颜色较深，腹面颜色较淡，密被褐色细毛。外雌器中部为一宽扁的中隔，两侧缘为耳廓状隆起，纳精囊分两页叶，均为长棒状，几乎平行排列。

雄蛛7.74~8.45mm。背甲长卵圆形，黄褐色，稀疏被有黑色刚毛，8眼2列。触肢器的插入器短而粗，端部分两叉；中突较短，末端弯向外侧；引导器膜片状，位于插入器和中突之间；胫节突粗而长，其末端有浅的分叉，胫节的内侧还有一短指状突起。

分布：宁夏、内蒙古、甘肃。

2. 长刺掠蛛 *Drassodes longispinus* Marusik *et* Logunov, 1995

雄蛛体长8.69mm。背甲长卵圆形，黄褐色；头区微抬起，颈沟和放射纹可见；中窝纵向。8眼2列。螯肢深褐色，前齿堤3齿，后齿堤2微齿。颚叶浅褐色。胸板深褐色。步足淡褐色。腹部卵圆形，淡黄褐色，心脏斑部位颜色较深，中央部位有2对肌痕；腹面色较淡。触肢器的插入器短而细，起源于盾板近端部，端部尖锐；中突较小，末端弯向前侧，位于盾板近端部中央；引导器膜片状，位于插入器和中突之间；胫节突粗而短，其内侧有锯齿状突起。

分布：宁夏、河北、广西、西藏。

3. 锚近狂蛛 *Drassyllus vinealis* (Kulczyn'ski, 1897)

雌蛛体长3.80~5.00mm。背甲呈污褐色，周缘具黑褐色细边，中窝纵向，放射纹显黑褐色。8眼2列。螯肢黄褐色，前齿堤3齿，后齿堤2齿。触肢褐色。颚叶黄褐色。下唇赤褐色。胸板黄褐色，疏生黑色长刚毛。步足黄褐色。腹部背、腹面皆呈灰黑色，密布黑褐色短毛。外雌器有明显的、几乎圆形的侧突起。

分布：宁夏、北京、河北、山东、河南、西藏、新疆。

4. 矛平腹蛛 *Gnaphosa hastate* Fox, 1937

雌蛛体长6.27mm。背甲棕褐色，两侧缘色深，后缘色浅；头区微隆起，沿头区边缘有一宽带；颈沟可见。中窝纵向，放射沟不明显。8眼2列。螯肢红褐色，前齿堤具2齿，后齿堤为1齿板。颚叶、下唇黄色。胸板近圆形，黄色，被毛。步足黄色。腹部呈卵圆形，背面为灰褐色，具不规则的黑色斑块。外雌器垂体较短小；前庭呈椭圆形；中片槌状，狭小且紧靠中纳精囊管。

分布：宁夏、江苏、浙江、福建、河南、湖北、湖南、广西、云南。

5. 甘肃平腹蛛 Gnaphosa kansuensis Schenkel，1936

雌蛛体长 9.75mm。背甲棕褐色，头区微隆起；中窝纵向，短棒状；放射沟和颈沟褐色。8 眼 2 列。螯肢密布长毛，螯牙粗壮，色深，前齿堤有 1 大齿和 1 小齿，后齿堤为一板齿。颚叶、下唇棕褐色。胸板心形，黄褐色。步足黄褐色。腹部卵形，背面灰黄色，肌痕 3 对；腹面灰色，有黄褐色毛。外雌器垂兜大，基部稍收缩；前庭大而略呈圆形；中隔较窄，三角形；纳精囊较大，中纳精囊管前端膨大，折向外侧。

分布：宁夏、河北、辽宁、浙江、安徽、河南、湖北、四川、重庆、云南、陕西、甘肃、贵州。

6. 利氏平腹蛛 Gnaphosa licenti Schenkel，1953

雌蛛体长 5.64～6.80mm。背甲黄褐色；放射纹网状，色深；中窝纵向，短棒状。8 眼 2 列。螯肢红棕色，螯牙侧缘黑，前齿堤 2 齿，后齿堤为 1 板齿，上有数枚小齿。颚叶黄色，步足黄褐色。腹部黄色并夹杂不规则的褐色斑，腹面发灰。外雌器的垂兜长而明显，垂兜下面另有一扁平的片；前庭略呈方形；两侧缘几乎平行，侧缘后段有一小兜；中片三角形，末端尖；纳精小球形；中纳精囊管弯成半弧形，中部有一突起。

分布：宁夏、北京、河北、山西、辽宁、安徽、山东、河南、四川、贵州、西藏、甘肃、青海、新疆。

7. 袜昏蛛 Phaeocedus braccatus（L. Koch，1866）

雌蛛体长 5.25mm；背甲卵圆形，深棕色。8 眼 2 列，前眼列末端以及后眼列前端均有一深色新月形。螯肢棕褐色，前齿堤具 1 角质化齿状突起。胸板长椭圆形，前端稍平截，后端较尖；背面灰褐色，背面具 3 对近圆形浅色斑块，第 1、第 2 对左右对称，第 3 对位互相连接在一起，圆形，位于背面中部。雄蛛背甲深棕色；腹部背面具 3 对白色斑点，第 1 对位于腹部最前端，后两对位于中部；体色较深且华丽。

雄蛛体长 5.95～6.06mm。背甲黄褐色，头区微隆起，后缘略凹入。颈沟不明显，放射纹条状，色深。中窝纵向。螯肢黄褐色，前齿堤具 1 齿，后齿堤为 1 板齿。颚叶、下唇黄色。胸板卵形，黄色，边缘毛长。步足黄色。触肢器的插入器起源于生殖球盾板内侧下部，基部有一向内方的膨大部；中突较为粗大，端部钩曲；胫节突后移，较为粗大，端部尖锐而稍弯曲。

分布：宁夏、河北、内蒙古、新疆。

8. 贺兰狂蛛 Zelotes helanshan Tang et al.，1997

雌蛛体长 5.00mm。背甲棕褐色，中窝浅而纵向；放射线明显。8 眼 2 列。螯肢棕黄色，前齿堤 3 齿，后齿堤 1 小齿。触肢的腿节黄色，其余各节棕色。颚叶黄色，下唇棕色。胸板黑棕色。步足棕黄色，远端灰褐色，多黑色毛。腹部圆柱形，背面灰褐色，密被黑色短毛，腹面颜色较浅。外雌器两前缘小；侧缘与后缘几乎连在一起；中纳精囊管下弯；副中纳精囊管端部小球形。

分布：宁夏、内蒙古。

（十二）逍遥蛛科 Philodromidae

体小到中型（3～16mm），无筛器蜘蛛。体色自白色到淡黄色，淡红褐色或淡灰褐色不等，常有麻点，有纵纹或人字纹。背甲稍扁，长宽相当或较长形，密布倒伏的柔毛。8 眼 2 列（4~4），眼不在大丘上；两眼列均后凹，在狼逍遥蛛（*Thanatus*）和长逍遥蛛（*Tibellus*）后眼列强烈后凹。螯肢齿堤常无齿。下唇长稍大于宽。步足侧行性。第 1、第 3 和第 4 足几乎等长，第 2 足通常较长或甚长。第 1、第 2 足跗节有毛丛，爪下有毛簇。腹部卵圆形或长形，密被倒伏的柔毛，通常有暗色的心斑和一系列人字纹。两书肺，气管气孔接近纺器。纺器简单，无舌状体。外雌器小，常有中隔，两侧有插入孔。纳精囊通常肾形，有的有褶。雄蛛触肢胫节有后侧突（RTA），腹突（VTA）有或无；插入器通常沿盾片的末端弯曲。

1. 草皮逍遥蛛 *Philodromus cespitum* (Walckenaer, 1802)

雌蛛体长 5.10~5.80mm。头胸部前端较尖，后端宽圆，略呈倒心形。背甲黄橙色，在前端、两侧缘及眼区有黄白色斑纹，尤其中部的三角形黄斑更醒目。前、后两眼列均后凹。胸板和步足均黄橙色。腹部长椭圆形，后端较大。背面粉白色，中央有 4 个明显的褐色肌点，有的个体在两侧部位各有一行不规则的棕斑。外雌器红棕色。近似桃形，前部略凹，中部两侧有紫色的弧形隆起。

雄蛛体长 5.30~5.70mm。步足较雌蛛细长，腹部窄长，宽度小于头胸部宽，背面有褐色的心脏斑及许多黑褐斑。触肢器的胫节末端有一个尖锐的外突起，一个宽叶状的内突起以及一个小片状的中突起（在内突起的基部外侧）。

分布：宁夏、河北、内蒙古、辽宁、江苏、陕西、甘肃。

2. 小狼逍遥蛛 *Thanatus miniaceus* Simon, 1880

雄蛛体长 3.70~4.50mm。背甲深褐色自眼区向后为淡色宽带，但有一些褐色斑；背甲两侧褐斑较密，放射沟也呈褐色，形成两条褐色侧带；背甲边缘为橙色窄带。两眼列均后凹。螯肢和触肢橙色有褐点。颚叶黄橙色、下唇红褐色。胸板黄橙色，密布黄白色和褐色毛。步足深褐色。触肢亦呈深褐色，胫节末端外侧有一末端尖细的突起。腹部黄橙色或黄白色，心脏斑褐色；后半部有一块褐斑，侧缘深褐色缺刻状。

分布：宁夏、河北、内蒙古、山东、辽宁、吉林、浙江、西藏、河南、青海。

3. 东方长逍遥蛛 *Tibellus orientis* Efimik, 1999

雌蛛体长 7.50mm。头胸部、步足和胸板均淡黄色。背甲中部有一淡灰色带，两后侧眼的后方有两条灰纵纹，背甲两侧部又各有一灰色带。在这些带和纹上生有刚毛，毛基各有一红棕色斑点。前、后眼列均强后凹。中眼域前边短于后边。两后侧眼较其余 6 眼大，螯肢前齿堤 2 齿，近爪基的齿较大；后齿堤无齿。步足细长，多毛。腹部窄长，在前、后端约 1/4 长度各有一对红棕色斑点，前一对靠近体侧，后一对靠近中线处。腹部的背、腹面有的部位略带红色，有稀疏的长刚毛，毛基红棕色，体表下方可见白色鳞状斑纹。

雄蛛体长 8.00mm。腹部较雌蛛细长。两眼列均后凹。后中眼与前列眼靠近，组成六角形，后侧眼较远离。步足细长。腿节、胫节、后跗节上多长刺。后跗节及跗节下方有毛丛。腹部细长，向后端趋窄，因而后端较尖。背面有两对小斑点。

分布：宁夏、黑龙江、吉林、辽宁、河南、湖南、江西。

（十三）蟹蛛科 Thomisidae

体小到大型（3~23mm），无筛器蜘蛛。体强壮，稍背腹扁平，步足侧行性，螃蟹状，由此得名。背甲半圆形、卵圆形或长形不等，通常有直立的简单的毛，某些种类有强大的突起或眼丘。8眼2列（4~4），均后凹，后眼列强烈后凹；侧眼通常在眼丘上，较中眼大得多。第1、第2足远较第3、第4足为长；第1、第2足的腿节较第3、第4足的腿节粗壮得多。第1足腿节前侧面常有数根直立的刺状毛；2爪。毛丛和爪下毛簇只见于第3、第4足的后跗节和跗节，蟹蛛籍此以固着自身，腾出第1、第2足来捕食。腹部卵圆形或圆形，稍背腹扁平。两书肺；气孔接近纺器。有舌状体。外雌器常1圆形而深的前庭（vestibulum），有的有一中隔自前向后穿过，有的在前庭前方有1兜（hood）或导袋（guide pocket）。插入管常短；纳精囊常骨质化，其形状随种而异。雄蛛触肢胫节有后侧突（RTA）和腹突（VTA），有的还有1间突（ITA）。盾片盘状，有的具钩状突，在盾片边缘有嵴。精管沿嵴而通向插入器。

1. 三突艾奇蛛 *Ebrechtella tricuspidata*（Fabricius，1775）

雌蛛长4.60~5.70mm。头胸部通常绿色，眼丘及眼区黄白色。前列眼大致等距离排列。两侧眼丘隆起，基部相连。前侧眼及其眼丘最大。前两对步足显著长于后两对。步足的基节、转节、腿节通常绿色，膝节以下黄橙色或带一些棕色环。腹部梨形，背面黄白色或金黄色，并有红棕色斑纹。

雄蛛长2.70~4.00mm。头胸部近两侧有时可见一条深棕色带，头胸部的边缘亦呈深棕色。前两对步足的膝节、胫节、后跗节、跗节上有深棕色斑纹。背面为黄白色鳞状斑纹，正中有一枝叉状黄橙色纹。腹部后缘上的也有红棕条纹。

分布：宁夏、河北、北京、天津、黑龙江、吉林、辽宁、内蒙古、甘肃、青海、新疆、山西、陕西、河南、山东、江苏、浙江、安徽、江西、湖南、四川、重庆、我国台湾、福建、云南、贵州、海南。

2. 梅氏毛蟹蛛 *Heriaeus melloteei* Simon，1886

雌蛛长4.90~5.80mm。头胸部长大于宽。全体被刺状毛。活体翠绿色，固定褪色后呈土黄色。眼区白色，背甲正中有一白色纵纹。两眼列均后凹，各眼大小相仿，但侧眼在隆起的眼丘上。前两对足显著长于后两对。腹部椭圆形，背面有3条白纵纹，前端中央有一红斑，其他部位亦有数个红斑。外雌器中部微隆起，有弧形皱纹。

雄蛛长4.50~4.80mm。腹部较雌蛛的窄，窄于头胸部。步足远较雌蛛的细长。触肢胫节有复杂的突起。

分布：宁夏、河北、内蒙古、黑龙江、山东、湖北、西藏、陕西、山西、甘肃。

3. 异羽蛛 *Ozyptila inaequalis*（Kulczyn'ski，1901）

雌蛛长6.43mm。背甲中部平坦，大致在颈沟部位的背甲突然下降，然后向两侧倾斜成坡状。前眼列在头部前端垂直面上，前侧眼位于前中眼的外侧上方。后眼列微后凹，后侧眼朝向外后方。前两对步足腿节背面中部显著隆起。第Ⅰ足胫节下方2对刺，后跗节下方3对刺。腹部后端1/3处最宽，宽度稍大于长度。

分布：宁夏、河北、内蒙古、山东、甘肃。

4. 伯恩花蟹蛛 *Xysticus bonneti* Denis，1938

雌蛛体长4.34mm。背甲两侧为纵向的褐色宽带，中间为黄色，眼区后方有一个灰褐色的倒三角形斑纹。中窝为一褐色纵向的椭圆形凹陷。背面观，两眼列均稍后凹。触肢黄色，长有刺和毛，散布褐色斑。螯牙细小，前齿堤长有一列刚毛，后齿堤无齿。额叶、下唇黄色，均散布有褐色斑。胸板黄色，散布褐色斑和黑色短毛。步足黄色，多刺，密布褐色斑。腹部卵圆形，背面灰黄色，散布有刚毛，两侧缘有纵向的褶。外雌器整个隆起，前庭的前缘没有闭合；纳精囊小，囊状，头部接触。

分布：宁夏。

5. 鞍形花蟹蛛 *Xysticus ephippiatus* Simon，1880

雄蛛长 4.60mm。背甲深红棕色。头胸部的长与宽相近。眼的周围，尤其是侧眼丘的部位白色，两前侧眼之间有一条白色横带，穿过中眼域。两眼列均后凹。额缘有 8 根长毛排成一列。无颈沟及放射沟。下唇和颚叶的末端青灰色。胸板盾形，前缘宽而略后凹，后端尖。前两对步足较细长，腿节和膝节亦呈深棕色。腹部背面有红棕色斑纹。从腹面看，胸板、各足的基节、腹部的腹面亦为红棕色。

分布：宁夏、河北、北京、天津、吉林、辽宁、内蒙古、甘肃、新疆、山西、陕西、山东、江苏、浙江、安徽、江西、湖南、湖北、西藏、重庆。

6. 戈壁花蟹蛛 *Xysticus gobiensis* Marusik et Logunov，2002

雌蛛体长 4.94mm。背甲中部黄白色，两侧有褐色斑纹，背甲边缘白色。腹部黄白色，有褐色斑。外雌器有一横椭圆形凹坑，但坑的边缘色浅。后方中部并列两个生殖孔，通入呈圆形盘曲的交配管，并可见两个圆窝。纳精囊肾形。

分布：宁夏、内蒙古、青海。

7. 三斑花蟹蛛 *Xysticus pseudobliteus*（Simon，1880）

雄蛛长 3.60~4.90mm。固定后背甲呈褐色而杂有淡黄斑，具细棒状毛，背甲侧缘有黄边。背甲与腹部前端相贴的部位黄白色，其前缘有 3 个斑点，中央一个呈箭头状。两侧的 2 个斑点较大，形状不十分规则，或仅为色泽较淡的部位，但中部常有一淡色区。两眼列均后凹。头胸部和步足深褐色。腹部背面周缘有黄白斑。触肢胫节外侧腹缘有一突起，此突起的末端向背方弯曲成钩状，突起的外侧延伸成一片状突。

分布：宁夏、四川、西藏、山西、河北、甘肃、青海、内蒙古、山东、辽宁、吉林、黑龙江、浙江。

（十四）跳蛛科 Salticidae

体小到大型（3~17mm），无筛器蜘蛛。体被以无数特殊的毛，有的呈虹彩色，有的由带、纹或斑组成图案。背甲前端方形，长短各异。某些属的头区高。眼区常有成簇的刚毛。8 眼 3 列（狂狼蛛亚科 Lyssomaninae 的眼 4 列），眼域占背甲的整个宽度；前列 4 眼朝向前方，前中眼很大，前侧眼稍小。螯肢的后堤齿有单齿（unidentati），复齿或多齿（pluridentati），和裂齿（fissidentati）3 种类型；有的种类雄蛛螯肢大而突出。下唇矩形、或圆形，前端窄。颚叶较长，端部变宽，有发达的毛丛和微齿。足较短，有 2 爪，并有毛簇。腹部自短到长方形，在某些属长形。纺器短，前、后纺器同样长。2 书肺；气管气孔靠近纺器。外雌器各异。雄蛛触肢有胫节突，有时还有腿节突起；插入器形状不一。

1. 德氏蝇犬蛛 *Pellenes denisi* Schenkel，1963

雌蛛体长 3.70mm。背甲黑褐色，被白毛；胸甲盾形，黄褐色、被白色细毛。额密被白毛，额高小于前中眼半径的 1/2。螯肢褐色，前齿堤 2 齿，后齿堤 1 齿。颚叶、下唇褐色。步足 I 暗褐色，其余步足黑褐色。腹部卵形，背面黑褐色；前缘有 1 白色弧形带，与其后呈"八"字形排列的两对白斑相连；中央有 1 条白色纵带。腹面灰黄色，无斑纹。外雌器钟兜长而宽，交媾管长，缠绕两圈。

分布：宁夏、甘肃、新疆、内蒙古。

2. 韦氏拟伊蛛 *Pseudicius wesolowskae* Zhu et Song，2001

雌蛛体长 3.43mm。身体略扁。背甲浅褐色，边缘及眼区黑色。中窝短，黑褐色。螯肢、颚叶和胸板浅黑褐色。下唇颜色较深。螯肢的前齿堤 2 齿，后齿堤 1 齿。各步足的背面和腹面浅黄褐色，前侧面和后侧面浅黑褐色。腹部卵圆形。背面暗褐色，前缘白色，中、后部有 4 条白色横斑，略呈"八"字形。腹部腹面灰黄色，有白色毛。外雌器具一"W"形黑色阴影，中部一对阴影顶部为一对很大的卵圆形插入孔。

分布：宁夏、河北。

二、盲蛛目 Opiliones

长奇盲蛛科 Phalangiidae

体长为 2.2~12mm。体柔软或革质，很少硬化。触肢胫节长于跗节，末端爪光滑。步足近似圆柱形，横截面常呈五边形或六边形，棱角处具成列的刺或毛；腿节无伪关节结，基节侧缘光滑。生活于树干、草本植物、石块和峭壁上。

刺喜盲蛛 *Himalphalangium spinulatum*（Roewer，1911）

体长 6.00~10.00mm，粗短，暗褐色；足短而粗糙，黑褐色，各足基节具很多黑色颗粒。腹部（后体部）两侧在背板与腹板之间呈黄色，盾板 I、II 区背面中部有一黑褐色鞍形斑，盾板 II 区背中有一大刺；腹部侧面纵齿列的中部变大。

分布：宁夏、北京、河北、山西、内蒙古、辽宁、福建、四川、陕西。

参考文献

卜文俊, 郑乐怡. 2001. 昆虫纲, 半翅目, 毛唇花蝽科, 细角花蝽科, 花蝽科) [M] //中国动物志, 第二十四卷. 北京: 科学出版社.

蔡荣权. 1979. 鳞翅目, 舟蛾科 [M] //中国经济昆虫志, 第十六册. 北京: 科学出版社.

陈家骅, 杨建全. 2006. 昆虫纲, 膜翅目, 茧蜂科 (四), 窄径茧蜂亚科 [M] //中国动物志, 第四十六卷. 北京: 科学出版社.

陈世骧, 等. 1986. 鞘翅目, 铁甲科 [M] //中国动物志, 昆虫纲. 北京: 科学出版社.

陈学新, 等. 2004. 昆虫纲, 膜翅目, 茧蜂科 [M] //中国动物志, 第三十七卷. 北京: 科学出版社.

陈一心, 马文珍. 2004. 昆虫纲, 革翅目 [M] //中国动物志, 第三十五卷. 北京: 科学出版社.

仇智虎, 施兴慧, 熊泽钦. 2010. 云雾山保护区主要森林害虫为害现状、发展趋势及对策 [J]. 宁夏农林科技, 3: 57.

丁锦华. 2006. 昆虫纲, 同翅目, 飞虱科 [M] //中国动物志, 第四十五卷. 北京: 科学出版社.

范滋德, 等. 1997. 昆虫纲, 双翅目, 丽蝇科 [M] //中国动物志, 第六卷. 北京: 科学出版社.

范滋德. 1992. 中国常见蝇类检索表 (第二版) [M]. 北京: 科学出版社.

方承莱. 1985. 鳞翅目, 灯蛾科 [M] //中国经济昆虫志, 第三十三册. 北京: 科学出版社.

方三阳. 1993. 中国森林害虫生态地理分布 [M]. 哈尔滨: 东北林业大学出版社.

高兆宁. 1993. 宁夏农业昆虫实录 [M]. 杨凌: 天则出版社.

高兆宁. 1999. 宁夏农业昆虫图志 (第三集) [M]. 北京: 中国农业出版社.

葛钟麟, 等. 1984. 同翅目, 飞虱科 [M] //中国经济昆虫志, 第二十七册. 北京: 科学出版社.

葛钟麟, 等. 1966. 同翅目, 叶蝉科 [M] //经济昆虫志, 第十册. 北京: 科学出版社.

韩运发. 1997. 缨翅目 [M] //中国经济昆虫志, 第五十五册. 北京: 科学出版社.

何俊华，陈学新. 2006. 中国林木害虫天敌昆虫［M］. 北京：中国林业出版社.

何俊华，等. 2000. 昆虫纲，膜翅目，茧蜂科（一）［M］//中国动物志，第十八卷. 北京：科学出版社.

河南省林业厅. 1988. 河南森林昆虫志［M］. 郑州：河南科学技术出版社.

霍科科，任国栋，郑哲民. 2007. 秦巴山区蚜蝇区系分类（昆虫纲：双翅目）［M］. 北京：中国农业出版社.

江世宏，王书永. 1999. 中国经济叩甲图志［M］. 北京：中国农业出版社.

蒋书楠，陈力. 2001. 昆虫纲，鞘翅目，天牛科，花天牛亚科［M］//中国动物志，第二十一卷. 北京：科学出版社.

李传隆，朱宝云. 1992. 中国蝶类图谱［M］. 上海：海远东出版社.

李鸿昌，等. 2006. 昆虫纲，直翅目，蝗总科，斑腿蝗科［M］//中国动物志，第四十三卷. 北京：科学出版社.

李剑，任国栋，于有志. 1999. 宁夏草原昆虫区系分析及生态地理分布特点［J］. 河北大学学报（自然科学版），19（4）：410-415.

李铁生. 1988. 双翅目，蠓科（二）［M］//中国经济昆虫志，第三十八册. 北京：科学出版社.

李铁生. 1978. 双翅目，蠓科（一）［M］//中国经济昆虫志，第十三册. 北京：科学出版社.

李兆华，李亚哲. 1990. 甘肃蚜蝇科图志［M］. 北京：中国展望出版社.

梁铬球，郑哲民. 1998. 昆虫纲，直翅目，蚱总科［M］//中国动物志，第十二卷. 北京：科学出版社.

林平. 1988. 中国弧丽金龟属志（鞘翅目，丽金龟科）［M］杨陵：天则出版社.

刘崇乐. 1963. 鞘翅目，瓢虫科［M］//中国经济昆虫志，第五册. 北京：科学出版社.

刘广瑞，章有为，王瑞. 1997. 中国北方常见金龟子彩色图鉴［M］. 北京：中国林业出版社.

刘晓丽，王新谱. 2010. 宁夏卷蛾新记录属、种名录（鳞翅目：卷蛾科）［J］. 农业科学研究，31（1）：13-18.

刘友樵，李广武. 2002. 昆虫纲，鳞翅目，卷蛾科［M］//中国动物志，第二十七卷. 北京：科学出版社.

刘友樵，武春生. 2006. 昆虫纲，鳞翅目，枯叶蛾科［M］//中国动物志，第四十七卷. 北京：科学出版社.

柳支英，等. 1986. 中国动物志，昆虫纲，蚤目［M］. 北京：科学出版社.

陆宝麟，等. 1997. 昆虫纲，双翅目，蚊科（上）［M］//中国动物志，第八卷. 北京：科学出版社.

马永林，辛明，宋伶英，等. 2008. 宁夏蚜科昆虫种类及分布调查［J］. 农业科学研究，29（1）：35-38.

庞雄飞，毛金龙. 1979. 中国经济昆虫志，第十四册，鞘翅目，瓢虫科［M］. 北京：：科学出版社.

秦伟春, 周珲, 许扬, 等. 1928. 宁夏云雾山鳞翅目昆虫资源名录 [J]. 宁夏农林科技, 4：10-12.

任国栋, 杨秀娟. 2006. 中国土壤拟步甲志, 第一卷, 土甲类 [M]. 北京：高等教育出版社.

任国栋, 于有志. 1999. 中国荒漠半荒漠的拟步甲科昆虫 [M]. 保定：河北大学出版社.

任国栋. 1985. 宁夏蝴蝶名录 [J]. 宁夏农学院学报, 1：56-64.

任树芝. 1998. 昆虫纲, 半翅目, 异翅亚目, 姬蝽科 [M] //中国动物志, 第十三卷. 北京：科学出版社.

寿建新, 周尧, 李宇飞. 2006. 世界蝴蝶分类名录 [M]. 西安：陕西师范大学出版社.

谭娟杰, 王书永, 周红章. 2005. 昆虫纲, 鞘翅目, 肖叶甲科, 肖叶甲亚科 [M] //中国动物志, 第四十卷. 北京：科学出版社.

谭娟杰, 周红章. 1982. 鞘翅目, 叶甲总科 (一) [M] //中国经济昆虫志, 第十八册. 北京：科学出版社.

谭娟杰. 1978. 天敌昆虫图册 [M]. 北京：科学出版社.

谭娟杰, 等. 1980. 鞘翅目, 叶甲总科 [M] //中国经济昆虫志, 第十八册 (一). 北京：科学出版社.

汪家社, 等. 武夷山保护区叶甲科昆虫志 [M]. 北京：中国林业出版社.

王保海, 袁维红, 王成明, 等. 1992. 西藏昆虫区系及其演化 [M]. 郑州：河南科学技术出版社.

王洪建, 杨星科. 2006. 甘肃省叶甲科昆虫志 [M]. 兰州：甘肃科学技术出版社.

王建国, 袁静琴, 张家训, 等. 2003. 宁夏蚊类的研究与区系结构分析 [J]. 中国媒介生物学及控制杂志, 14 (2)：105-107.

王建国, 张家训, 王磊. 2001. 宁夏蝇类研究与区系结构分析 [J]. 中国媒介生物学及控制杂志, 12 (4)：259-267.

王敏, 范骁凌. 2002. 中国灰蝶志 [M]. 郑州：河南科技出版社.

王平远. 1980. 鳞翅目, 螟蛾科 [M] // 中国经济昆虫志, 第二十一册. 北京：科学出版社.

王希蒙, 任国栋, 刘荣光. 1992. 宁夏昆虫名录 [M]. 西安：陕西师范大学出版社.

王新谱, 杨贵军. 2010. 宁夏贺兰山昆虫 [M]. 银川：宁夏人民出版社.

王治国, 张秀江. 2007. 河南直翅类昆虫志 [M]. 郑州：河南科学技术出版社.

王治国. 2007. 蜻蜓目 [M] //河南蜻蜓志. 郑州：河南科学技术出版.

王子清. 2001. 昆虫纲, 同翅目, 蚧总科, 粉蚧科, 绒蚧科, 蜡蚧科, 链蚧科, 盘蚧科, 壶蚧科, 仁蚧科 [M] //中国动物志, 第二十二卷. 北京：科学出版社.

王遵明. 1983. 双翅目, 虻科 [M] // 中国经济昆虫志, 第二十六册. 北京：科学出版社.

吴福桢，等. 1982. 宁夏农业昆虫图志（第二集）［M］. 银川：宁夏人民出版社.

吴福祯，高兆宁，郭予元. 1979. 宁夏农业昆虫图志［M］. 银川：宁夏人民出版社.

吴燕如. 2000. 昆虫纲，膜翅目，准蜂科，蜜蜂科［M］//中国动物志，第二十卷. 北京：科学出版社.

萧采瑜，等. 1981., 半翅目，异翅亚目［M］//中国蝽类昆虫鉴定手册，第二册. 北京：科学出版社.

萧采瑜，等. 1977. 半翅目，异翅亚目［M］中国蝽类昆虫鉴定手册，第一册. 北京：科学出版社.

徐秀梅，董永卿. 2000. 宁夏大云雾山植被垂直带划分［J］. 宁夏农林科技，5：10-12.

徐秀梅，徐春明. 2001. 宁夏大云雾山自然保护区生物多样性保护对策［J］. 宁夏农林科技，2：8-10.

许佩恩，能乃扎布. 蒙古高原天牛彩色图谱［M］. 北京：中国农业大学出版社.

薛万琦，赵建铭. 1996. 中国蝇类［M］. 沈阳：辽宁科学技术出版社.

杨定，杨集昆. 2004. 昆虫纲，双翅目，舞虻科，螳舞虻亚科，驼舞虻亚科［M］//中国动物志，第三十四卷. 北京：科学出版社.

杨星科，杨集昆，李文柱. 2005. 昆虫纲，脉翅目，草蛉科［M］//中国动物志，第三十九卷. 北京：科学出版社.

印象初，夏凯龄，等. 2003. 昆虫纲，直翅目，蝗总科，槌角蝗科，剑角蝗科［M］//中国动物志，第三十二卷. 北京：科学出版社.

袁锋，袁向群. 六足总纲系统发育研究进展与新分类系统［J］. 昆虫分类学报，2006, 28（1）：1-12.

袁锋，周尧. 2002. 昆虫纲，同翅目，角蝉总科，犁胸蝉科，角蝉科［M］//中国动物志，第二十八卷. 北京：科学出版社.

张广学. 1999. 昆虫纲：同翅目,，蚜虫类［M］//西北农林蚜虫志. 北京：中国环境科学出版社.

张广学，等. 1999. 昆虫纲，同翅目，矿蚜科，瘿绵蚜科［M］//中国动物志，第十四卷. 北京：科学出版社.

张蓉，魏淑花，高立原，等. 2014. 宁夏草原昆虫原色图鉴［M］. 北京：中国农业科学技术出版社.

张炜. 2008. 浅析云雾山自然保护区发展对［J］. 宁夏林业通讯，4：34-35.

张占强，杨雪霞，杨艳华. 2009. 宁夏云雾山自然保护区野生动物资源保护现状及对策［J］. 安徽农学通报，15（3）：49-51.

张占强，杨雪霞. 2010. 宁夏云雾山保护区有害生物防治现状、问题及对策［J］. 安徽农学通报，16（9）：145-146.

章士美. 1985. 半翅目［M］//中国经济昆虫志，第三十一册（二）. 北京：科学出版社.

章士美. 1998. 中国农林昆虫地理区划［M］. 北京：中国农业出版社.

章士美, 等. 1985. 半翅目［M］// 中国经济昆虫志, 第三十一册（一）. 北京：科学出版社.

赵建铭, 等. 2001. 中国动物志, 第二十三卷, 昆虫纲, 双翅目, 寄蝇科（一）［M］. 北京：科学出版社.

赵养昌, 陈元清. 1980. 鞘翅目, 象虫科（一）［M］//中国经济昆虫志, 第二十册. 北京：科学出版社.

赵仲苓. 2003. 昆虫纲, 鳞翅目, 毒蛾科［M］//中国动物志, 第三十卷. 北京：科学出版社.

郑乐怡, 等. 中国动物志, 第三十三卷, 昆虫纲, 半翅目, 盲蝽科, 盲蝽亚科［M］. 北京：科学出版社, 2004.

郑哲民, 万力生. 1992. 宁夏蝗虫［M］. 西安：陕西师范大学出版社.

郑哲民, 等. 1998. 昆虫纲, 直翅目, 蝗总科, 斑翅蝗科, 网翅蝗科［M］//中国动物志, 第十卷. 北京：科学出版社.

中国科学院动物研究所. 1981. 中国蛾类图鉴（Ⅰ）［M］. 北京：科学出版社.

中国科学院动物研究所. 1982. 中国蛾类图鉴（Ⅱ）［M］. 北京：科学出版社.

中国科学院动物研究所. 1983. 中国蛾类图鉴（Ⅲ）［M］. 北京：科学出版社.

中国科学院动物研究所. 1983. 中国蛾类图鉴（Ⅳ）［M］. 北京：科学出版社.

周文豹, 任国栋. 1991. 宁夏、陕西部分地区蜻蜓的初步调查）［J］. 宁夏农学院学报, 12（4）：88-90.

周尧. 1994. 中国蝶类志［M］. 郑州：河南科技出版社.

周尧. 1998. 中国蝴蝶分类与鉴定［M］. 郑州：河南科技出版社.

周尧. 1998. 中国蝴蝶原色图鉴［M］. 郑州：河南科技出版社.

周尧著. 1982. 中国盾蚧志（第一卷）［M］. 西安：陕西科学技术出版社.

朱弘复, 王林瑶. 1997. 昆虫纲, 鳞翅目, 天蛾科［M］//中国动物志, 第十一卷. 北京：科学出版社.

朱仁斌, 程积民, 刘永进, 等. 2012. 宁夏云雾山自然保护区种子植物区系研究［J］. 草地学报, 20（3）：439-443.

祝长清, 朱东明, 尹新明. 1999. 河南昆虫志, 鞘翅目（一）［M］. 郑州：河南科学技术出版社.

昆虫纲中名索引

昆虫纲学名索引

蛛形纲中名索引

蛛形纲学名索引

保护区核心区

保护区实验区

保护区核心区景观

保护区实验区景观

本氏针茅群落

中生落叶阔叶灌丛

中华弧丽金龟

Popillia quadriguttata

白星花金龟

Potosia brevitarsis

弯齿琵甲

Blaps femoralis femoralis

克氏侧琵甲

Prosodes kreitneri

大头豆芫菁

Epicauta megalocephala

西北豆芫菁

Epicauta sibirica

绿芫菁

Lytta caraganae

绿边绿芫菁

Lytta suturella

圆胸短翅芫菁

Meloe corvinus

西北斑芫菁

Mylabris sibirica

小斑芫菁

Mylabris splendidula

横纹沟芫菁

Hycleus solonicus

中华萝藦肖叶甲

Chrysochus chinensis

波氏栉甲

Cteniopinus potanini

壶夜蛾

Calyptra capucina

满丫纹夜蛾

Autographa mandarina

双斜线尺蛾
Conchia mundataria

云粉蝶
Pontia daplidice

大红蛱蝶
Vanessa indica

中华爱灰蝶
Aricia mandschurica

蛇眼蝶
Minois dryas

玄裳眼蝶
Satyrus ferula

棒角叶蜂
Tenthredo sp.

瑞熊蜂
Bombus richardsi

短额负蝗

Atractomorpha sinensis

短星翅蝗

Calliptamus abbreviates

翠饰雏蝗

Chorthippus dichrous

宽翅曲背蝗

*Pararcyptera microptera
meridionalis*

轮纹异痂蝗

Bryodemella tuberculatum dilutum

疣蝗

Trilophidia annulate

李氏大足蝗

Gomphocerus licenti

宽须蚁蝗

Myrmeleotettix palpalis

榆中直背蝗

Euthystira yuzhongensis

中国指蝉

Kosemia chinensis

中国螳猎蝽

Cnizocoris sinensis

横带红长蝽

Lygaeus equestris

花壮异蝽

Urochela luteovaria

红足壮异蝽

Urochela quadrinotata

紫翅果蝽

Carpocoris purpureipennis

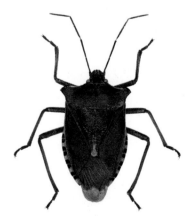

金绿真蝽

Pentatoma metallifera

红足真蝽

Pentatoma rufipes

西伯利亚绒盾蝽

Irochrotus sibiricus

斜斑虎甲

Cicindela germanica obliguefasciata

考氏肉步甲

Broscus kozlovi

中华星步甲

Calosoma chinense

红胸蝎步甲

Dolichus halensis

滨尸葬甲

Necrodes littoralis

亮覆葬甲

Nicrophorus argutor

达乌里覆葬甲

Nicrophorus dauricus

中国覆葬甲

Nicrophorus sinensis

异亡葬甲

Thanatophilus dispar

吉氏分阎虫
Merohister jekeli

祖氏皮金龟
Trox zoufali

戴锤角粪金龟
Bolbotrypes davidis

臭蜣螂
Copris ochus

墨侧裸蜣螂
Gymnopleurus mopsus

黑缘嗡蜣螂
Onthophagus marginalis

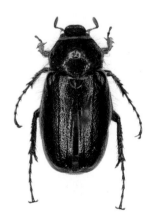

福婆鳃金龟
Brahmina faldermanni

黑皱鳃金龟
Trematodes tenebrioides

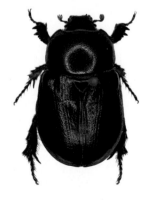

阔胸禾犀金龟
Pentodon mongonlicus

中华食蜂郭公虫
Trichodes sinae

显带圆鳖甲
Scytosoma fascia

条纹琵甲
Blaps potanini

克氏侧琵甲
Prosodes kreitneri

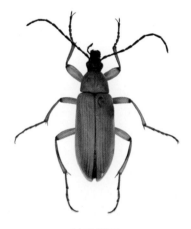

波氏栉甲
Cteniopinus potanini

红翅伪叶甲
Lagria rufipennis

郝氏刺甲
Platyscelis hauseri

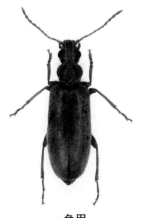

一角甲
Notoxus monoceros

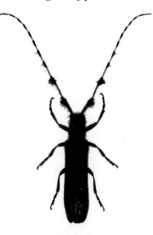

苜蓿多节天牛
Agapanthia amurensis

光肩星天牛
Anoplophora glabripennis

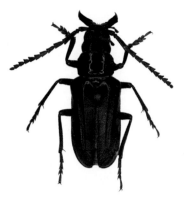

大牙锯天牛
Dorysthenes paradoxus

蒿金叶甲
Chrysolina aurichalcea

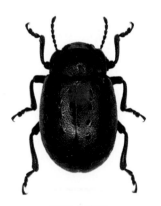

薄荷金叶甲
Chrysolina exanthematica

杨叶甲
Chrysomela populi

柳十八斑叶甲
Chrysomela salicivorax

中华萝藦肖叶甲
Chrysochus chinensis

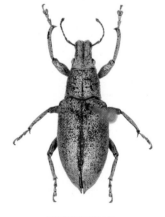

西伯利亚绿象
Chlorophanus sibiricus

黑斜纹象
Chromonotus declivis

茴香薄翅野螟

Evergestis extimalis

艾锥额野螟

Loxostege aeruginalis

黄绿锥额野螟

Loxostege sulphuralis

紫枚野螟

Pyrausta purpuralis

双斜线尺蛾

Conchia mundataria

南山黄四斑尺蛾

Stamnodes danilovi djakonovi

北方甜黑点尺蛾

Xenortholitha propinguata
suavata

榆绿天蛾

Callambulyx tatarinovi

黑长喙天蛾

Macroglossum pyrrhosticta

小豆长喙天蛾

Macroglossum stellatarum

枣桃六点天蛾

Marumba gaschkewitschi
gaschkewitschi

白环红天蛾

Pergesa askoldensis

蓝目天蛾

Smerithus planus planus

榆黄足毒蛾

Ivela ochropoda

红缘灯蛾

Aloa lactinea

排点灯蛾

Diacrisia sannio

亚麻篱灯蛾

Phragmatobia fuliginosa

角翅舟蛾

Gonoclostera timoniorum

杨小舟蛾

Micromelalopha troglodyte

塞剑纹夜蛾

Acronicta psi

皱地夜蛾

Agrotis clavis

麦奂夜蛾

Amphipoea fucosa

壶夜蛾

Calyptra capucina

珀光裳夜蛾

Catocala helena

光裳夜蛾
Catocala fulminea

碧银冬夜蛾
Cucullia argentea

银冬夜蛾
Cucullia argentina

黑纹冬夜蛾
Cucullia asteris

黄条冬夜蛾
Cucullia biornata

显冬夜蛾
Cucullia distinguenda

蒿冬夜蛾
Cucullia fraudatrix

斑冬夜蛾
Cucullia maculosa

银装冬夜蛾
Cucullia splendida

缪狼夜蛾
Dichagyris musiva

旋岐夜蛾
Discestra trifolii

塞妃夜蛾
Drasteria catocalis

谐夜蛾
Emmelia trabealis

白线缓夜蛾
Eremobia decipiens

岛切夜蛾
Euxoa ochrogaster islandica

锯灰夜蛾
Lacanobia w-latinum

白钩粘夜蛾
Leucania proxima

平影夜蛾
Lygephila lubrica

巨影夜蛾
Lygephila maxima

花实夜蛾
Heliothis ononis

苇实夜蛾
Heliothis maritima

霉裙剑夜蛾
Polyphaenis oberthuri

冬麦异夜蛾
Protexarnis confinis

克袭夜蛾
Sidemia spilogramma

干纹夜蛾
Staurophora celsia

朝光夜蛾
Stibina koreana

劳鲁夜蛾
Xestia baja

八字地老虎
Xestia c-nigrum

大三角鲁夜蛾
Xestia kollari plumbata

三角鲁夜蛾
Xestia triangulum

珂冬夜蛾
Xylena solidaginis

金波纹蛾
Plusinia aurea

小太波纹蛾
Tethea or

斑缘豆粉蝶
Colias erate

橙黄豆粉蝶
Colias fieldii

东方菜粉蝶
Pieris canidia

云粉蝶

Pontia daplidice

老豹蛱蝶

Argyronome laodice

灿福蛱蝶

Fabriciana adippe

小红蛱蝶

Vanessa cardui

大红蛱蝶

Vanessa indica

贝眼蝶

Boeberia parmenio

牧女珍眼蝶

Coenonympha amaryllis

仁眼蝶

Eumenis autonoe

斗毛眼蝶

Lasiommata deidamia

白眼蝶

Melanargia halimede

蛇眼蝶

Minois dryas

大斑霾灰蝶

Maculinea arionides